职业教育院校机电类专业系列教材

机械设备维修工艺

第2版

主编　贾继赏
参编　范光松　萨如拉　萨仁塔娜
主审　杜　俊

机械工业出版社

本书从我国维修工作的实际水平出发，除涵盖了传统维修工艺的主要内容外，还考虑了维修科技的发展趋势，对维修理论的基础部分给予了足够的重视，注意吸收先进的维修工艺并使之与生产实际相结合。全书共十章，在设备的管理与维修，设备故障诊断技术，机械设备几何精度的检测，机械设备的拆卸、清洗与零件的修换，机器零件的修复工艺，修理尺寸链，刮研技术与导轨的修理，数控机床机械故障的诊断与维修，典型零部件的修理与装配，机械设备的整机修理和检查验收方面，作了较为系统的介绍。本书的突出特点是浅显易懂，简明实用。

本书既可供高职、中职等职业教育院校机电类相关专业作为维修课程教材使用，也可供从事设备管理及维修的工程技术人员、设备维修人员选用及参考。

图书在版编目（CIP）数据

机械设备维修工艺/贾继赏主编．—2版．—北京：机械工业出版社，2010.12（2024.2重印）
职业教育院校机电类专业系列教材
ISBN 978-7-111-32334-1

Ⅰ.①机…　Ⅱ.①贾…　Ⅲ.①机械设备-维修-高等学校：技术学校-教材　Ⅳ.①TH17

中国版本图书馆CIP数据核字（2010）第207994号

机械工业出版社（北京市百万庄大街22号　邮政编码100037）
策划编辑：汪光灿　责任编辑：汪光灿　王海霞　版式设计：张世琴
责任校对：张晓蓉　封面设计：张　静　责任印制：张　博
北京建宏印刷有限公司印刷
2024年2月第2版第13次印刷
184mm×260mm · 11.5印张 · 278千字
标准书号：ISBN 978-7-111-32334-1
定价：33.00元

电话服务	网络服务
客服电话：010-88361066	机　工　官　网：www.cmpbook.com
010-88379833	机　工　官　博：weibo.com/cmp1952
010-68326294	金　　书　　网：www.golden-book.com
封底无防伪标均为盗版	机工教育服务网：www.cmpedu.com

第2版前言

《机械设备维修工艺》第1版自出版以来，得到了广大读者的热情关注和真诚厚爱。编者感到十分欣慰，在此对广大读者表示衷心的感谢。

随着现代科学技术的发展，机械设备维修工艺有了新的发展，增加了新的内容。编者对机械设备维修的理论与实践进行了总结和研究，深感《机械设备维修工艺》第1版已不能完全适应维修工作的需要和广大读者的期望，有必要对其进行修订和完善。

这次修订基本上保持了第1版的结构体系，在此基础上修改了部分章节，增加了一些新的内容。既注重理论的阐述，又注重与生产实际相结合。本书的突出特点是浅显易懂，简明实用。

本书由贾继赏任主编，范光松、萨仁塔娜、萨如拉参加编写，由包头市轻工业学校杜俊任主审。这次修订得到了包头市轻工业学校的大力支持和热情帮助，另外，编者在修订过程中，参阅了有关教材和书籍，在此一并向各位老师和文献的编者表示诚挚的感谢。

“设备维修”是一门在迅速发展的综合性学科，它涉及面广，技术难度大。由于编者的理论水平和实践经验有限，书中难免有处理不当之处，敬请广大读者批评指正。

编　者

第1版前言

本书是职业院校机械制造专业的一门选修课教材，是由机械制造专业教学指导委员会组织编写的。

随着我国改革开放的不断发展和深化，各工矿企业需要培养设备管理和维修方面的专业人才，充实设备管理和维修部门，以满足工矿企业的需要。机械制造专业的学生，通过选修机械设备维修工艺课程，增加、补充设备管理和维修方面的知识，培养设备管理与维修方面的能力，可以满足这方面人才的需要，实为一条事半功倍的捷径。

本书编写目的在于通过对设备管理和维修工艺理论及典型工艺方法的讲述，着重培养学生解决生产现场技术问题的能力，使学生掌握基本工艺知识，熟悉零件修复工艺技术，并对先进的维修工艺技术有一定的了解，以适应机械工业发展的需要。

本书共八章，从设备的管理与维修、设备的精度检测、零件的拆卸与清洗、零件的修复工艺技术、修理尺寸链、典型零部件的修理与装配、设备的整机修理和检查验收等方面作了较系统的介绍。在内容上既注意理论的介绍（如加强了修理尺寸链的讲述），又注重与生产实际相结合。在零件修复工艺技术中，除介绍传统的修理技术外，还介绍了各种新工艺、新技术。

本书由贾继赏主编，范光松参加了编写，其中第二章由范光松编写，其余各章均由贾继赏编写。本书由唐礼盛主审，参加审稿会的还有程书喜和丁国平、徐衡和王选正等。

本书在编写的过程中，得到了唐礼盛老师的大力支持和热情帮助，他为本书做了大量工作。同时，参加审稿会的各位老师、各有关工厂和各兄弟学校，都给予了热情帮助和支持，在此一并表示衷心感谢。

由于编者水平有限，书中难免存在处理不妥和错误之处，请读者批评指正。

编　者

目　录

第一章　设备的管理与维修

第一节　设备的管理

设备的管理是对设备的规划、设计、制造、安装调试、验收、投入生产、分类编号、闲置封存、事故处理、借用调拨、改进改装直至报废的过程进行管理的一整套制度。

设备管理工作要以提高经济效益为中心，以争取良好的设备投资效益为目的，以依靠技术进步、促进生产发展和预防为主的方针，坚持设计制造与使用相结合，维护保养与计划检修相结合，修理、制造与更新相结合，专业管理与群众管理相结合，技术管理与经济管理相结合的原则，对设备进行全过程的综合管理。

一、生产设备固定资产的管理

对于企业的单台设备，其使用期在一年以上，设备购置价值（包括产品的出厂价值、运杂费、安装费等）在500元以上（对于小型企业），或在800元以上者（对于大、中型企业），均列为固定资产。自制设备的单台价值符合上述标准者，根据企业规定划分其类型，列为企业的固定资产。

不符合固定资产标准的设备，如砂轮机、小台钻、泥浆泵等，其使用年限虽在一年以上，但由于其购置价格不符合上述规定，故可列入“低值易耗品”管理范围。

凡是列为企业固定资产的设备，均应进行资产编号并建立台账，由设备管理部门负责管理，并定期检查。设备的附件和附属设备均随主机列为固定资产，但不单独进行资产编号和建立台账。

二、设备的管理

（一）设备的制造和购置

对于自行设计制造的设备，设备管理部门要对其规划、设计、制造、安装、调试、验收、投入生产直至报废，实行全过程管理。追求设备寿命的周期费用最少，总计经济效益最好。

对于外购设备，设备管理部门应对其选型、安装、调试、投入生产直至报废实行管理。选择外购设备的重点在于设备的可靠性、易维修性和经济性。

（二）设备的安装验收及投入生产

外购新设备进厂后，设备动力科应根据设备的技术要求组织安装调试。安装后，由设备动力科组织使用部门、安全部门、技术部门、质量部门、工艺部门的专业人员进行验收。部管设备、关键设备安装验收时，设备厂长应参加。验收合格后，由负责购进设备的部门办理设备移交手续。

对于企业自制设备，其制造质量应达到设计要求，经生产验收后应稳定地达到工艺要求，维修用主要图样、技术资料应齐全。符合生产设备固定资产标准者，按上述要求进行验收移交。

（三）设备的分类及统一编号

设备的分类及统一编号是设备日常管理工作的内容之一。

1. 设备分类

根据在生产中的用途，设备一般分为生产设备和非生产设备两大类。生产设备是指直接用于生产产品的设备，即从原材料进厂到成品出厂的整个生产过程所使用的设备。非生产设备是指不直接用于生产产品的设备，如基本建设、科研试验和管理上用的设备等。生产设备又可分为主要生产设备和非主要生产设备。机械工业企业的主要生产设备是指本企业已安装的复杂系数（设备复杂系数是设备修理复杂程度的一个基本单位，它是由设备的结构特点、工艺特点及尺寸大小等因素决定的）大于5的生产设备。主要生产设备分为10类，每一类又分为10小类，每一小类再分为10组。主要生产设备的分类见表1-1。

在机械设备中，金属切削机床的分类见表1-2。

表1-1　主要生产设备分类表

机械设备	代表数字	动力设备	代表数字
金属切削机床	0	动能发生设备	6
锻压设备	1	电气设备	7
起重运输设备	2	工业炉窑	8
木工、铸造设备	3	其他动力设备	9
专业生产设备	4		
其他机械设备	5		

表1-2　金属切削机床分类表

类　别	机床名称	类　别	机床名称
0	空白	5	齿轮与螺纹加工机床
1	车床	6	铣床
2	钻镗床	7	刨插机床
3	研磨机床	8	切断机床
4	联合与组合机床	9	其他机床

2. 设备的编号

设备的统一编号是根据类、小类、组别的代表数字进行编制的，采用两节数字号码，前面一节号码用三位数字表示，即左起第一位数字为类，第二位数字为小类，第三位数字为组。后面一节数字号码代表在企业中该组设备的顺序编号。两节号码之间用短线连接，编制方法如下：

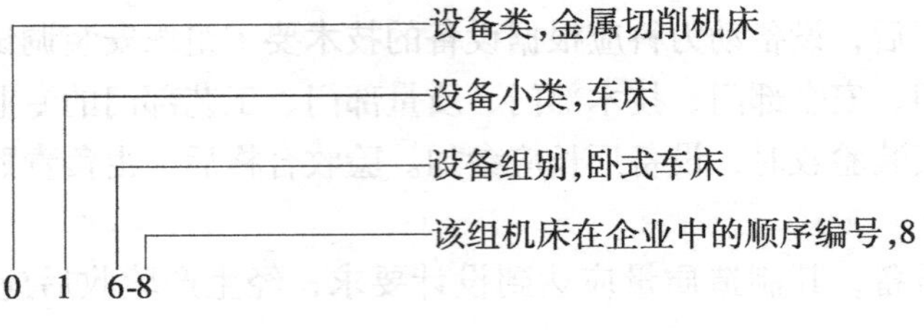

设备的统一编号即为企业固定资产的编号。每一组别的设备从1开始顺序编号，如调出厂或损坏报废，其固定资产编号也要永远保留，不得用新进厂的同型号设备或其他设备进行补充。设备附件和附属设备的编号，可在主机编号后加编附机号，如016-8-(1)；统计时，一律随主机统计。每台设备都必须在明显处配备固定资产编号牌。

（四）设备台账及档案管理

对于全厂生产设备，包括复杂系数小于5的设备，应逐台进行登记，建立“设备分类总台账”。精密、大型、稀有（以下简称精、大、稀）设备及部、局管的设备，要在卡片上标明设备的特性和管理级别，并将卡片上报主管部、局一份。车间、部门的设备统计台账，依据设备动力科送交的设备安装验收移交书或设备调拨转移单和设备卡片进行登记。

设备动力科应将全厂主要生产设备逐台建立设备资料袋，以保证做好档案资料的管理工作。设备的档案资料包括：出厂检验单、安装验收移交书、附件及工具清单、事故报告单、精度检验记录、技术状况普查表、安装基础图、大修技术准备书和大修、二保完工验收单等。

每年第四季度，设备动力科应同财务科组织设备使用部门对全厂生产设备固定资产进行一次核查，做到账、卡、物相符。

（五）闲置封存设备的管理

闲置一个月以上的设备，由使用部门就地封存。在封存时，应切断电源，放净切削液，清点附件，擦净设备，将滑动导轨面涂以防锈油并覆盖纸张。同时，指定专人负责保养工作。

对于闲置一年以上的设备，由使用部门通知设备动力科，经与生产计划科核查，确属企业不需要的，在报技术副厂长并得到批准后，列为企业闲置设备。

（六）设备事故的处理

设备因非正常损坏而停产或效能降低时，均为设备事故。设备事故分为一般事故和重大事故。

设备发生事故后，应严格保持现场情况，操作工人应立即报告。有关人员应立即到现场察看，认真进行检查分析，作下记录，坚持做到：事故原因分析不清不放过；事故责任者未受到处理，群众没有受到教育不放过；没有防范措施不放过。

（七）设备的调拨、借用和移装

调出调入设备，均要经上级主管部门批准，移交和验收所有随机附件及技术资料，包括附件、工具、说明书、合格证和档案资料等。若属于本厂内的一般设备调动，则须经工艺科或技术科签署意见，经设备动力科同意并填写“固定资产内部转移单”，由调出调入单位办理交接手续，由调入单位负责移装。

外厂借用设备时，必须经设备动力科、生产计划科签署意见，由技术副厂长批准后方可办理手续。企业内部各单位之间借用设备时，由借用部门填写“设备借用协议书”，经设备动力科同意后方可借用。在借用期间，借用部门应对设备的使用、维护、保养及修理负责。借用结束后，须经借出部门验收同意方可结束借用之责。

（八）设备的改进与改装

为延长设备的使用寿命，提高设备的机械化和自动化程度，增强设备零件的坚固性和耐磨性，加强设备的薄弱环节和改善劳动条件，以及使备品配件适应我国系列而改变设备技术状况的工作称为设备改进。为满足生产工艺要求，扩大工艺使用范围，提高产品质量与加工精度而改变设备技术状况的工作，称为设备改装。

设备的改进与改装必须尊重群众的首创精神，要有科学根据，并进行周密的研究和试验。设备的改进与改装均须由使用部门或技术部门填写“设备改进（或改装）申请书”并附改进（或改装）方案，交设备动力科按规定权限审批后方可实施。

设备改进与改装后，须由改进与改装部门组织有关单位进行试车验收，验收后的一切技术文件交设备动力科归档管理。改装完成后，设备的性能、用途变了，其分类、编号亦应随之改变，并应重新核算复杂系数，调整账卡。

（九）设备的报废

凡列入固定资产的生产设备，在其符合报废条件时，企业可按规定申请报废。设备报废条件包括：超过使用年限，结构陈旧、精度低劣、生产效率低，因建筑物改建不能拆迁，腐蚀过甚、无修复价值，因事故或其他灾害遭受严重损坏并无修复价值。

对于申请报废原价值在万元以下，折旧费已提完的设备，由企业负责人批准报废，报主管局备案；对于原价值在万元以下，但折旧费未提完，或原价值在万元以上的设备，报主管局批准；如部管设备需报费，则要经主管局审查后报部批准。设备未经正式报废批准时，企业不得拆卸、挪用设备的零、部件和自行处理。

设备的报废由使用部门提出申请，经设备动力科组织有关部门及使用单位代表进行认真的技术鉴定，并填写“设备报废申请书”（一式四份），经使用单位签署意见后按规定报批。设备被批准报废后，由设备动力科会同财务科等进行报废设备的处理，处理后的残值作为企业设备的更新改造之用，同时注销该设备的卡片和其他有关资料（技术资料除外）。

（十）设备附件的管理

设备附件应正确使用和维护，用前要检查，用毕要擦拭干净，并涂油防锈。操作者调离设备时，应做好附件的移交工作。设备附件应随主机每年盘点一次。

第二节 设备的使用和维护保养

设备在现代工业企业的生产经营活动中居于极其重要的地位。为延长设备的使用寿命，保持设备良好的技术状况，应坚持做好设备的维护保养工作，使设备经常保持整齐、清洁、润滑、安全。

主要生产设备的使用要实行定人、定机、凭操作证操作的制度。设备的维护保养要实行专责制，多班制作业或几个人操作的设备，应建立机长负责制。

一、定人、定机和凭证操作制度

为了保证设备的正常运转，提高工人的操作技术水平，防止设备的非正常损坏，必须实行定人、定机和凭证使用设备的制度。

（一）定人、定机的规定

严格实行定人、定机和凭证使用设备的制度，不允许无证人员单独使用设备。定机的机种型号应根据工人的技术水平和工作责任心，并经考试后确定。原则上既要管好、用好设备，又不束缚生产力。

主要生产设备的操作工人由车间提出定人、定机名单，经考试合格，设备动力科同意后执行。精、大、稀设备和部、局管设备的操作者经考试合格，设备动力科同意并经企业有关部门会同审查，报技术副厂长批准后执行。定人、定机名单应保持相对稳定，有变动时，须按规定呈报审批，批准后方能变更。原则上，每个操作工人每班只能操作一台设备，多人操作的设备，必须由值班机长负责。

（二）操作证的签发

学徒工（或实习生）必须经过理论技术学习和一定时间有师傅在现场指导的操作实习，当师傅认为该学徒工（或实习生）已能够正确使用设备和维护保养设备时，可进行理论及操作考试，考试合格由设备动力科签发操作证后，方能单独操作设备。

对于工龄长且长期操作设备，并会调整、维护保养设备的工人，如果其文化水平低，可免笔试而进行口试及实际操作考试，合格后签发操作证。

公用设备的使用者，应熟悉设备的结构、性能，车间必须有明确的使用小组或指定专人保管，并将名单报送设备动力科备案。

二、点检制

对机械设备进行维护保养的目的就是要延长机械设备的使用周期，延长各种元器件的使用寿命，保证机械设备长时间、稳定可靠地运行。

机械设备多集机、电、液等技术为一体，对其维护要科学地管理，有计划、有目的地制定相应的规章制度。对维护过程中发现的故障、隐患应及时加以排除，避免停机待修，从而延长平均无故障时间，增加设备的开动率。点检就是按有关维护文件的规定，对设备进行定点、定时的检查和维护。

从点检的要求和内容上看，点检可分为专职点检、日常点检和生产点检三个层次。

(1) 专职点检　由专职检修人员负责按周期对设备的关键部位和重要部件进行重点点检和设备状态检测与故障诊断，制定点检计划，做好诊断记录，分析维修结果，提出改善设备、维护管理的建议。

(2) 日常点检　由当班工人在每天工作之前负责对设备的一般部位进行点检，检查和处理设备在运行过程中出现的故障。

(3) 生产点检　由当班的生产工人在生产过程中负责对生产运行过程中的设备进行点检，并负责润滑、紧固等工作。

将点检作为一项工作制度，认真执行并持之以恒，才能保证设备的正常运行。

三、设备的三级保养制

生产设备的三级保养制是依靠群众，充分发挥群众的积极性，实行群管群修、专群结合，搞好设备维护保养的有效办法。

（一）设备的日常维护保养

设备的日常维护保养，一般有日保养和周保养，又称日例保和周例保。

1. 日例保

日例保由设备操作工人当班执行，认真做好班前四件事、班中五注意和班后四件事。

(1) 班前四件事　消化图样资料，检查交接班记录；擦拭设备，按规定加润滑油；检查手柄位置和手动运转部位是否正确、灵活，安全装置是否可靠；低速运转，检查传动是否正常，润滑、冷却是否畅通。

（2）班中五注意　注意运转声音，注意设备的温度、压力、液位，注意电气、液压、气压系统，注意仪表信号，注意安全保险是否正常。

（3）班后四件事　关闭开关，将所有手柄放到零位；清除切屑、脏物，擦净设备导轨面和滑动面上的油污，并加油；清扫工作场地，整理附件、工具；填写交接班记录和运转台时记录，办理交接班手续。

2. 周例保

周例保由设备操作工人在每周末时执行，保养时间为：一般设备2h，精、大、稀设备4h。

（1）外观　擦净设备导轨、各传动部位及外露部分，清扫工作场地。达到内洁外净无死角、无锈蚀，周围环境整洁的要求。

（2）操纵传动　检查各部位的技术状况，紧固松动部位，调整配合间隙；检查互锁、保险装置。达到传动声音正常、安全可靠的要求。

（3）液压润滑　清洗油线、防尘毛毡、过滤器，给油箱添油或换油；检查液压系统。达到油质清洁，油路畅通，无渗漏，无研伤的要求。

（4）电气系统　擦拭电动机、蛇皮管表面，检查绝缘、接地。达到电气系统完整、清洁、可靠的要求。

（二）一级保养

一级保养以操作工人为主，由维修工人协助，按计划对设备局部进行拆卸和检查，清洗规定的部位，疏通油路、管道，更换或清洗油线、毛毡、过滤器，调整设备各部位的配合间隙，紧固设备的各个部位。一级保养所用时间为4～8h。

（三）二级保养

二级保养是以维修工人为主，由操作工人协助来完成的。二级保养列入设备的检修计划，对设备进行部分解体检查和修理，修复或更换磨损件，清洗、换油，检查、修理电气部分，使设备的技术状况全面地达到规定设备完好标准的要求。二级保养所用时间为7h左右。

（四）三级保养

实行三级保养制，必须使操作工人对设备做到“三好”、“四会”、“四项要求”，并遵守“五项纪律”。

1. “三好”

（1）管好　发扬主人翁的责任感，自觉遵守定人、定机和凭证使用设备制度，管好工具、附件，不损坏、不丢失、放置整齐。

（2）用好　保证设备不带病运转，不超负荷使用，不大机小用、精机粗用；遵守操作规程和维护保养规程，细心爱护设备，防止事故发生。

（3）修好　按计划检修时间停机修理；参加设备二级保养和大修完工后的验收试车工作。

2. “四会”

（1）会使用　熟悉设备的结构、技术性能和操作方法，懂得加工工艺；会选择切削用量，正确地使用设备。

(2) 会保养 会按润滑图表的规定加油、换油、保持油路畅通无阻；会按规定进行一级保养，保持设备内外清洁，做到无油垢、无脏物、漆见本色铁见光。

(3) 会检查 会检查与加工工艺有关的精度检验项目，并能进行适当调整；会检查安全防护和保险装置。

(4) 会排除故障 能通过不正常的声音、温度和运转情况，发现设备的异常状态，并能判定异常状态的部位和产生原因，及时采取措施排除故障。

3. “四项要求”

(1) 整齐 工件、附件放置整齐，安全防护装置齐全，线路、管道安全完整。

(2) 清洁 设备内外清洁，各部位无油垢、无碰伤、不漏水、不漏油，垃圾、切屑清扫干净。

(3) 润滑 按时加油、换油，且油质符合要求；油壶、油枪、油杯齐全；毛毡、油线、油表清洁；油路畅通。

(4) 安全 实行定人、定机、凭证操作和交接班制度，遵守操作规程，合理使用、精心维护设备，确保安全无事故。

4. “五项纪律”

1) 凭证使用设备，遵守安全使用规程。

2) 保持设备清洁，并按规定加油。

3) 遵守设备的交接班制度。

4) 管好工具、附件，不得遗失。

5) 发现异常，立即停车。

第三节 设备的维修

设备维修是指对使用过程中的设备，修复其劣化部分，恢复其性能及生产率所进行的一切活动。

一、设备的检查

设备的检查是指对设备的运行情况、工作性能和磨损程度进行检查和校验。通过检查，可以全面地掌握设备技术状况的变化、劣化程度和磨损情况，再针对检查发现的问题，改进设备的维修工作，提高维修质量和缩短维修时间。

(一) 按检查时间的间隔分类

(1) 日常检查 日常检查是指操作工人每天对设备进行的检查。

(2) 定期检查 定期检查是指在操作工人的参与下，由专职维修工人按计划定期对设备进行的检查。定期检查的周期已作规定的，按规定进行；未作规定的，一般每季度检查一次，最少半年检查一次。

(二) 按技术功能分类

(1) 机能检查 机能检查是指对设备的各项机能进行的检查和测定，如检查是否漏油，防尘密封性及零件耐高温、高压、高速等性能是否良好。

(2) 精度检查 精度检查是指对设备的实际加工精度进行的检查和测定，其作用是确定设备精度的劣化程度。

衡量设备综合精度的指标有设备能力系数和设备精度指数两种。

1）设备能力系数 C_m

$$C_m=\frac{T}{8\sigma_m}$$

式中 T——在该设备上加工的代表工件的公差带；

σ_m——设备的标准偏差。

$C_m>1$ 表示设备的综合精度能满足生产工艺要求；$C_m<1$ 表示设备的综合精度不能满足生产工艺要求，需要进行调整和修理。

2）设备精度指数 T_m

$$T_m=\sqrt{\frac{\sum(T_p/T_s)^2}{n}}$$

式中 T_p——实测精度值；

T_s——允许精度值；

n——测定精度项目。

$T_m\leqslant 0.5$ 为新机床的验收条件；$T_m\leqslant 1$ 为大修（项修）后的验收条件：$1<T_m\leqslant 2$ 表示设备可以使用，但需注意调整；$2<T_m\leqslant 3$ 表示设备应进行项修或重点修理；$T_m>3$ 表示设备应进行大修或更新。

二、机械设备的修理复杂系数

机械设备的修理复杂系数 F，是一个表示设备修理复杂程度的基本单位。它是由设备的结构特点、工艺特点与尺寸大小等因素决定的。修理复杂系数主要用于制定修理工作的各种定额，如修理工作劳动量定额、值班维修定额、停歇时间定额、材料消耗定额等。对每台设备都必须确定其修理复杂系数，确定修理复杂系数有两种基本方法。

（一）公式计算法

该方法根据设备的技术规格和制造质量等因素，运用公式计算的方法来确定修理复杂系数。

（二）分析比较法

分析比较法可分为修理时间分析比较法、部件分析比较法和整台设备分析比较法。

1. 修理时间分析比较法

该方法将大修实际耗用的修理时间和规定的单位复杂系数时间定额相比较求得修理复杂系数，即

$$F=\frac{\text{设备大修实际耗用的时间}}{\text{单位复杂系数时间定额}}$$

2. 部件分析比较法

将设备特点和各部件复杂程度与已知复杂系数设备的类似部件逐一比较，得出各部件的复杂系数，其总和即为该设备的复杂系数。

3. 整台设备分析比较法

此方法以中心高 200mm，顶尖距离 1000mm 的 C6140 卧式车床的修理复杂系数 10F 为

标准，其他机床的修理复杂系数可与之相比较来确定。这种方法误差较大，一般不宜采用。

三、机械设备的修理

机械设备的修理是指修复由于正常或非正常原因造成的设备损坏和精度劣化，更换已经磨损、老化、腐蚀的零件，使设备得到恢复的过程。设备修理工作有事后修理和预防性的计划修理之分，按修理程度和工作量大小，一般可分为小修、中修、项修和大修。

（一）小修

小修对设备进行修复，更换部分磨损较快和使用期限小于等于修理间隔期的零件，调整设备的局部机构，以保证设备能正常运转到下一次计划修理时间。小修时，要对拆卸下的零件进行清洗，将设备外部全部擦净，小修一般由车间维修工人在生产现场执行。一般情况下，可以用二级保养代替小修。

（二）中修和项修

中修对设备进行部分解体，修理或更换部分主要零件与基准件（数量达10%～30%），修理使用期限小于或等于修理间隔期的零件。中修时，要对床身导轨、刀架、床鞍、工作台、横梁、立柱、滑块等进行刮研，但总刮研面积不超过总面积的30%～40%，其他摩擦面不刮研。中修的要求是：校正坐标，恢复设备的规定精度、性能及功率；其中个别难以恢复的精度项目，可以延至下一次大修时恢复；设备的非工作表面要打光后涂漆。中修的大部分修理项目由专职维修工人在生产车间现场执行，个别要求高的项目由机修车间承担。设备中修后，质量管理部门和设备管理部门要组织机械员、主修工人和操作者，根据中修技术任务书的规定和要求，共同检查验收。检验合格后，由中修质量检验员在检修技术任务书上签名，由主修人员填写设备完工通知单，并由送修与承修单位办理交接手续。

项修是根据设备的技术状态，对设备中精度、性能达不到工艺要求的某些项目或部件，按需要进行针对性的修理。修理时，一般要进行部分解体，修复或更换磨损机件，必要时进行局部刮研，校正坐标，使设备达到应有的精度和性能。

（三）大修

大修针对的是长期使用的机械设备，是指为了恢复其原有的精度、性能和生产效率而进行的全面修理。大修时需将设备全部拆卸分解，进行磨削或刮研，修理基准件，修复或更换所有磨损、腐蚀、老化等已丧失工作性能的主要部件或零件，主要更换件数量一般达到30%以上。大修后的技术性能方面，要求能恢复设备的工作能力，达到设备出厂精度或部颁设备修理精度检验标准；外观方面，要求全部内外打光、刮腻子、刷底漆和喷漆。一般设备大修时，可拆离基础，运往机修车间修理；为避免拆卸损失，大型精密设备可不拆卸，而是在现场进行大修。设备大修后，质量管理部门和设备管理部门应组织使用和承修设备的有关人员，按照“设备修理通用技术标准”和“设备修理任务书”的质量要求对设备进行检查验收。检验合格后，由大修质量检验员在大修技术任务书上签字，由主修技术人员填写设备修理完工通知单，由承修单位进行安装、调试并移交生产部门，由送修单位与承修单位办理交接手续。设备大修移交生产部门后，应有一定的保修使用期。

（四）设备修理后的技术状况指标

设备维修后的技术状况指标包括：设备完好率、设备精度指数、故障停机率和故障频率等。

1. 设备完好率

设备完好率是指工业企业中完好机械设备的台数与设备总台数的百分比，通常按主要生产设备计算，

$$设备完好率=\frac{完好设备的台数}{设备总台数}\times 100\%$$

2. 设备精度指数 T_m

设备维修后，允许 T_m 的值为0.5～1。

3. 故障停机率

$$故障停机率=\frac{故障停机时间}{设备运行时间}\times 100\%$$

4. 故障频率

$$故障频率=\frac{故障次数}{设备运行时间}(单位为次/单位时间)$$

（五）机械设备的寿命

机械设备的寿命包括三种属性不同的寿命，即物质寿命、技术寿命和经济寿命。

设备的物质寿命一般是指设备从开始使用，经过成年累月地运行，日积月累地磨损和消耗，到一定时期无修理价值，只好将设备报废所经过的时间。

设备的技术寿命一般是指设备从开始使用，其间随着科学技术的发展，新技术不断涌现，直至设备技术落后，而不得不淘汰所经过的时间寿命。

设备的经济寿命一般是指设备从开始使用时经济效益很好，收益较大，但随着时间的延长，经济效益不断下滑，到某一时期经济效益越来越差所经过的时间。

人们经过研究认为，设备的经济寿命是设备更新换代的依据，应采用低劣化法计算设备的最佳使用期。

什么是设备的低劣化？随着设备使用时间的加长，设备的磨损不断增加，损耗不断增多，设备的维护费和修理费，燃料动力费和停工损失费等也逐年增加，上述情况就称为设备的低劣化。

应用设备的低劣化法，经过一定的计算，可以得到设备经济寿命的表达式：

$$T_\tau=\sqrt{\frac{2K_o}{\lambda}}$$

式中 T_τ——设备的经济寿命（年）；

K_o——设备的原始价值（元）；

λ——设备低劣化每年的增加值（元）。

第四节 设备折旧简介

一、设备折旧的概念

一般情况下，把设备在使用过程中逐渐消耗，并转移到成本中去的那部分价值称为设备的折旧。众所周知，设备在生产过程中成年累月地运行，日积月累地受到磨损，将设备的价

值逐步转移到产品中去，成为产品成本的一部分，从产品销售收入中收回的这部分资金，就称为设备的基本折旧基金。折旧基金作为企业固定资产再生产资金的来源之一，被用于企业的设备更新和技术改造。

一般情况下，人们用折旧率来计算折旧基金的多少，折旧率的大小反映了设备折旧基金与设备价值之比的百分率。例如，20世纪80年代以前，我国工业企业的综合折旧率保持在3.5%左右，这就意味着设备使用30年左右，其价值才能全部收回。可见当折旧率过低时，设备折旧基金与设备价值之比的百分率之少以及设备折旧年限之长。

二、折旧制度和折旧方法

1. 折旧制度

合理折旧制度的核心是正确合理的折旧率，正确的折旧率能客观地反映设备的磨损情况，使之与设备的实际损耗基本相符合。从国家财政经济的发展水平方面来考虑，因为折旧率的大小，就是提取折旧费的多少，所以它会影响到国家的财政收入。工业技术的发展和国民经济发达程度的提高，将会进一步提高折旧率，缩短折旧年限。如前所述，折旧率过低，设备使用期满后，其价值不能全部转移到产品中去，会使生产成本受到影响，造成积累的扩大，影响企业的发展和设备的更新换代；折旧率过高，抵偿设备损耗有余，会增加生产成本，影响折旧基金的积累。由此，正确的折旧率是折旧制度的核心。折旧率不仅是正确计算生产成本的依据，也是促进科学技术发展和促进工业企业兴旺发达，进一步促进设备更新换代。

2. 设备折旧方法

设备折旧包括不考虑资金时值的设备折旧和考虑资金时值的设备折旧。不考虑资金时值的设备折旧方法，包括直线折旧法和快速折旧法；考虑资金时值的设备折旧方法为复利折旧法。

(1) 直线折旧法　包括平均年限法、工作时间折旧法、产量折旧法。

(2) 快速折旧法　包括年限总额法、余额递减法、双倍余额递减法。

(3) 复利折旧法　包括偿债基金法和年金法。

三、设备折旧的计算

1. 平均年限法

目前，我国使用最广泛的折旧方法是直线折旧法中的平均年限法；这种方法适用于各种大型、通用、使用年限较长设备的折旧计算。它的优点是在财务上计算方便；缺点是未考虑资金的时值，不能确保设备投资额的回收。

平均年限法是指在设备折旧期内，平均地分摊设备的价值和全部大修费用。设备的原值为K_o（由设备购置价格、运输费、安装费和杂费组成），折旧年限为T，T年内设备大修费用总和为K_r，T年后设备残值为K_s，T年后新置同样设备的价值为K_t，清理费用为K_c，设备的基本折旧金额为r_b。

$$r_b = \frac{K_o - (K_s - K_c)}{T}$$

设备的基本折旧率为α_b

$$\alpha_b = \frac{r_b}{K_t} \times 100\%$$

设备的大修折旧金额为 r_t

$$r_t = \frac{K_r}{T}$$

设备的大修折旧率为 α_t

$$\alpha_t = \frac{K_r}{TK_t} \times 100\%$$

2. 工作时间折旧法

除平均年限法外，我国广泛使用的折旧方法还有直线折旧法中的工作时间折旧法。工作时间折旧法计算起来也比较方便。

众所周知，在一个工业企业中，由于有不同的设备，因此应该有不同的设备折旧率和最佳使用年限。对于企业中价值很大而又不经常使用的大型、精密、稀有设备，也按使用年限平均地分摊设备的价值和全部大修费用的办法是不合适的。此时，可按设备的实际工作时间折旧法来计算其折旧金额。

设备的原始价值为 K_o，设备的利用率为 A，设备每年工作的时间为 h，单位小时的折旧金额为 r_h，

$$r_h = \frac{K_o - (K_s - K_c)}{ATh}$$

设 N 为本期内设备实际工作的时间，r_n 为本期内计划提取的折旧金额，则

$$r_n = r_h N = \left(\frac{K_o - K_s + K_c}{ATh}\right) N$$

习题与思考题

1-1　试述设备管理的内容。

1-2　试述设备管理的方针和原则。

1-3　如何划分固定资产和低值易耗品的范围？

1-4　如何区分生产设备和非生产设备？

1-5　何为设备的改造和设备的改装？

1-6　主要生产设备为什么要实行定人，定机和凭证操作制度？三定的主要内容是什么？

1-7　实行“三级保养制”必须使操作工人做到哪几点？

1-8　什么是设备的精度检查？衡量设备综合精度的指标和表示方法是什么？

1-9　用新近大修后的 CA6140 型卧式车床加工一批 $\phi 12^{-0.016}_{-0.059}$ 的销轴，抽样检查测得 $\bar{\chi} = 11.9625\text{mm}$，证明尺寸分布符合正态分布规律，设备的标准偏差 $\sigma_m = 0.0075\text{mm}$。试求设备能力系数，并判定该机床是否满足工艺要求。($C_m = 0.717 < 1$，满足工艺要求)

1-10　某卧式车床，其加工工件的主要精度指标如下：圆度为 0.01mm，圆柱度为 0.01mm/100mm，平面度为 0.01mm/200mm，表面粗糙度为 $Ra = 1.6\mu\text{m}$。如果按照这几项指标测量被加工工件的精度，其圆度为 0.015mm，圆柱度为 0.015/100mm，平面度为 0.020mm/200mm，表面粗糙度 $Ra = 2.0\mu\text{m}$。试求此车床的精度指数，并判定该车床是否应该大修。($T_m = 2.97$，该设备应该大修)

1-11　什么是设备的修理复杂系数 F？它主要有什么用途？

1-12　机械设备的计划修理一般可分为几种？它们各自的工作内容是什么？

1-13　设备维修后的技术状况指标有几项?

1-14　什么是设备的点检制?

1-15　机械设备有几种寿命? 哪种寿命是决定设备更新的依据?

1-16　一台机械设备，购置费用 $K_o = 20$ 万元，低劣化以 $\lambda = 5000$ 元/年增加，试问该设备最佳使用期 T（或经济寿命）为多少年?（$T = 8.94 \approx 9$ 年）

1-17　什么是折旧问题三要素? 什么是设备的折旧?

1-18　已知设备折旧年限 $T = 9$ 年，设备购置价为 20 万元，修理费用总和为 $K_r = 4$ 万元，设备残值为 $K_s = 1$ 万元，T 年后新购置同样设备的价值为 $K_t = 12$ 万元，清理费用 $K_c = 0.5$ 万元，试用平均年限法求设备的基本折旧额 r_b，基本折旧率 α_b，大修折旧额 r_t，大修折旧率 α_t。（$r_b = 2.7$ 万元，$\alpha_b = 18.06\%$，$r_t = 36$ 万元，$\alpha_t = 3.70\%$）

第二章　设备故障诊断技术

机械设备的检测包含设备动态检测和设备修理中的检测。设备动态检测使设备维修体制实现了从预防维修制向预知维修制的转变。预知维修制的基础是设备诊断技术，即设备的状态检测技术和故障诊断技术。应用故障诊断技术对机械设备进行检测和诊断，可以及时地发现机器的故障，从而预防设备事故的发生，避免人员伤亡和经济损失以及环境污染；应用故障诊断技术可以找出机械设备中存在的事故隐患，以便采取适当措施，消除事故隐患。现在多数工厂仍采用计划维修制度，不论设备是否有故障，都要按人为计划的时间定期检修，这样很难预防由各种随机因素引起的事故，也不可避免地产生了过剩维修。设备故障诊断技术能诊断和预知设备的故障，在发现故障征兆时即时采取措施，按诊断出故障的性质和部位，有目的地对设备进行维修。

第一节　设备的状态检测与故障诊断

一、设备诊断技术的概念

为了掌握设备的劣化情况、故障状态及造成劣化的原因，过去常常采用停机解体或者感官诊断的方法进行检查。停机解体检查不仅增加停机的生产损失，而且多次解体也必然造成设备的过度维修和精度下降。原始的感官诊断检查是用耳听手摸的方法来判断设备的状态，这种方法虽然至今仍在使用，但它的作用和使用范围极其有限，因为这种方法对个人经验的依赖性很大，人们只能依据一些模糊的信号，凭经验来做出判断，而人类感官的觉察能力是有限的。

随着现代科学技术向纵深发展，设备诊断技术也不断发展。设备在运行过程中会发出各种信号，通过对信号的采集、处理、分析以及识别判断，并结合故障机理的研究，能够对设备的现状作出判断，对设备的未来作出预测，这样就实现了设备的不解体诊断。

设备诊断技术的含义，就是掌握设备现在的状态，预知、预测异常或故障及其产生的原因和对未来的影响。

显然，这个含义包括了三个方面的内容：

1）了解设备的状态。

2）了解产生异常和故障的原因。

3）预知、预测未来的技术。

这里所说的预知，是指运用决策论方法对具体的对象和参数作出的判断；而预测则是指运用概率和统计方法对不确定的对象作出的推测。设备状态是指设备所受的应力，故障和劣化，强度和性能等。

只有全面地具备了以上三个方面的内容，才算是科学的设备诊断技术。设备诊断要以掌握现状为中心，但又不能仅限于掌握现状，正确的流程可用框图表示：

根据过去的原因 ⟶ 了解现在的状况 ⟶ 预知、预测今后的问题

二、设备诊断技术的测量方法

设备诊断技术包括两个部分：一是诊断设备技术状态的初级技术，主要是由现场作业人员实施的简易诊断技术；二是为了决策，由专门人员实施的精密诊断技术，其任务是对由简易诊断技术初步判断为具有“异常现象”的设备进行专项的精确诊断。

设备诊断技术于20世纪60年代首先在航空、航天和核能工业领域开始使用，刚一出现，它就显示了巨大的优越性和生命力，使设备维修方式发生了根本的变革，产生了“预知维修”的新概念。到了20世纪70年代，设备诊断技术逐步进入了一般工业部门。由于电子测量技术、信息处理技术以及计算机技术的进一步发展，设备诊断技术得到了较大的提高，更加趋于完善。目前，设备诊断技术已广泛应用于各不同领域，已取得实际应用的主要状态检测方法见表2-1。

表2-1　状态检测方法一览表

方　法	停机或不停机	故障部位	操作人员技术水平	说　明
1. 目测	不停及停	限于外表面	主要靠经验	定期轮回检查
2. 振动检测	停及不停	任意运动零部件	要求一定技术	从设备上取得振动参数,通过对这些参数的分析,找出设备故障原因
3. 温度检测	不停	外表面或内部	多数不用什么技术	从直读的温度计到红外扫描仪测得温度变化
4. 润滑液检测	不停	润滑系统的任意元件	要求一定技术	光谱和铁谱分析装置,可用来测定润滑液内含有的元素成分
5. 裂纹检测				
1)染色法	停及不停	清洁表面	要求一定技术	只能查出表面断开的裂纹
2)磁力线法	停及不停	靠近清洁光滑的表面	要求一定技术,易漏查	限于磁性材料,对裂纹取向敏感
3)电阻法	停及不停	清洁光滑表面	要求一定技术	对裂纹取向敏感,可估计裂纹深度
4)涡流法	停及不停	靠近表面	需掌握基本技术	可查出多种形式的不连续性(如裂纹、杂质、硬度变化)
5)超声法	停及不停	任何零部件的任意位置	需掌握基本技术	对方向性敏感,寻找时间长,通常作为其他诊断技术的后备方法
6. 腐蚀检测				
1)腐蚀检查仪	不停机	管内及容器内	要求一定技术	能查出微米级的腐蚀量
2)极化电阻及腐蚀电位	不停机		要求一定技术	只能找出有没有腐蚀现象
3)氢探极	不停机		不需技术	氢气扩散到薄壁探极管内,引起压力增加
4)探极指示孔	不停机		为使孔打至正确深度,需相当技术	能指出什么时候可达到预定的腐蚀量

三、设备振动测量及信号处理

在设备故障诊断方法中，振动分析法应用最多，本节仅介绍振动检测的诊断方法。

1. 振动测量

振动测量是指从运转设备上取得位移、速度、加速度、频率和相位等振动参数，通过对这些参数的分析，了解设备的技术状态，找出设备发生故障的原因。

振动位移、速度、加速度之间保持着简单的微积分关系，所以在许多测量振动的仪器中往往带有简单的微积分网络，操作者可以根据需要作位移、速度、加速度之间的切换。

测量系统包括信号转变、信号放大和显示记录三个部分。根据测量参数的不同，测量系统各部分的组成也有所不同。

测量振动位移时，信号的转变常用电容式位移传感器和涡电流式位移传感器来实现，这两种传感器都是非接触式的。机械振动属于微幅运动，选择位移传感器时应注意使传感器的量程与振动强度相配合。

测量振动速度时，信号的转变常用磁电式速度计来实现，这种传感器的适用频率范围一般为10~50Hz。它依靠线圈在永久磁场里的相对运动切割磁力线，产生与速度成正比的电信号，从而实现振动信号的转变。

测量振动加速度时，信号的转变常用压电式加速度计来实现，这种传感器是利用天然石英晶体或人工极化陶瓷等物质的压电效应制成的。它输出电荷，属发电型传感器，其灵敏度高，频率范围广（0.1~40kHz），线性动态幅值范围大，而且体积小、质量小，是目前应用最多的一类传感器。

2. 振动分析

（1）振动　在机器机构和系统中，所有的实际工作过程都伴随着振动。由于运动部件不易平衡，因此，失衡的运动零件，其直线运动时的加速度都是振动的根源。从运动学的观点来看，物体围绕平衡位置作往复运动称为振动。振动量随时间的变化过程可用曲线来表示，即为振动波形。振动波形有两个基本特征量——振幅和频率。

（2）频谱分析及频谱图　机器的振动很小一部分是简单的正弦振动，大部分是随机振动。它是一种非确定性的振动，其运动周期是不规则的，在时间域内的波形不能精确地重复出现。图2-1所示是活塞周期振动的波形图，其时域波形是规则的，但它是由两个正弦波迭加而成的。如图2-2所示，其中振幅较大正弦波的周期 T_1 为振幅较小正弦波周期 T_2 的两倍。把复杂的振动信号分解成一系列单一正弦波的过程称为频谱分析，表示各个频率的成分及其幅值的图形称为频谱图，它们是运用振动测量进行故障分析的基础。实际测量得到的频谱图是非常复杂的。

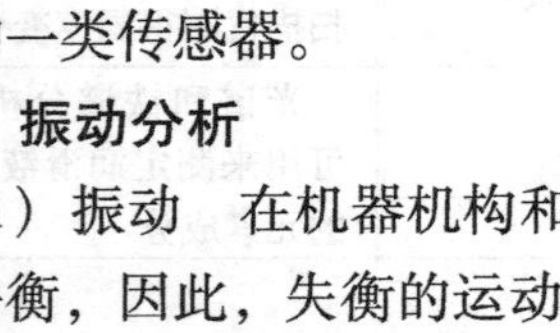

图2-1　内燃机活塞周期振动波形

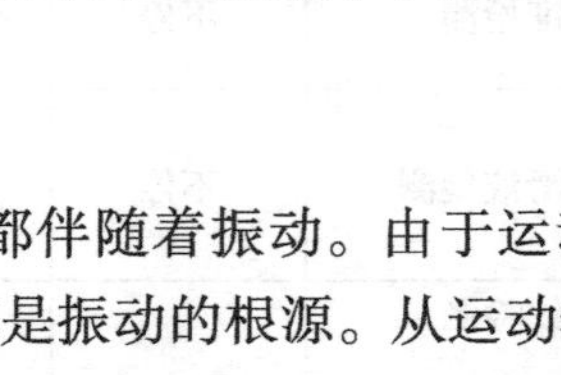

图2-2　正弦波的迭加

(3) 信号处理　测出的振动波形虽然可以在振动计上直接读取，但是为了正确地了解设备的状态，一般要用数据记录器将波形记录下来，然后用各种信号处理技术对其加以分析。信号处理技术的种类如图 2-3 所示。

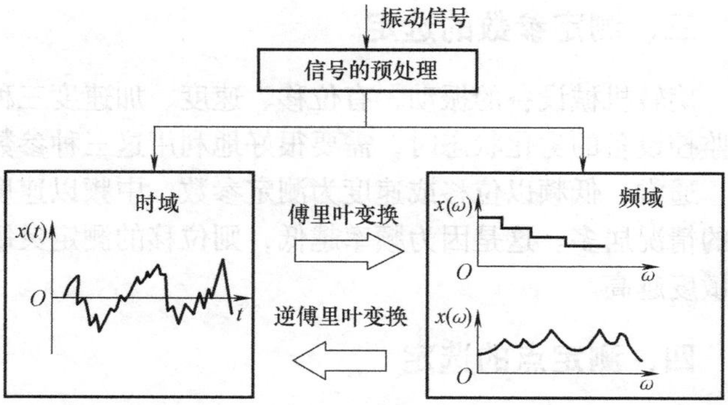

图 2-3　信号处理技术的种类

1）时域信号处理技术将振动信号作为时间 t 的函数 $x(t)$ 来考虑，进行域分析是振动波形分析的一种方法。分析确定振幅随时间变化的特性，然后与机器正常状态下的特性相比较，从而对机器的工作状态进行判断和预测。

2）频域信号处理技术，即将一个时域信号利用傅里叶变换频率的函数，进行频域分析。也就是振动波形按傅里叶变换对于频率的相位和振幅的置换。反之也行，称为逆傅里叶变换。

第二节　旋转机械设备的简易诊断

本节介绍利用振动检测，对旋转机械设备的劣化征兆进行定量控制的方法。

一、诊断对象的选定

在工厂里，如将全部设备均作为简易诊断的对象，那么在效率和效果两个方面都是不理想的。另外，在技术上也不可能这样做。必须经过充分的研究来选定作为诊断对象的设备，列为必须诊断对象的设备有：

1）主要生产设备。

2）虽是附属设备，但停机后预期会产生很大损失者。

3）发生故障后，预期会产生公害的设备。

4）维修费用高的设备。

二、测定方法的确定

测定方法有下述三种：

1）人工进行定期测定的方法。

2）由于安全原因不能靠近对象设备时，可在安全的地方设置能获得检测信号的连接箱，由人进行定期测定。

3）对于测定条件不稳定的设备和劣化速度非常快的设备，采用长期设置测头，以定期、实时、自动采集判断数据的方法。

根据对象设备的需要确定用何种方法进行测定。

三、测定参数的选定

旋转机械设备的振动，有位移、速度、加速度三种测定参数。通过测定最大范围的振动来监控设备的劣化状态时，需要很好地利用这三种参数。

通常，低频以位移或速度为测定参数，中频以速度为测定参数，高频以加速度为测定参数的情况居多。这是因为频率越低，则位移的测定灵敏度越高；频率越高，则加速度的测定灵敏度越高。

四、测定点的选定

首先，必须确定测定对象设备的哪个部位。以一般旋转机械为例，振动的测定方法有测定轴承振动和测定轴振动两种。

通常，对低速旋转机械以测定轴承的振动者为多；越接近于高速，则测定轴的位移者越多。这是因为高速时，轴承振动测定的灵敏度会有所降低。

1. 测定轴承振动

测定轴承振动时，需要从三个方向测定，即轴向（A）、水平方向（H）和垂直方向（V）。测定位置以在轴中心高度处测定轴向、水平方向的振动为好。

使用这种方法，重要的是尽量在三个方向上都进行测定。因为根据劣化种类所发生的方向不同，对于低频率振动的监控是很重要的（对于高频，一般因其无方向性，通常只从一个方向进行监控居多），例如：不平衡易发生在水平方向，不同轴性易发生在轴向，而松动则易在垂直方向上发生。

对于测定点数量多的情况，测定时要考虑到效率问题，测定点位置应尽可能选在敏感点上。

2. 测定轴振动

测定轴振动时，通常的测定法如图 2-4 所示。图 2-4a 所示是在轴承处装设非接触型位移计（一般为涡流式），监控位移计与轴表面的间隙，也就是监控轴承与轴之间相对位移的方法；图 2-4b 所示为测定轴的绝对位移的方法，这种方法用得少。

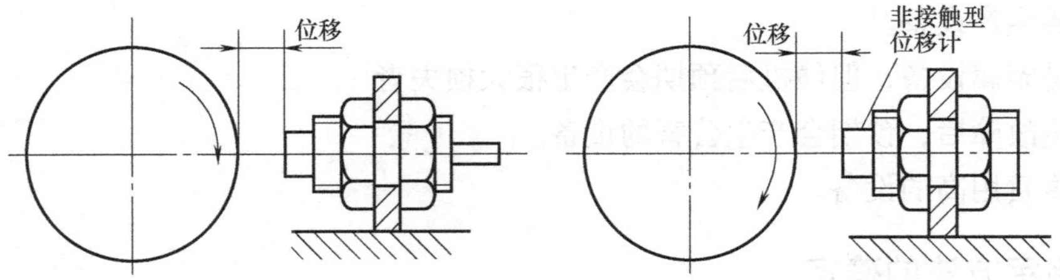

图 2-4　轴振动的测定方法

a）测定轴与轴承的相对位移　b）测定轴的绝对位移

所取测定方向多数情况下仍然是三个。对于径向振动，习惯的做法是在水平、垂直方向上进行测定。

五、测定周期的确定

确定测定周期时，最重要的是对劣化速度进行充分的研究。例如，对于磨损劣化发展缓慢的，可以采用较长的周期；而当高速旋转体异变后可能立即造成故障的设备，则需要进行实时检测。此外，对于一般由人工操作进行的测定，其规定的测定周期必须能充分地反映机械的劣化程度。表2-2所示为一些设备的标准测定周期，但这些只是基本的测定周期，一旦发现测定数据有变化征兆，就要缩短测定周期。

表2-2　设备的测定周期

高速旋转机械	汽轮压缩机、燃气轮机、蒸汽轮机	每日测定
一般旋转机械	水泵、风扇、鼓风机、蒸汽轮机	每周测定

六、判断标准的确定

要判定设备的工作状态是否正常，必须把测量数据跟判断标准作比较。目前常用的判断标准有下述三种。

1. 绝对判断标准

它是根据各类设备的大量统计数据进行统计分析，制定的一些通用振动标准。在采用绝对判断标准时，只有在掌握标准的适用频率范围和测定方法后，才能加以选用。

下面研究轴承振动标准。图2-5所示为大型旋转机械的振动标准实例，它是根据经验制定的判断标准，属于位移标准。由图所示的判断标准可知，转速越高，与之成反比的允许位移量越小。

国际标准化组织确定的振动标准见表2-3。标准中根据速度的有效值把振动的剧烈程度分为A、B、C、D四级，A级最好，D级是不允许的。

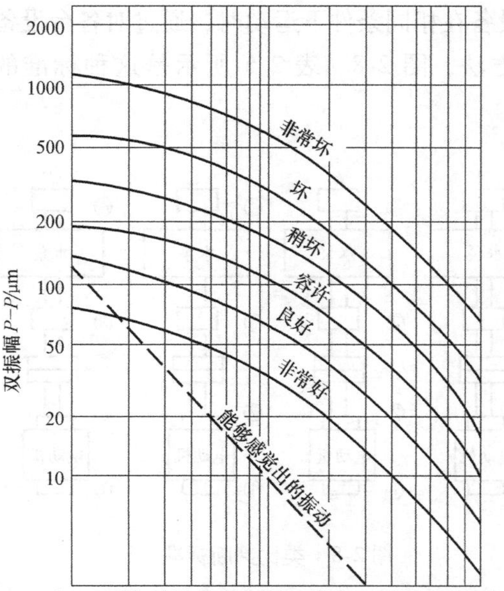

图2-5　大型旋转机械的振动标准

表2-3　振动标准的实例

振动强度		ISO 2372				ISO 3945	
范围	速度有效值/(mm/s)	Ⅰ级	Ⅱ级	Ⅲ级	Ⅳ级		
0.28	0.28						
0.45	0.45	A	A				
0.71	0.71			A	A	优	优
1.12	1.12	B					
1.8	1.8		B				
2.8	2.8	C		B		良	
4.5	4.5		C		B		良
7.1	7.1			C		可	
11.2	11.2				C		可
18	18	D					
28	28		D	D		不可	
45	45				D		不可
71							

注：Ⅰ级为小型机械（如15kW以下的电动机）；Ⅱ级为中型机械（如15～75kW的电动机和300kW以下的机械）；Ⅲ级为大型机械（安装在坚固的重型基础上），转速为600～12000r/min，振动测定范围为10～1000Hz，Ⅳ级为大型机械。

在测定高频振动时，宜采用加速度作判定标准，加速度标准的实例如图 2-6 所示。

加工机床的振动标准见表 2-4。对于加工机床，由于刀具与工件的相对运动对所加工产品的尺寸精度有直接影响，故可理解为位移标准。

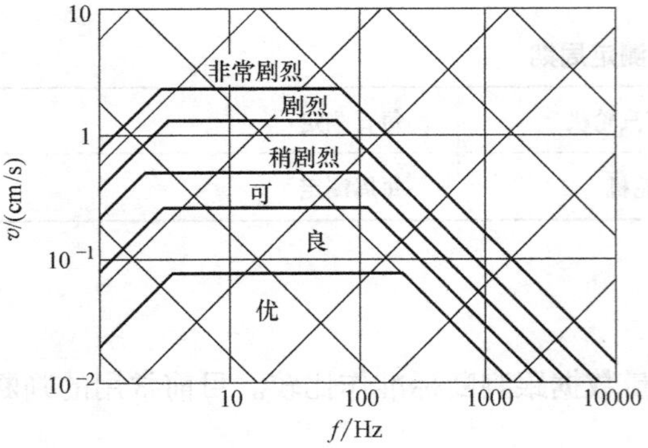

图 2-6　加速度标准

表 2-4　加工机床的振动标准示例

（单位：μm）

内　容	标　准　值
螺纹磨床	0.25～1.5
仿形磨床	0.76～2.0
外圆磨床	0.76～5.0
平面磨床	1.27～5.0
无心磨床	1.00～2.5
镗床	1.52～2.5
车床	5.00～25.4

2. 相对判断标准

相对判断标准是指对同一部位定期进行测定，并按时间先后进行比较，以正常情况下的值为原始值，根据实测值与原始值的比值来进行判断的方法。

对于低频振动，按照过去的经验值和人的感觉，当振动值达到原始值的 4 倍时，即可知道已经发生了变化。所以，通常将标准定为：实测值达到原始值的 1.5～2 倍时为注意区域，约 4 倍时为异常区域。对于高频振动，根据零件的强制劣化实验结果，将原始值的 3 倍定为注意区域，6 倍左右定为异常区域。图 2-7 所示就是这种判断标准的实例。

3. 类比判断标准

所谓类比判断标准，是指当数台同样规格的设备在相同条件下运动时，通过对各台设备的同一部位进行测定和比较来掌握异常程度的方法，图 2-8、表 2-5 所示是这种标准的实例。

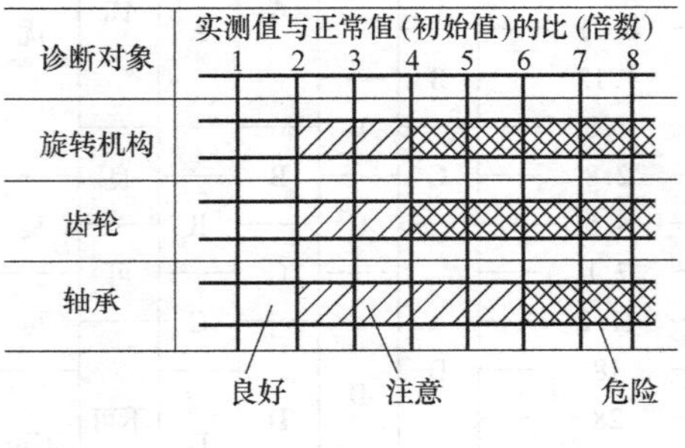

图 2-7　相对判断标准

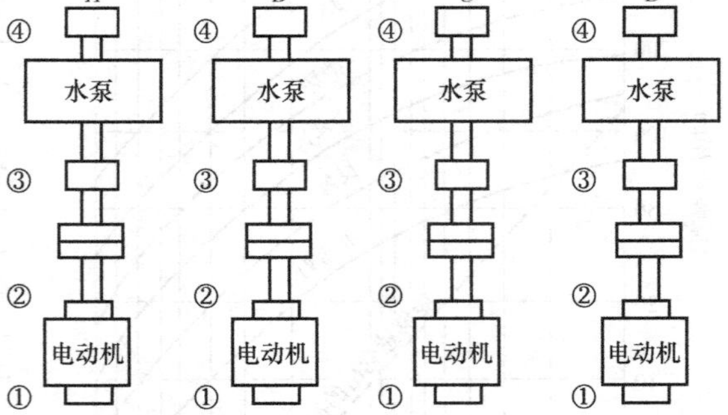

图 2-8　类比判断标准

选用上述三种判断标准时，应优先考虑绝对判断标准。如考虑到设备的老化状况等因素，过去的判断标准就不能全部适用，所以在这种情况下，必须由用户单独按对象设备来确定合适的判断标准，其中包括相对判断标准和类比判断标准。

表 2-5 ①~④各部位水平方向的振动记录

泵名 \ 测定部位	速度/(cm/s)			
	①*H*	②*H*	③*H*	④*H*
A	0.06	0.07	0.06	0.07
B	0.06	0.05	0.07	0.06
C	0.06	0.07	0.14	0.17
D	0.06	0.07	0.05	0.07

注：当在*A*、*B*、*C*、*D*的同一部位测出的振动值（表中带方框的数值）为正常设备的一倍以上时，旋转机构有可能存在异常。

七、简易诊断实例

下面举例说明如何实行劣化趋向监控，表 2-6 所示为某钢铁厂对高炉鼓风机劣化趋向进行监控的实例。在本例中，测定参数（离散值）是为了对鼓风机的旋转机构和轴承进行诊断，所以对低频和高频振动两个方面都要进行监控。

表 2-6 简易诊断实例

简易诊断数据卡

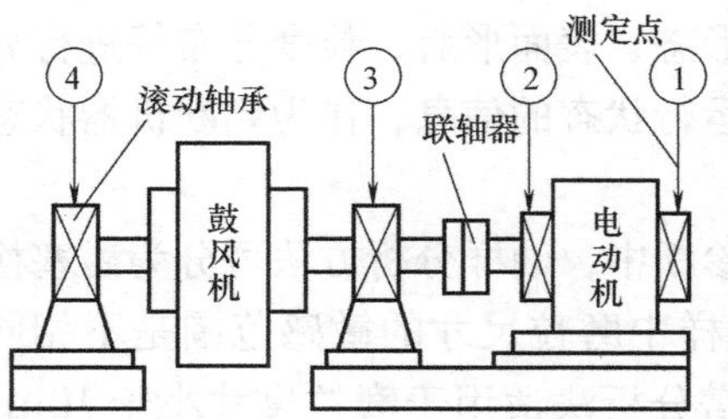

工厂名称:某钢铁厂

设备名称:
No. 2 高炉鼓风机

主要参数
电动机转速:3555r/min
轴承类型:滚动轴承

初期值(测定条件:低载荷运转) (单位:μm)

位置	1	2	3	4	5	6
H(水平)	0.13	0.12	0.11	0.12		
V(垂直)	0.09	0.03	0.027	0.065		
A(轴)		0.1		0.12		

检测日期	速度/(cm/s)						加速度/(cm/s^2)				备注
日期 \ 位置	①*H*	②*H*	②*A*	③*H*	③*A*	④*H*	①*V*	②*V*	③*V*	④*V*	
20/2	0.13	0.12	0.1	0.11	0.12	0.12	0.09	0.03	0.027	0.065	
10/3	0.15	0.12	0.11	0.16	0.12	0.11	0.09	0.005	0.028	0.077	
6/4	0.12	0.12	0.1	0.06	0.1	0.11	0.05	0.012	0.05	0.6	
30/5	0.11	0.12	0.1	0.09	0.08	0.1	0.025	0.016	0.05	0.67	
26/7	0.1	0.12	0.1	0.08	0.04	0.11	0.038	0.015	0.065	0.7	
7/9	0.08	0.13	0.1	0.1	0.04	0.12	0.05	0.015	0.07	0.65	
24/10	0.19	0.27	0.12	0.26	0.06	0.35	0.08	0.03	0.1	1.1	
24/11	0.23	0.29	0.13	0.35	0.07	0.46	0.06	0.034	0.1	0.65	修理叶轮
8/1	0.12	0.13	0.1	0.1	0.07	0.14	0.08	0.04	0.07	0.7	
31/1	0.07	0.09	0.13	0.06	0.04	0.08	0.05	0.04	0.06	0.9	
28/2	0.1	0.13	0.07	0.07	0.04	0.1	0.04	0.02	0.06	0.65	
4/4	0.12	0.14	0.2	0.1	0.08	0.12	0.06	0.04	0.06	0.85	
19/5	0.12	0.15	0.12	0.11	0.07	0.11	0.09	0.03	0.07	0.9	
14/6	0.12	0.15	0.12	0.1	0.05	0.12	0.07	0.04	0.06	1.0	

（续）

检测日期	速度/(cm/s)						加速度/(cm/s²)				备注
日期＼位置	①H	②H	②A	③H	③A	④H	①V	②V	③V	④V	
28/7	0.12	0.14	0.13	0.1	0.06	0.15	0.06	0.03	0.07	1.3	
12/9	0.15	0.15	0.28	0.1	0.07	0.15	0.05	0.02	0.09	1.2	调平衡
16/9	0.02	0.02	0.03	0.09	0.04	0.09	0.12	0.11	0.15	0.99	
30/9	0.06	0.06	0.06	0.06	0.04	0.11	0.05	0.02	0.08	0.2	

测定点取在轴承座上。一般必须测定三个方向，但为了尽量减少测定点数量，对这台鼓风机的低频振动只进行两个方向的测定；因高频振动没有方向性，故只对一个方向进行振动检测即可。

由于产生振动的主要原因多数为不平衡，劣化速度不快，所以将测定周期定为一个月。如果发现任何异常的征兆，应将周期缩短。

第三节 油样诊断技术

油样诊断技术是指抽取油样并测定油样中磨粒的特征，从而分析、判断机器零件磨损情况的方法。如对油样中磨粒的含量、尺寸、成分和磨粒形态、表面形貌、粒度分布等进行分析，可发现磨损的类型、程度和部位，得出机器中零件运行状态的信息，作为判断机器状态的依据。

根据工作原理和检测手段的不同，在机械设备故障诊断中，油样分析方法可分为磁塞检查法、油样光谱分析法和油样铁谱分析法等。它们对油样中磨粒尺寸的敏感范围是不相同的：磁塞检查法适用于磨粒尺寸大于50μm的情况，光谱分析法适用于磨粒尺寸小于10μm的情况，而铁谱分析法适用于磨粒尺寸介于5～100μm的情况，如图2-9所示。

一、磁塞检查法

磁塞检查法早于油样铁谱分析法，常用于飞机、轮船等设备，是一种使用时间长、简便易行的有效方法。

（1）磁塞结构简介　磁塞由磁钢4、用非导磁材料制成的磁塞座7、磁塞心8、自闭阀3（更换磁塞时，利用弹簧作用能堵住润滑油）和弹簧5等组成，如图2-10所示。

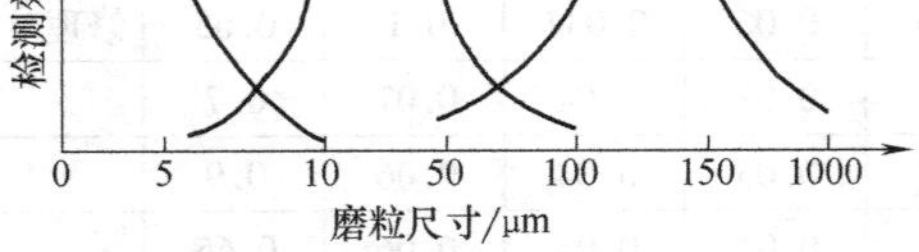

图2-9　三种油样分析方法的适应范围

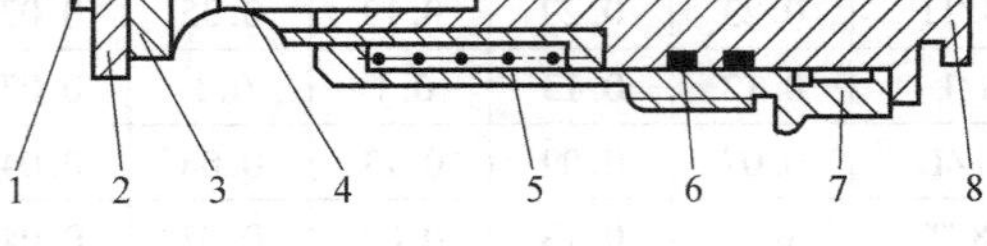

图2-10　磁塞结构示意图

1—螺钉　2—挡圈　3—自闭阀　4—磁钢　5—弹簧
6—密封圈　7—磁塞座　8—磁塞心

（2）磁塞的工作原理　将带有磁性的磁塞插入润滑油中，收集磨损产生的铁质磨粒，借助读数显微镜或者直接用肉眼观察磨粒的大小、数量和形状特点，判断机械零件的磨损程度。用磁塞法可以观察出磨损后期磨粒尺寸较大的情况。若磨粒小且数量较少，说明设备运转正常；若发现大磨粒，就要重视起来，严加注意设备的运行状况；若多次、连续发现大磨粒，便是设备即将出现故障的征兆，应停机检查，寻找故障部位，立即进行排除。

（3）用磁塞对齿轮箱进行监测　用磁塞对设备运行状态监测的方法，特别适用于用全损耗系统用油或低粘度润滑油进行润滑的闭式齿轮箱。将磁塞安装在润滑油循环使用的回油总出口附近，有利于尽量多地收集齿轮的磨损磨粒。从而及时发现各种不同的齿轮失效形式，以便采取合适的措施，防止突发性事故的发生。

二、油样铁谱分析法

油样铁谱分析法的基本原理是将油样按操作步骤稀释，并使之通过一个强磁场。稀释后的油样在强磁场的作用下，由于磨损磨粒大小的不同，能通过的距离也不同，根据油样中磨损磨粒在玻璃试管中或在玻璃基片上的沉淀情况，就可以对机器零件的磨损程度作出初步的判断。然后，用双色显微镜或扫描电子显微镜观察磨损磨粒的形貌。从观察中，我们可以得到磨损磨粒的数量、形态、成分和磨损程度等多种信息。

目前，已有分析式铁谱仪、直读式铁谱仪、在线式铁谱仪和旋转式铁谱仪四种各具特色的铁谱仪，其中比较成熟的是分析式铁谱仪和直读式铁谱仪。这两种铁谱仪现在应用比较普遍，以下将作主要介绍。

1. 分析式铁谱仪

（1）工作原理　分析式铁谱仪主要由铁谱仪和双色显微镜两大部分组成。铁谱仪的组成及工作原理如图2-11所示，它由油样试管1、微量泵2、玻璃基片3、磁铁装置4、导流管5、和储油杯6组成。将经过稀释的油样注入倾斜安放的玻璃基片上，油样中的磨损磨粒在磁场力的作用下会沉淀在玻璃基片上；然后用四氯乙烯溶液清洗残油，使磨粒固定在玻璃基片上形成玻璃谱片，如图2-12所示；最后用双色显微镜或扫描电子显微镜对谱片上的磨粒进行观察分析和计数，进而对磨粒作出定性分析和定量分析。

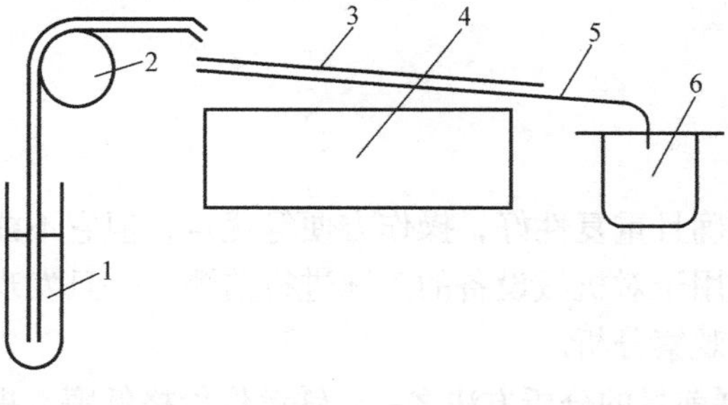

图2-11　分析式铁谱仪示意图

1—油样试管　2—微量泵　3—玻璃基片
4—磁铁装置　5—导流管　6—储油杯

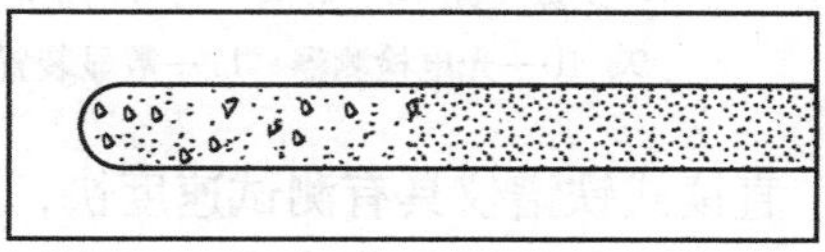

图2-12　谱片上磨粒的分布情况

（2）定性分析　对磨粒的状态特征、颜色特征、尺寸大小的差异和磨粒的成分进行检测及分析。这样，便于确定故障部位、磨损的类型、磨损的严重程度及失效的原因等。

（3）定量分析　对谱片上大、小磨粒的相对含量进行定量检测。检测时，找出最大的

数值 Al，即油样中尺寸大于 5μm 磨粒的覆盖面积占总面积的百分数。在距读出 Al 处再读出最大读数 As，即油样中尺寸为 1 ~ 2μm 小磨粒的覆盖面积占总面积百分数。$Al + As^2$ 为磨粒浓度，$Al - As$ 为磨损烈度，而 $Is = Al^2 - As^2$ 为磨损烈度指数，这些参数全面地反映了磨损的状态。

2. 直读式铁谱仪

直读式铁谱仪的组成及工作原理如图 2-13 所示。稀释后的油样经吸油毛细管 2 从油样试管 1 中吸出，流入倾斜安放的沉淀管 3 中；在磁铁装置 5 的作用下，油样连同夹带的磨损磨粒在沉淀管中流动并沉淀，废油流入集油杯 4。沉淀管左端沉淀有大磨粒和部分小磨粒，右端沉淀有部分小磨粒如图 2-14 所示。在大、小磨粒沉淀的位置设有两道光束，光束穿过沉淀管，经导光管 7、8 射向光电检测器 9、10。磨粒沉淀得越多，透光越弱，由检测器接收到光的强度也越弱。持续一定时间后，数显装置上会显示出光密度读数。设 Dl 为尺寸大于 5μm 的大磨粒的沉淀覆盖面积占总面积的百分数；设 Ds 尺寸为 1 ~ 2μm 的小磨粒的沉淀覆盖面积占总面积的百分数。定义磨损烈度指数 $Is = Dl^2 - Ds^2$。

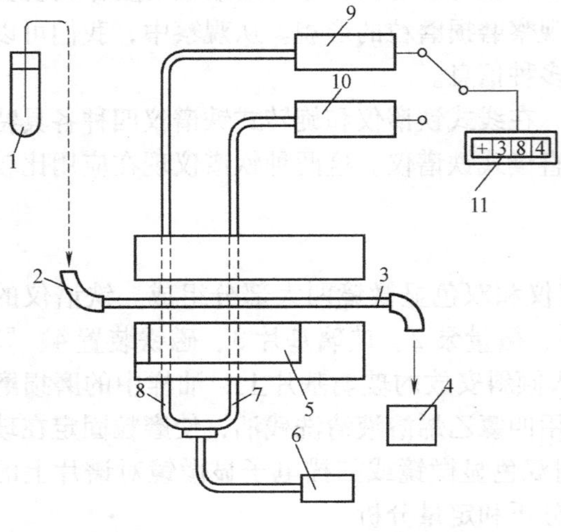

图 2-13 直读式铁谱仪示意图

1—油样试管 2—吸油毛细管 3—沉淀管 4—集油杯
5—铁磁装置 6—灯泡 7、8—导光管
9、10—光电检测器 11—数显装置

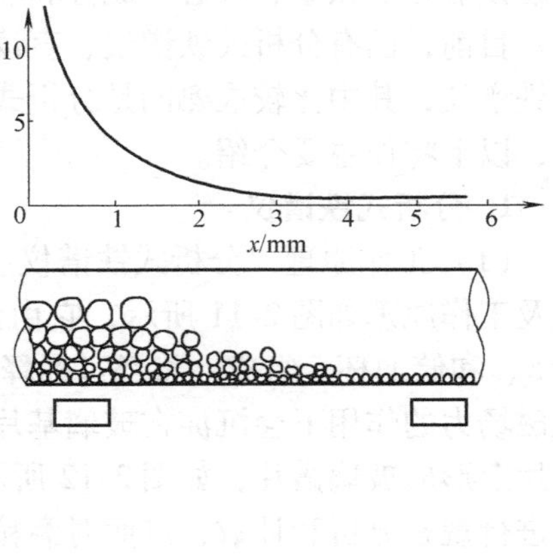

图 2-14 沉淀管内磨粒的沉淀情况

直读式铁谱仪具有测试速度快，测试结果准确且重复性好，操作方便等优点，但它不能进一步观察和分析磨粒的形态。直读式铁谱仪适用于对机械设备的工况进行监测，一旦发现机械设备的工况异常，再用分析式铁谱仪进一步观察分析。

油样铁谱分析法是目前使用最广泛、最有发展前景的分析方法之一。铁谱仪价格低廉，提供的信息比较丰富，但对于非铁磁材料不够敏感。使用这种方法时，操作人员要严格遵守操作规程，分析结果才有可比性。油样铁谱分析法适用于检测尺寸为 5 ~ 100μm 的磨损磨粒。

三、油样光谱分析法简介

油样光谱分析法是用原子吸收光谱和原子发射光谱分析润滑油中金属的成分和含量，从而判断机器磨损程度的方法，该方法对有色金属比较适用。由于该方法具有局限性，不能得到磨损磨粒的形貌细节，因此适用于分析磨粒尺寸小于10μm的情况。

原子吸收光谱分析法就是在试样经火焰加热变成原子蒸汽的同时，使元素灯发射的特定波长的光束也穿过火焰，基态原子吸收能量后，经仪器检测出该种元素的含量。

原子发射光谱分析法就是用高压电激发试样中的金属元素，对它们发射出的特性光谱进行分析，由发射光谱分析仪显示出金属元素的种类及含量。

油样光谱分析法使用的是标准的光谱分析仪，它使用方便，但价格较贵，采样后需经一段时间才能取得分析结果。

第四节 红外线诊断技术

一、红外线简介

红光光谱之外存在着一种人眼看不见的辐射波，称为红外线。红外线的波长范围很广，从0.76～1000μm。人们根据波长的不同把红外线分为四类。近红外线，$\lambda=0.76\sim3\mu m$；中红外线，$\lambda=3\sim6\mu m$；远红外线，$\lambda=6\sim15\mu m$；超远红外线，$\lambda=15\sim1000\mu m$。

二、红外线的工作原理

在常温下，所有的物体都能发射红外线，温度越高，红外线的辐射量越大。红外线诊断技术就是基于工件热红外能量的变化而出现的。当物体内部存在缺陷时，物体的性能将发生改变。检测时，测定工件温度的分布状态，检测出温度变化的差别，从而判断工件缺陷的存在与否，缺陷的位置及其大小。

红外线诊断技术有突出的特点，其设备简单，用途比较广泛，对金属、陶瓷、塑料、橡胶等材料中的缺陷，均可方便地进行诊断。红外线测温具有非接触，响应速度快，不扰动目标温度，测温范围广等特点。

三、红外线探测器

红外线探测器可以把其所接收的红外辐射变换成容易测量的电量，是红外检测系统中最重要和最关键的部分。由于红外线辐射会产生热效应和光电效应，因此红外探测器也分为热敏探测器和光电探测器两大类。

热敏探测器是利用某些半导体薄膜受辐射加热后，其电阻发生变化的原理制成的。红外辐射使热敏元件升温的速度较缓慢，响应时间较长。热敏元件对辐射的各种波长有相同的响应率，其光谱响应曲线近似平行于横坐标，如图2-15所示。因此，有无选择性红外探测器之称。

光电探测器是一种半导体器件，当光子投射到这类半导体材料上时，会产生电信号。由于光电效应速度很快，因此光电探测器对红外辐射的响应时间极短，比热敏探测器快三个数量级。光电探测器对光谱的响应范围有限，响应率取决于波长。当波长为λ_p时，响应率达到最大值；当波长超过λ_p时，响应率便迅速降低直至截止，如图2-16所示。

四、红外线探伤的方法

红外线探伤可分为主动探伤和被动探伤两种方法。

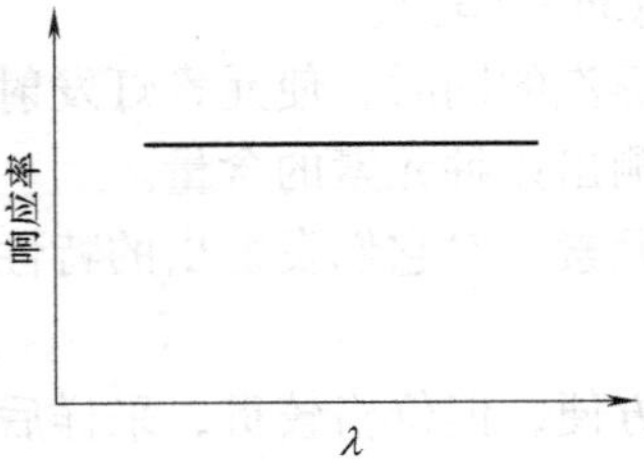

图 2-15 热敏探测器响应曲线

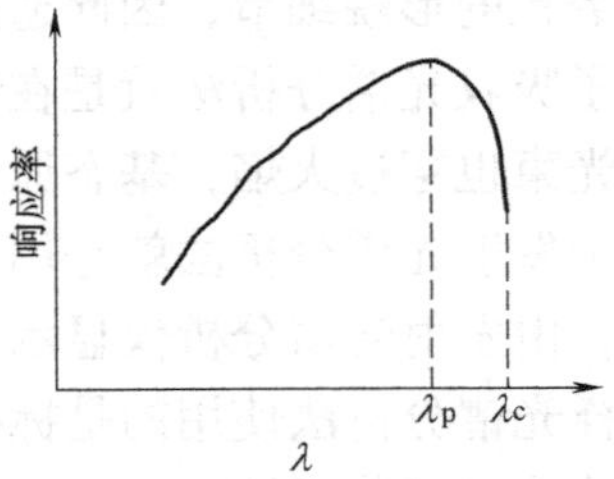

图 2-16 光子探测器响应曲线

（1）主动探伤 主动探伤是指在利用外部热源对工件进行加热的同时，测量工件的温度和温度分布状况。例如，用激光器产生的连续波，通过红外望远镜在工件表面聚焦以加热工件，热量沿工件表面流动，如果工件无缺陷，则热流是均匀的；如果工件有缺陷，则热流的特性将改变，形成热不规则区域，即可发现缺陷存在的部位。

（2）被动探伤 被动探伤是将工件加热或冷却后保温，使其达到热平衡状态，然后用红外辐射计进行扫描。此时工件的温度与室温有明显的差别，利用工件自身的红外辐射与环境红外辐射不同的特点，探测工件表面的温度及温度分布情况。工件表面温度梯度的不正常，反映了工件中存在着缺陷。被动探伤不用外部热源，在生产现场应用尤为方便。

第五节 超声波诊断技术

在工业生产中，目前广泛应用无损探伤方法，除红外线探伤方法外，还有许多种探伤方法，其中超声波诊断技术就是一种无损探伤方法。

一、超声波简介

人们每时每刻都能听到大小不同的声音。通常，人耳能听到的声音称为可听声波，其频率范围较窄，$20\text{Hz} \leqslant f \leqslant 20\text{kHz}$；频率低于可听声波频率的声波称为次声波，其频率 $f < 20\text{Hz}$；频率高于可听声波频率的声波称为超声波，其频率 $f = 20\text{kHz} \sim 10\text{MHz}$。用于探伤的超声波的频率 $f = 0.5\text{MHz} \sim 10\text{MHz}$。

在探伤中使用高频率的超声波，其波长极短，有很好的指向性，而且频率越高，指向性越好：超声波在物体界面或内部缺陷处发生反射和折射，可对物体内部进行检测，波长越短，识别尺寸越小。

二、超声波的种类

作为一种弹性波，超声波是通过弹性介质中质点的不断运动进行传播的。

（1）纵波 介质中质点的振动方向与声波传播方向相同时，称为纵波又称为疏密波。纵波可以在固体、液体和气体介质中传播。

（2）横波 介质中质点的振动方向与声波传播方向垂直时，称为横波。横波只能在固体介质中传播。

（3）表面波 在介质表面传播的超声波，称为表面波。表面波的质点运动兼有纵波和横波的特征。

(4) 板波 在薄板中传播的超声波，称为板波。

纵波、横波、表面波和板波都可以用于探伤。

三、超声波的性质

超声波在介质中的传播速度是由传播介质的弹性系数和密度以及超声波的种类决定的，与晶片和超声波的频率无关。表2-7列出了超声波在几种介质中的传播速度。超声波最基本的参数是声速 C、波长 λ 与频率 f，它们之间的关系如下：

$$C=f\lambda$$

表2-7 超声波在几种介质中的传播速度 （单位：km/s）

介质	纵波	横波
铅	6.26	3.10
钢	5.90	3.23
水	1.50	不传播
油	1.40	不传播
甘油	1.90	不传播

超声波在传播过程中，会发生反射、折射、透射和波形转换。因此，当超声波传到被检物的底面、内部缺陷处或不同物体结合面处时，会发生反射、折射和透射。

当超声波垂直地传到界面上时，一部分超声波发生反射，剩余的部分超声波就穿透过去。这两部分超声波能量的比率取决于接触界面两种介质的密度和超声波在这两种介质中的传播速度。当超声波探头与工件之间有空气存在时，超声波完全传不过去，因此，需要在探头与工件表面之间涂满油或甘油等液体耦合剂，使超声波能够很好地传播。

当超声波斜射到界面上时，会在界面发生反射和折射。当介质为液体时，反射波和折射波只有纵波。当斜探头接触钢件时，因为两者都是固体，所以反射波和折射波存在纵波和横波。超声波斜射时，折射的穿透率与折射角有关，通常折射角为35°～80°，这样穿透率较高。

当超声波碰到缺陷时，就发生反射和散射。但是，当缺陷的尺寸小于超声波波长的一半时，由于折射作用，超声波的传播就与缺陷是否存在没有什么关系了。因此，在超声波探伤中，缺陷尺寸的可检出极限为超声波波长的一半。

四、超声波探伤原理

超声波探头产生的超声波脉冲射入工件后，在工件中进行传播，如果工件内部有缺陷，一部分入射的超声波会在缺陷处被反射回来，被探头接收到并在示波器上显示出来。根据反射的情况及其特点，就可以判断出缺陷所在的部位及其尺寸的大小。

五、超声波的发射与接收

发射和接收高频超声波的装置是超声波探头，它是由在一定频率下能够产生共振的晶片，如水晶、钛酸钡、钛酸锆和硫酸锂等制成的。把高频振荡电压加到晶片的两个电极上时，晶片会在厚度方向发生同频率的伸缩。这样，电振荡就转换为机械振动，即超声波，并在介质中进行传播，就是超声波的发射。

反之，将高频机械振动，即高频超声波加到晶片上时，晶片会产生高频机械振动，在晶片的两电极间就会产生频率与超声波频率相同，强度与超声波频率成正比的高频电压，这就是超声波的接收。由此可见，超声波的接收利用了压电晶片的压电效应。

六、超声波检测仪器

1. 超声波探头

超声波探头是一种将机械能和电能互相转换的换能器，多数是利用压电效应制作而成，其功用是发射和接收超声波。

根据超声波波形的不同，探头可分为纵波探头、横波探头和表面波探头等。

纵波探头又称垂直探头或直探头，它是向与探头接触面垂直的方向反射、传播和接收纵波的。纵波探头的结构如图 2-17 所示，它由保护膜 1、压电晶片 2、阻尼块 3、外壳 4 和电极 5 等组成。

横波探头又称斜探头，它是应用波形转换的方法得到横波的。横波探头的结构如图2-18 所示，它由压电晶片、声陷阱、透声楔、阻力块、电极和外壳组成。横波探头的入射角和频率根据理论计算确定。

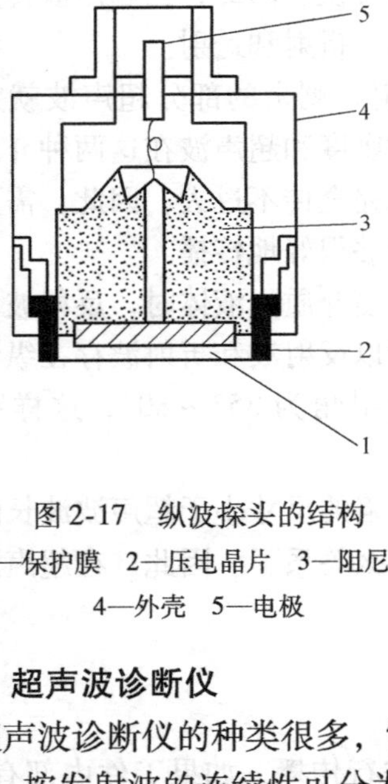

图 2-17 纵波探头的结构

1—保护膜 2—压电晶片 3—阻尼块 4—外壳 5—电极

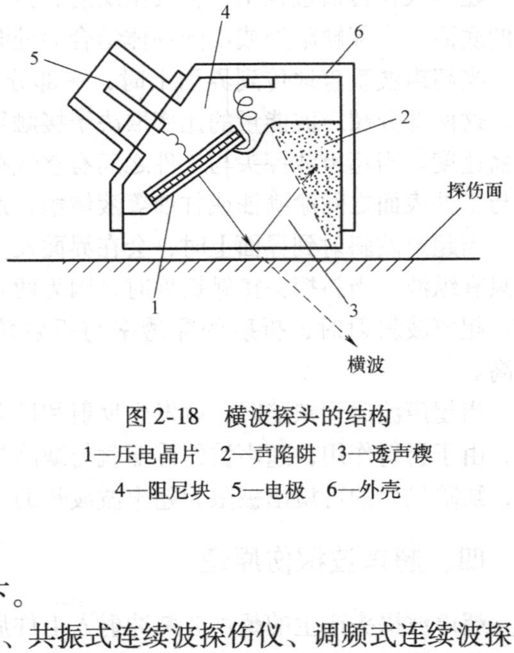

图 2-18 横波探头的结构

1—压电晶片 2—声陷阱 3—透声楔 4—阻尼块 5—电极 6—外壳

2. 超声波诊断仪

超声波诊断仪的种类很多，常见的分类如下。

1）按发射波的连续性可分为连续波探伤仪、共振式连续波探伤仪、调频式连续波探伤仪和脉冲波探伤仪。

2）按缺陷的显示方式可分为 A 型显示探伤仪、B 型显示探伤仪和 C 型显示探伤仪。

3）按通道的数量可分为单通道探伤仪和多通道探伤仪。

七、超声波诊断技术

利用超声波诊断工件内部缺陷的方法很多，脉冲反射法根据缺陷回波和底面回波来判断缺陷情况，穿透法根据缺陷的影像来判断缺陷情况，共振法根据工件发射的超声波来判断缺陷或者板厚。目前，脉冲反射法是用得最多的方法。脉冲反射法又可分为垂直探伤法和斜射探伤法两种，二者都是把脉冲超声波射入工件的一面，接收从缺陷处返回的回波，从而判断缺陷情况。现在就脉冲反射法中的垂直探伤法为例简介超声波诊断技术。

将探头置于被测工件的一个面上，使超声波脉冲经耦合剂进入工件，如图2-19所示。超声波脉冲在工件中传播，由于其中一部分超声波脉冲在遇到缺陷时，缺陷回波即反射回到晶片上，而不碰到缺陷的超声波脉冲在工件底面才反射回晶片。因此，缺陷处反射的超声波脉冲先回到晶片上，而底面反射的超声波脉冲后回到晶片上。回到晶片上的超声波被转换成高频电压，通过接收器进入示波管。同时，振荡器产生的高频电压也直接进入接收器内。这样，在示波管上可以得到波形图，通过观察波形图，就可以看出工件有没有缺陷，缺陷的部位及大小。

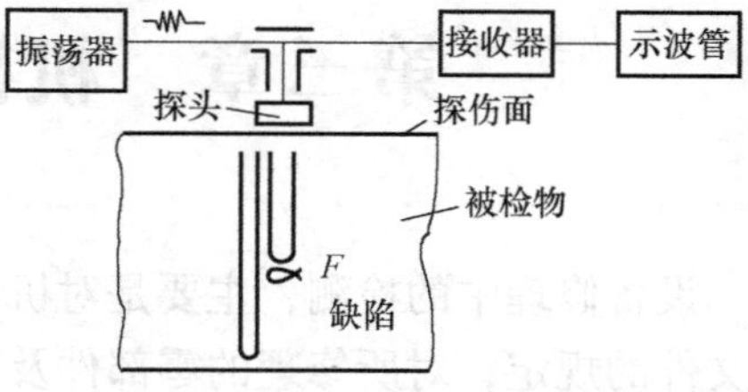

图2-19 脉冲反射垂直探伤原理

习题与思考题

2-1 设备诊断技术的含义是什么？

2-2 设备诊断技术包含哪两部分内容？

2-3 什么是信号处理技术？

2-4 判断旋转机械的振动时，常用哪几种标准？

2-5 在机械设备诊断中，油样分析法分为几种方法？各适用于何种磨粒尺寸范围？

2-6 红外诊断技术有何特点？

2-7 超声波有几种？超声波的性质是什么？

2-8 利用超声波诊断工件内的缺陷有几种方法？

第三章　机械设备几何精度的检测

设备修理中的检测，主要是对机械设备的几何精度进行检测。它是按有关技术标准和技术文件的规定，对所修理的零部件及整台机械设备进行鉴定的过程。如导轨的直线度，部件间的平行度、垂直度及同轴度等。检测是检验的必要手段，测量和检验是保证产品质量的重要步骤和环节，是设备修理的重点工作内容之一。

第一节　几何精度检测的准备工作

一、机床精度检测的概念

金属切削机床主要的精度检测包括几何精度检测和工作精度检测。

几何精度检测是指对那些最终影响机床工作精度的零、部件进行的精度检测。它包括尺寸、形状、位置和相互间的运动精度，如直线度、平面度、直线对直线或平面对平面以及直线对平面的平行度和垂直度等。

工作精度检测是指通过对规定的试件或工件进行加工，然后检测其精度，以验证机床是否符合规定的设计要求。

本章主要介绍几何精度检测。检测的依据是国家标准中规定的机床精度的检测项目、内容、方法和允许的偏差。

二、几何精度检测的要求和任务

对检测的要求，一是准确性，即检测结果必须有一定的可靠性；二是经济性，必须经济合理地进行检测，即在保证产品质量的同时，取得最好的经济效果。

所谓“测量”，就是将一个待测量（未知量）与一个已知量进行比较的过程。测量几何公差，是指通过一定手段将提取组成要素与拟合要素进行比较，从而确定提取组成要素与拟合要素之间的差别，再根据这个差别来评定被测要素的几何公差。

在检测中，涉及的主要问题有：

1）如何对被测要素进行测量或控制，从而获得评定几何公差的有关参数，或直接判断其是否合格。

2）如何根据测量获得的有关参数评定几何公差，有时涉及数据处理问题。

3）应根据被测要素的精度要求，相应地控制测量误差，使检测的准确性与经济性统一起来。这样，在检测中就有一个检测精度的问题。

三、机床检测前的状态

检测前，需将机床安装在符合要求的基础上，并按制造厂的使用说明书将机床调平。调平的目的不是使机床零部件处于理想水平或垂直位置，而是达到机床的静态稳定状态，以利于检验时的测量，特别是那些与零部件直线度有关的测量。

检测几何精度时，机床应尽可能处于正常工作状态，应按使用条件和制造厂的规定将机床先进行空转，使机床的零部件（如主轴）达到适当的温度，因为这些零部件温度的升高会引起几何公差的变化。

几何精度的检测可在机床静态下进行，也可在机床空转时进行。当制造厂有加载（如对重型机床要求装载一件或多件试件）规定时，应按制造厂的规定执行。

第二节 几何精度检测的常用工量具

检测机床精度，常常需要借助适当的检测工量具。为了使测量结果准确、可靠，必须合理地选用检测工具。

一、平尺

平尺可作为刮研与测量导轨的基准，常用平尺有桥形平尺、平行平尺、角度平尺等，如图 3-1 所示。常用平尺分 00、0、1、2 四级，检定条件与要求应符合有关标准。

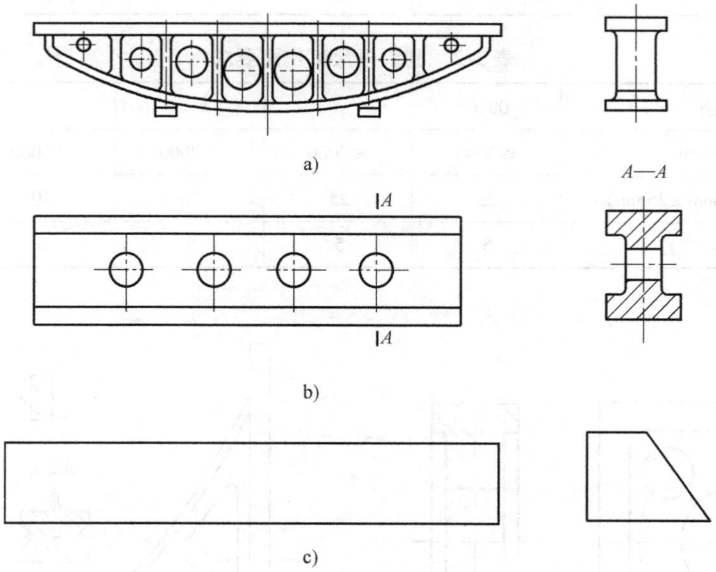

图 3-1 平尺

a）桥形平尺 b）平行平尺 c）角度平尺

平尺的精度见表 3-1。刮制用平尺的工作面在 25mm ×25mm 面积内的接触点数应不低于表 3-2 的规定。

二、直角尺

直角尺用来检测机床部件之间或运动轨迹之间的垂直度。图 3-2 所示为方尺；直角尺的主要形式有普通直角尺和圆柱形直角尺两种，如图 3-3 所示。

按国家标准，直角尺的精度分为 00、0、1、2 四级，见表 3-3。

表 3-1 平尺的精度

平尺长度/mm	精度等级											
	00	0	1	2	00	0	1	2	00	0	1	2
	上工作面与下工作面（或支承面）的平行度/μm				侧面对工作面的垂直度/μm				平尺工作面的直线度/μm			
400	2.4	3.9	8	—	8	13	25	—	1.6	2.6	5	—
500	2.7	4.5	9	—	9	15	30	—	1.8	3.0	6	—
630	3.2	5.3	11	—	10.5	18	35	—	2.1	3.5	7	—
800	3.8	6.3	12	—	12.5	21	40	—	2.5	4.2	8	—
1000	4.5	7.5	15	30	15	25	50	100	3.0	5	10	20
1250	5.4	9.0	18	36	18	30	60	120	3.6	6.6	12	24
1600	6.6	11.1	23	45	22	37	75	150	4.4	7.4	15	30
2000	8.1	13.5	27	54	27	45	90	180	5.4	9	18	36
2500	9.9	16.5	33	66	33	55	110	220	6.6	11	22	44
3000	11.7	19.5	39	78	39	65	130	260	7.8	13	26	52

表 3-2 刮制平尺工作面要求

平尺级别	00、0	1		2	
平尺长度/mm	≤2000	≤2000	>2000	≤2000	>2000
接触点数/[点/(25mm×25mm)]	25	25	20	20	15
最多与最少点之差	5	5	5	5	2

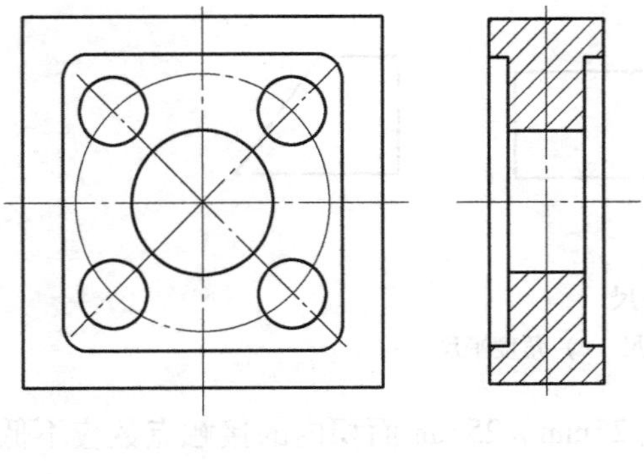

图 3-2 方尺

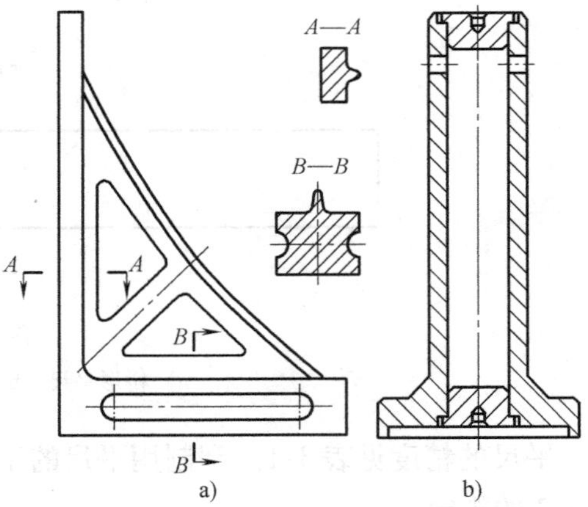

a) b)

图 3-3 直角尺的结构

a）普通直角尺 b）圆柱形直角尺

机修通常使用 0 级、1 级直角尺；在恒温条件下，修理精密机床使用 00 级直角尺。直角尺的工作面应精磨，表面粗糙度 *Ra* 为 0.08～0.16μm；刮制的铸铁直角尺，在 25mm×25mm 范围内的接触点数为 20～25 点，接触点应均匀分布。

表 3-3　直角尺的精度

公称尺寸/mm	测量面对基面的垂直度(α、β角)				测量面的平面度或直线度				短边上两基面的平行度				侧面对基准面的垂直度				侧面的平面度		两侧面的平行度	
	00	0	1	2	00	0	1	2	00	0	1	2	00	0	1	2	00,0	1,2	00,0	1,2
40	1	2	4	8	1	1	2	4	1	2	4	8	—	—	—	—	—	—	—	—
63	1.5	3	6	12	1	1	2	4	—	—	—	—	15	30	60	120	6	24	18	72
80	1.5	3	6	12	1	1	2	4	1.5	3	6	12	—	—	—	—	—	—	—	—
100	—	—	—	—	1	1	2	4	—	—	—	—	—	—	—	—	—	—	—	—
125	2	4	8	16	1	1.5	3	6	2	4	8	16	20	40	80	160	9	36	24	96
160	—	—	—	—	1	2	4	8	—	—	—	—	—	—	—	—	—	—	—	—
200	2	4	8	16	1	2	4	8	2	4	8	16	20	40	80	160	12	48	24	96
315	3	6	12	24	1	2	4	8	3	6	12	24	30	60	120	240	12	48	36	144
500	4	8	16	32	1.5	3	6	12	4	8	16	32	40	80	160	320	18	72	48	192
800	5	10	20	40	2	4	8	16	5	10	20	40	50	100	200	400	24	96	60	240
1000	—	—	—	—	2.5	5	10	20	6	12	24	48	—	—	—	—	—	—	—	—

三、垫铁和检验桥板

垫铁和检验桥板是检测床身导轨几何精度的常用工具，常与水平仪、千分表等测量工具组合使用。图 3-4 所示为垫铁和检验桥板的形式。

垫铁主要用作水平仪或千分表等测量工具的“测量底座”，如图 3-4a 所示。垫铁与导轨的接触面，可与被测导轨面配刮，保证接触点在 25mm × 25mm 范围内不少于 16 ~ 18 点，接触面与顶面的平行度公差小于 0.01mm。

检验桥板的形式很多，图 3-4b 所示为常见的可调检验桥板，主要用于测量两根导轨的综合精度（如平行度、扭曲度等）。

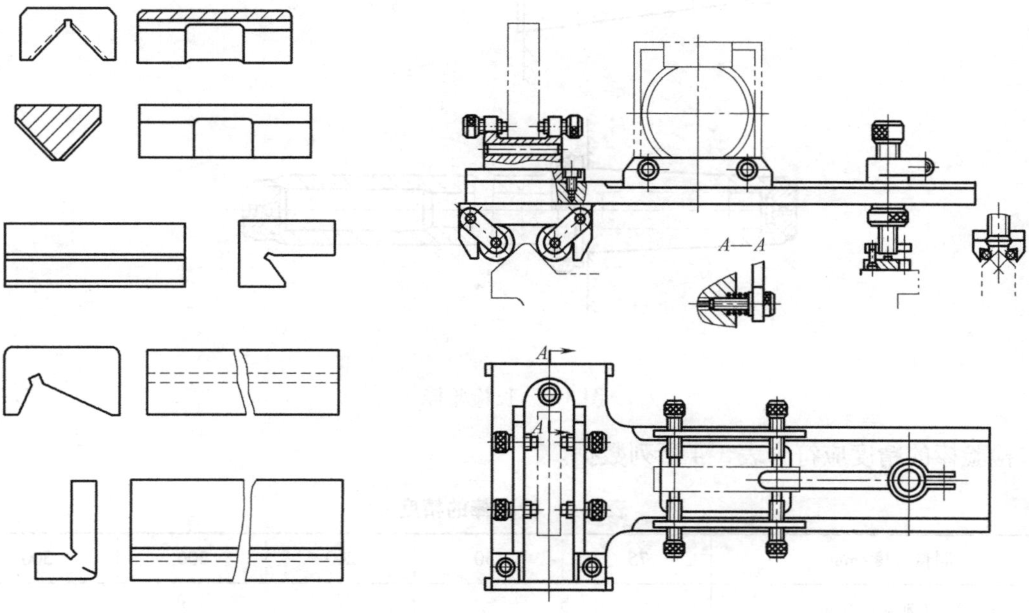

a)　　b)

图 3-4　垫铁和检验桥板的形式

a) 垫铁　b) 检验桥板

四、检验棒

检验棒是测量主轴与套筒等零部件径向圆跳动、轴向窜动、同轴度及轴线与导轨平行度等项目的主要工具之一。检验棒主要有三种形式：短检验棒（图3-5）主要用来检测轴线的垂直度和轴向窜动；带锥柄的长检验棒（图3-6）主要用来检验主轴和套筒类零部件的径向圆跳动、同轴度、平行度等；此外还有顶尖间用检验棒、专用检验棒等。

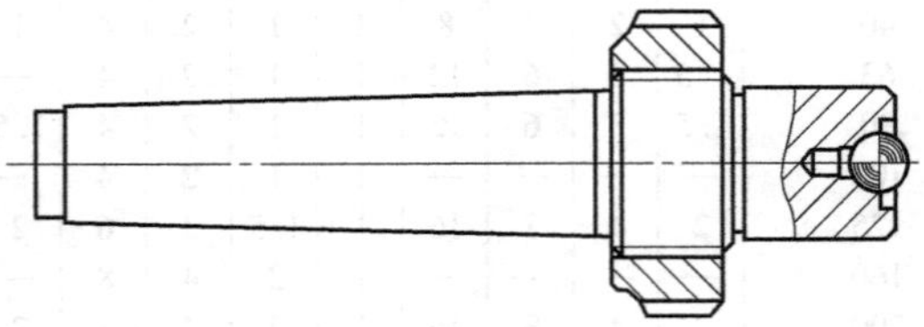

图3-5 短检验棒

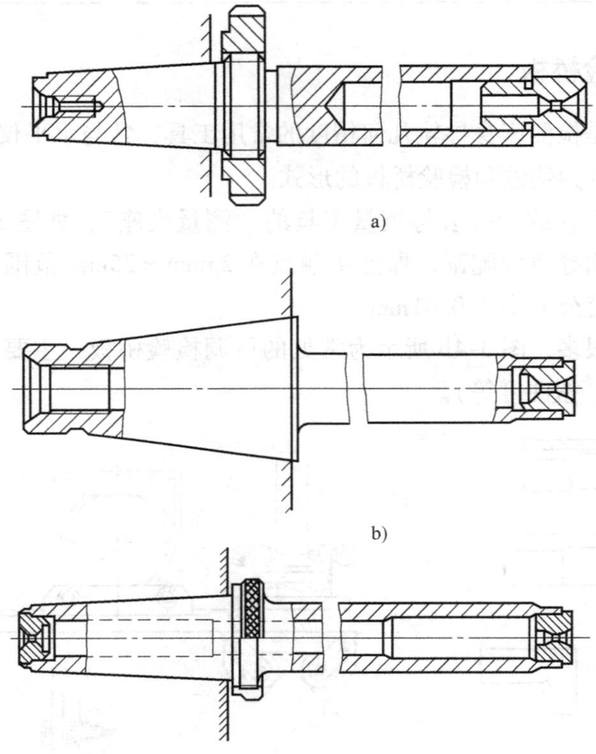

a)

b)

c)

图3-6 长检验棒

检验棒的精度应符合表3-4所列数据。

表3-4 检验棒的精度

测量长度/mm	75	150	200	300	500
径向圆跳动/μm	2		3		
圆柱体部分直线度/μm	2		3		
锥体公差/μm	锥柄精度应与塞规的精度一致				

五、水平仪

水平仪是机修工作中最基本的测量仪器之一，常用来测量导轨在垂直面内的直线度，工作台台面的平面度及零件间的平行度、垂直度等。

常用的水平仪有普通水平仪及合象水平仪。

(一) 普通水平仪

普通水平仪有条式水平仪和框式水平仪两种，如图 3-7 所示。条形水平仪只能用来检测平面对水平位置的偏差；而框式水平仪因其四条边相互准确地相交成 90°，所以既能检测平面对水平位置的偏差，又能检测平面对垂直位置的偏差。框式水平仪四条边的长度相等，规格有 150mm × 150mm、200mm × 200mm、250mm × 250mm 和 300mm × 300mm 四种。按主水准器的分度值，每种又分为四组，即 0. 02mm/1000mm ~ 0. 05mm/1000mm、0. 06mm/1000mm ~ 0. 10mm/1000mm、0. 12mm/1000mm ~ 0. 20mm/1000mm、0. 25mm/1000mm ~ 0. 30mm/1000mm。

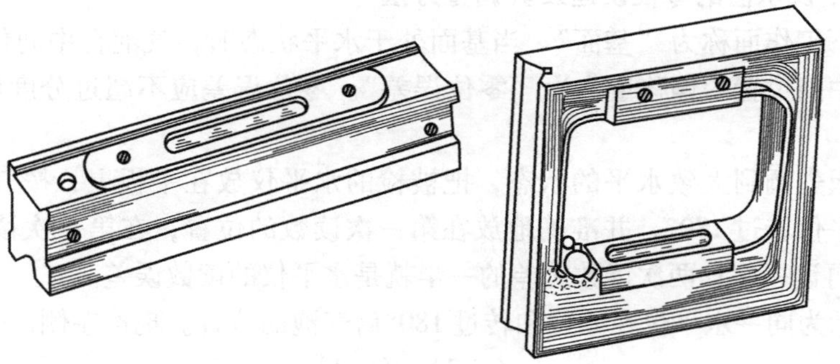

a)　　b)

图 3-7　普通水平仪

a）条式水平仪　b）框式水平仪

1. 普通水平仪的结构与工作原理

普通水平仪是一种测角仪器，其主要工作部分是水准器。水准器是一个封闭的玻璃管，管内装有酒精或乙醚，并留下不大的气泡。管内壁磨成一定的曲率半径，玻璃管上刻有与内壁曲率半径相应间距的刻线。

当水平仪在水平位置时，气泡处于玻璃管的中间；当水平仪倾斜一个角度时，气泡便偏离中间一定位置。机床修理中常用水平仪的精度（即分度值）为 4″，以倾角的斜率 0. 02/1000 表示。气泡移动一格，表示 1000mm 内的高度差为 0. 02mm 或倾斜角 α 为 4″。水平仪读数的几何意义如图 3-8 所示，将精度为 0. 02mm/1000mm，规格为 200mm × 200mm 的水平仪放置在长 1000mm 的平尺表面上，则

$$\tan\alpha = \delta_H / L (\text{或 } \delta_H = L \times \tan\alpha)$$

当角度 α 很小时，弧度与其正切值非常近似，查表可知 tan4″ = 0. 0002，所以

$$\delta_H = L \times \tan\alpha = 1000\text{mm} \times 0.0002 = 0.02\text{mm}$$

由此可知，水平仪气泡每移一格，表示角度变动了 4″，其正切值为 0. 02mm/1000mm。用水平仪直接测量时，按相似三角形的比例关系，可以求出距离水平仪左端任一尺寸处相应

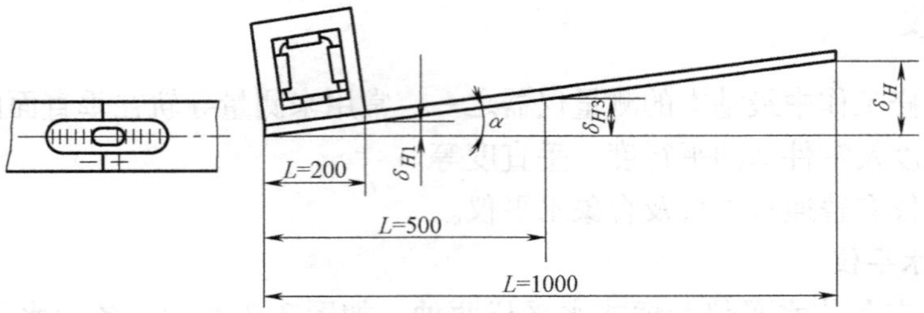

图 3-8 水平仪读数的几何意义

的高度差值，如

距离左端200mm 处，$\delta_{H1}=0.02\text{mm}\times200\text{mm}/1000\text{mm}=0.004\text{mm}$，

距离左端250mm 处，$\delta_{H2}=0.02\text{mm}\times250\text{mm}/1000\text{mm}=0.005\text{mm}$，

距离左端500mm 处，$\delta_{H3}=0.02\text{mm}\times500\text{mm}/1000\text{mm}=0.01\text{mm}$。

所以，水平仪的实际变化值与所使用平尺（或垫铁）的长短有关。

2. 普通水平仪示值的零位误差及其调整方法

水平仪的下工作面称为“基面”。当基面处于水平状态时，气泡在中间位置，此时气泡的实际位置对中间位置的偏移量称为“零位误差”。零位误差应不超过分度值的1/4，鉴定方法如下：

将0级平板先调到大致水平的状态，把被检的水平仪放在平板上，按气泡的任一侧读数；然后将水平仪转过180°，并准确地放在第一次读数的位置，在第一次读数的同侧（对观察者而言）再读一次；两次读数之差的一半就是水平仪的读数误差。

图3-9所示为同一水平仪在原位和转过180°后气泡的位置。现按左侧读数，则

$$\text{零位误差}=\frac{(-2)-(+1)}{2}=-1.5\text{格}$$

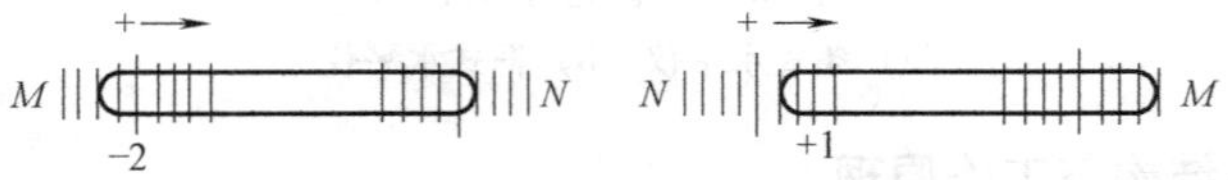

图 3-9 水平仪零位检定

大部分水平仪的零位是可以调整的，即调整水准管与下工作面的平行度，图3-9所示情况就需要将水准管的 N 端稍调高。这就要求水准管在框架中安装牢靠而不会变形，并可调整。图3-10所示为国产水平仪较多采用的一种调整零位的方式。在水准管2上套两支聚乙烯套管1，然后将其粘结在水准管座3上；拧动零位调整螺钉4，就可调整示值的零位。在零件调整合格后，经4h再复检一次看有无变化，以防止调整机构中内应力、空程或松动等因素的影响。

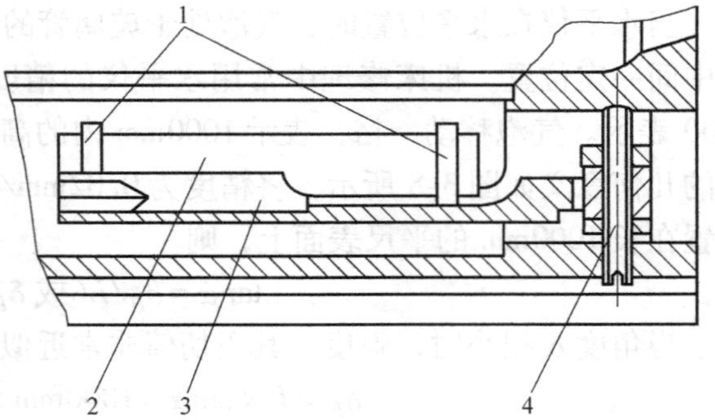

图 3-10 水准管安装方式

1—聚乙烯套管 2—水准管 3—水准管座 4—零位调整螺钉

框式水平仪的侧面和顶面也有示值零位要求，检定方法同上。

（二）光学合象水平仪

与普通水平仪相比，光学合象水平仪的特点是测量范围较大。当被测工件的平面度误差较大，或者工件位置倾斜度较大，而一时又无法调整时，如果使用普通水平仪就无法检验，因为这时的气泡已移动到极限位置。而合象水平仪因其结构特点能方便地进行测量。

图3-11a所示为光学合象水平仪的外形，其结构原理如图3-11d所示。它主要由目镜7、微分调节系统、水准器4、棱镜6及具有V形面的底座等部件组成。水准器安装在杠杆架上特制的底板内，其水平位置可以通过调节旋钮，经丝杠螺母和杠杆系统来调整。

水准器内气泡两端的圆弧，通过棱镜反射至目镜，如图3-11e所示，形成左右两半合象。当水平仪不在水平位置时，两半气泡*AB*因相差Δ值而不重合（图3-11c）；当水平仪在水平位置时，两半气泡*AB*重合（图3-11b）。

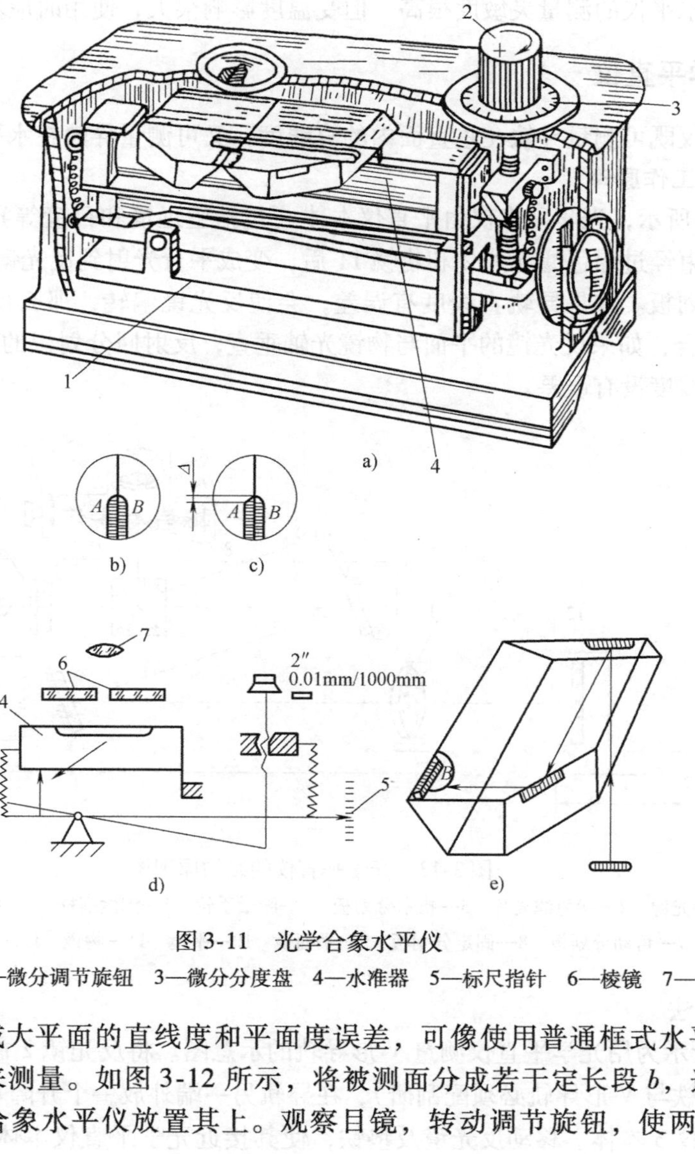

图3-11　光学合象水平仪

1—杠杆　2—微分调节旋钮　3—微分分度盘　4—水准器　5—标尺指针　6—棱镜　7—目镜

对于机床导轨或大平面的直线度和平面度误差，可像使用普通框式水平仪一样用合象水平仪以节距法来测量。如图3-12所示，将被测面分成若干定长段*b*，选用合适长度和形状的垫板，将合象水平仪放置其上。观察目镜，转动调节旋钮，使两半气泡*AB*重合，便可由侧面的标尺指针读出整数；再从微分刻度盘上读出小数。刻度盘分为100格，刻度盘转一圈，精密丝杠带动标尺指针移动1mm，即刻度盘的每格代表1000mm长度的高度差为0.01mm。

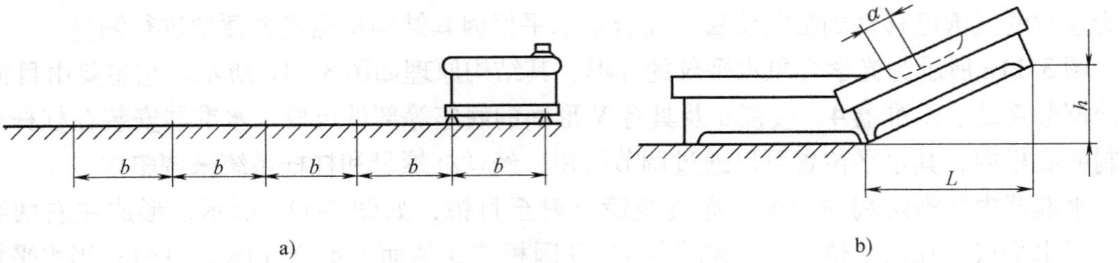

图3-12 光学合象水平仪测量直线度

光学合象水平仪的测量灵敏度很高，但受温度影响很大，使用时应尽量避免使其受热。

六、光学平直仪

光学平直仪既可测量导轨在垂直面内的直线度，又可测量导轨在水平面内的直线度。

1. 机构和工作原理

如图3-13所示，光学平直仪由平直仪本体（包括望远镜和目镜等）和反光镜组成。光源1射出的光束经过绿色滤光片2和物镜11后，变成平行光射到反光镜12上，随即从反光镜再反射到分划板。如果导轨直线度有误差，会使反光镜偏转，那么反射回分划板的“十字像”就不重合：如果反光镜的平面与物镜光轴垂直，反射回分划板的“十字像”则重合，证明导轨的直线度没有误差。

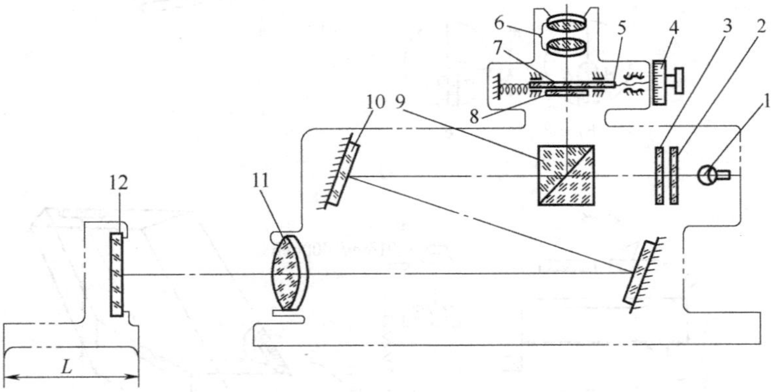

图3-13 光学平直仪的结构原理图

1—光源 2—绿色滤光片 3—指示分划板 4—测微手轮 5—测微螺杆 6—放大目镜组 7—可动分划板 8—固定分划板 9—平面镜 10—平镜 11—物镜 12—反光镜

2. 使用方法

图3-14所示为用光学平直仪测量V形导轨的示意图。将反光镜2放在导轨一端的V形垫铁1上（垫铁与V形导轨必须配刮研），在导轨另一端外放一个升降可调的支架，其上固定着光学平直仪3本体。移动反光镜及垫铁，使其接近光学平直仪本体。左右摆动反光镜，

同时观察目镜，直至反射回来的亮“十字像”位于视场中心；再将反光镜及垫铁移至原来的位置，观察“十字像”是否仍在视场中，如果不在则需重新调整平直仪本体或反光镜（可用薄纸片垫塞），直至“十字像”位于中心。调整好以后，平直仪本体即不许移动。此时，将反光镜用橡皮泥固定在垫铁上，将反光镜及垫铁一起移至导轨的初始测量位置，转动手轮，使目镜中指示的黑线在亮“十字像”中间，记录微动手轮刻度上的读数值；然后，每移动反光镜，每隔200mm测量一次，记下读数，直至测完导轨全长。

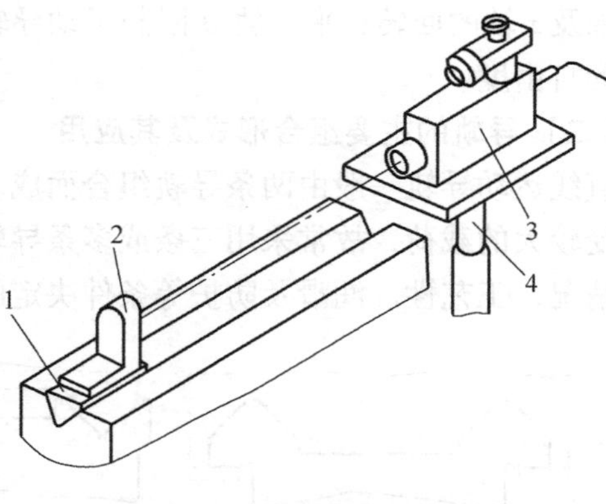

图3-14　光学平直仪测量V形导轨示意图

1—V形垫铁　2—反光镜

3—光学平直仪　4—调节支架

七、检测工量具的维护和保养

某些量具和量仪价格昂贵，维护保养得当可以延长其使用寿命，保持其精密度。为此，工厂应制定合理的维护保养制度。比较切实可行的制度有以下几点：

1）使用前要熟悉仪器说明书，掌握正确的使用方法。

2）使用时要戴汗布手套，以防汗渍腐蚀仪器。

3）操作中要轻拿轻放；使用后要清洗干净，涂油防锈，放在包装盒（或箱）内，或垂直吊挂于架子上，以防变形。

4）对于精度较高的量仪，特别是光学量仪，要做到四防（防尘、防潮、防霉和防振）。

5）定期对量具和量仪进行检定，实行严格的周检制度。

第三节　机床导轨的精度检测

一、导轨的功用、形式和基本精度

（一）导轨的功用

导轨用于支承并引导运动部件，使之沿直线或圆周方向准确地运动。在一对导轨中，与支承件连成一体固定不动的导轨，称为支承导轨，与运动部件连成一体的导轨称为动导轨。为了保证运动部件沿确定的方向运动，动导轨相对于支承导轨，应只有一个自由度。

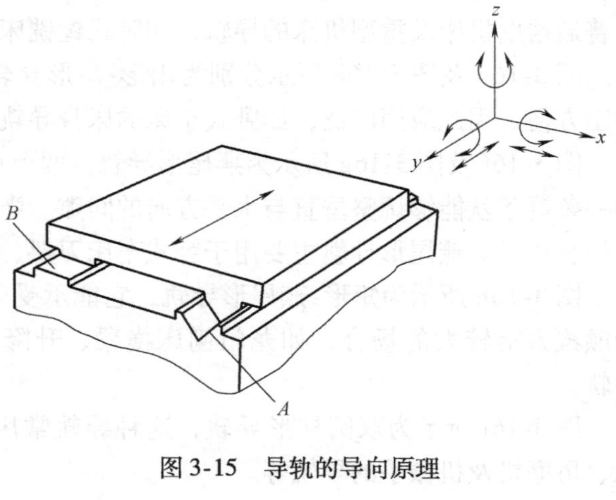

图3-15　导轨的导向原理

图3-15所示为直线运动导轨的导向原理。V形支承导轨A限制了动导轨沿x向及z向的移动，并限制了其

绕 x 轴及 z 轴的回转；平导轨 B 限制了动导轨绕 y 轴的回转。因此，动导轨只有一个沿 y 轴移动的自由度。

（二）导轨的主要组合形式及其应用

直线运动导轨一般由两条导轨组合而成。在重型机床上，由于运动部件的宽度较大，又需承受较大的载荷，故常采用三条或多条导轨的组合结构。导轨的组合形式是由导向精度、载荷情况、工艺性、润滑及防护等条件决定的。图 3-16 所示为两条导轨组合的几种形式。

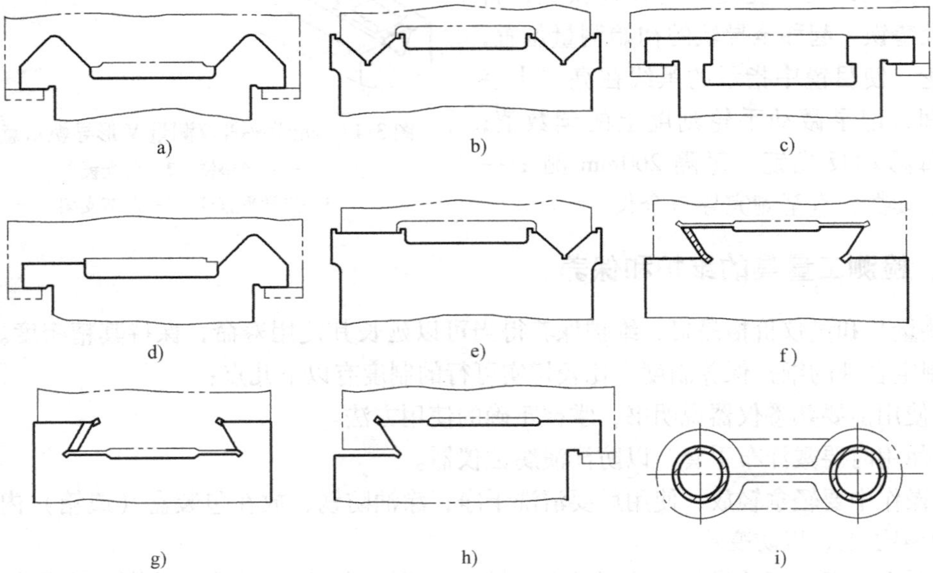

图 3-16　两条导轨的组合形式

图 3-16a 及图 3-16b 所示分别为双山形及双 V 形导轨，其导向精度高，磨损后能自动补偿垂直方向及水平方向的间隙，因此精度保持性较好；但在加工或维修时，要求四个表面同时接触，工艺性较差。双 V 形导轨的润滑性比双山形好，主要用于精度要求高的机床导轨，如坐标镗床、精密丝杠车床等。

图 3-16c 所示为双矩形导轨，其加工维修简单，但磨损后不能自动补偿，必须有良好的防护装置。为控制导轨副之间的间隙，必须有镶条，这就降低了床鞍的运动精度。它一般用作普通精度机床及重型机床的导轨，如卧式镗铣床，组合机床及重型车床等。

图 3-16d 及图 3-16e 所示分别为山形-矩形导轨及 V 形-平面形导轨，由于其导向性好，加工方便，因此应用广泛，如卧式车床的床身导轨，磨床、坐标镗床的工作台导轨等。

图 3-16f 及图 3-16g 所示为燕尾形导轨，两个燕尾平面同时起导向及压板作用，而且只需一条镶条就能够调整垂直与水平方向的间隙。当以较大平面为主要支承面时，其刚度与矩形导轨相近。燕尾形导轨主要用于卧式车床刀架、牛头刨床滑枕的导轨等。

图 3-16h 所示为矩形-燕尾形导轨，它能承受较大的力矩，且间隙调整方便，常用于承受颠覆力矩较大的场合，如龙门刨床横梁、升降台式铣床立柱及摇臂钻床摇臂上的支承导轨。

图 3-16i 所示为双圆柱形导轨，这种导轨常用于承受对称、轴向负荷的场合，如压力机、珩磨机及机械手的导轨等。

（三）导轨的基本精度

导轨的基本精度一般是指导轨的导向精度，即动导轨沿支承导轨运动时运动轨迹的准确性。无论导轨的组合属于何种形式，其基本精度通常有以下三项：

1）导轨在垂直平面内的直线度。

2）导轨在水平面内的直线度。

3）两导轨在垂直平面内的平行度（又称“扭曲度”）。

导轨在垂直平面内的直线度，在机床精度中一直占据首要地位。它除了保证床鞍运动的方向精度外，还影响着床鞍与导轨的接触性。此外，床身往往是检测机床一系列几何精度的基准，导轨本身的直线度将会直接影响其他各项精度的测量结果。

在车内、外圆时，导轨在水平面内的直线度误差，使得刀具在纵向移动过程中的前后位置发生变化，这将影响工作母线的直线度，其影响程度远超过垂直平面内直线度误差对母线直线度的影响。

扭曲度会影响床鞍与导轨之间的接触，对所加工零件的几何精度也有直接影响，而且还会影响床鞍运动对主轴的平行度等机床精度的测量结果。

二、导轨直线度的测量

（一）导轨直线度的测量方法

导轨直线度的测量方法有研点法、平尺拉表比较法、垫塞法、拉钢丝和读数显微镜测量法、水平仪检查法等，这里仅介绍水平仪检查法。

水平仪检查法是最常用的检查方法，它使用方便，测量结果准确，精度较高。

1. 水平仪垫铁的选择

用水平仪进行测量时，为了减少水平仪工作面的磨损，保持其测量精度和计算的方便，常把水平仪固定在垫铁上使用，如图 3-17 所示。一般情况下，如果测量长度在 4m 以内，常用垫铁的长度为 200～250mm；如果是超过 4m 的长导轨，可选长度为 500mm 的垫铁。

2. 水平仪的读数方法

水平仪的读数方法通常有两种：相对读数法和绝对读数法。

在起端测量位置时，水平仪气泡必须位于水平仪中间；测量时，气泡偏向起端时读“-”，偏离起端时读“+”，这种读法称为绝对读数法。

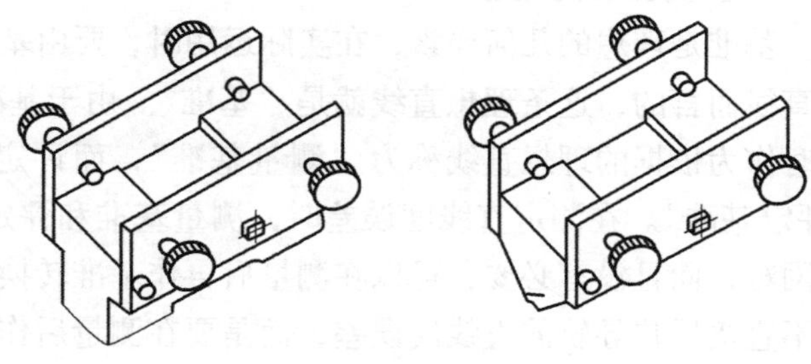

a)　　b)

图 3-17　水平仪垫铁

a）平面导轨用垫铁　b）V 形导轨用垫铁

相对读数法是指把水平仪气泡在起端测量位置时的位置读作零位，不论此时气泡是在水平仪的中间还是偏在一边；然后移动水平仪垫铁，记下每个位置的气泡与前一位置的变化方向和格数。当气泡移动方向与水平仪移动方向一致时读作“+”，表示导轨向上倾斜，用符号“+1”或“$\vec{1}$”（其中的数字 1 表示水平仪气泡偏移的格数）表示；如果两者方向相反，则读作“-”，表示导轨向下倾斜，用符号“-1”或

“$\overleftarrow{1}$”表示。

实际工作中两种方法都可以使用。

3. 导轨直线度曲线图的绘制法

导轨直线度曲线图通常用 x 轴表示水平仪垫铁的间距或导轨长度，比例可选 1:10；用 y 轴表示导轨的误差，然后依据测量记录绘制曲线图。

测量时，将导轨的全长分成若干等份，逐渐移动水平垫铁，使每次的测量位置互相衔接，依次测出各段间的角度误差。按水平仪读数换算出相应的线值，在坐标上找出相应点并依次连接，即成为水平仪垫铁的运动曲线图（导轨直线度的曲线图），如图 3-18 所示。

4. 用水平仪检测直线度误差的计算方法

用水平仪检测直线度误差的计算方法，有角值法和坐标值法两种。角值法（水平仪读数法）用水平仪倾斜角的正切值来度量导轨的直线度误差，其误差值用 0.02mm/1000mm、0.03mm/1000mm 等形式表示：坐标值法（也称线值法）则是以运动曲线的纵坐标值来计算导轨的直线度误差，其误差值与用角值法表示的误差数值不一定相等。如图 3-18 所示，如果用坐标值法表示，则 1000mm 长度内的直线误差为 0.01mm；而此时的角值误差为 0.02mm/1000mm。由此可见，角值法和线值法的误差值是不同的，应当按机床精度标准的规定来选择直线度误差的计算方法。

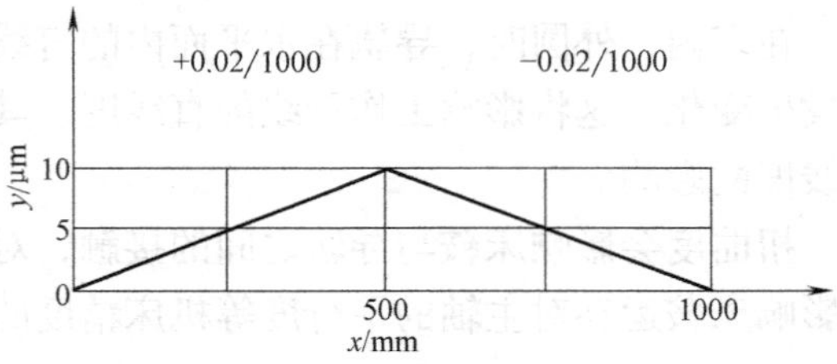

图 3-18 角值误差和线值误差比较

测量记录（格）：+1，+1，−1，−1

角值误差：[(+0.02mm/1000mm) − (−0.02mm/1000mm)] ÷ 2 = 0.02mm/1000mm

线值误差：1000mm 内（或全长内）直线度误差为 0.01mm

5. 测量基准的概念

基准是理想的几何要素，在实际运用时，要由基准实际要素来确定。直线度是相对于理想直线而言的，这条理想直线就是“基准”。由于基准的位置不同，误差的数值也不同。测量时作为依据的理想直线称为“测量基准”，而评定误差数值时作为依据的理想直线称为“评定基准”。在测定直线度误差时，测量基准和评定基准通常是不重合的，强求一致往往很困难，而且没有必要，可以在测量后再作基准转换。也就是说，测量时所得的读数值一般并不直接反映导轨的直线度误差，而是要在测量后作基准转换，即数据处理来得到直线度误差。其常用方法有图解法和坐标变换法两种。

测量基准的位置一般可以任意选择，而评定基准则主要有以下两种：

1）以两端连线作为评定基准。

2）以可使最大直线度误差值最小的理想直线作为评定基准。具体方法是做一对平行直线包住被测导轨，当这对平行直线之间的距离为最小值时，即可作为该导轨直线度误差值的评定基准，称之为符合“最小条件”。

以两端连线作为评定基准的主要优点是直观且数据处理比较简便，故比较适宜在生产中使用。两端连线一般还作为导轨“凸”或“凹”的分界线，即以两端连线之上的部分为凸，以两端连线之下的部分为凹。

以“最小条件”作为评定基准的主要优点是，这种方法排除了因所选基准的误差而带来的附加误差，所以评定的误差数值是最小的和唯一的，有利于最大限度地保证产品合格，并且更加符合被测表面几何误差的实际情况。

（二）基准转换的图解法

当采用分段布点的方式测量直线度时，用图解法求出直线度误差是一种直观易行的方法。根据相对于测量基准的统一坐标值，在直角坐标上按适当比例画出被测要素误差的曲线图像，然后按图读出直线度误差。

例如，用水平仪测量一直线要素，测得数据如表3-5所列，以下为用图解法求直线度误差的过程。

表3-5 水平仪测量结果 （单位：μm）

采样点序号	0	1	2	3	4	5	6	7	8
水平仪示值	0	+6	+6	0	-1.5	-1.5	+3	+3	+9
累计值	0	+6	+12	+12	+10.5	+9	+12	+15	+24

根据表中所列水平仪的示值，从起始点“0”开始，将各采样点描在图上。如序号1点高于0点6μm，序号2点高于1点6μm，序号3点与2点等高等。总是将后点相对于前一点的位置逐一描绘；然后用折线把各采样点连接起来，即为被测要素误差的曲线图像，如图3-19所示。也可按累计值作图，这时累计值相当于图中的y坐标值，故按累计值描出采样点位置时，各点的y坐标值均从横坐标轴x开始计量。按两种数据做出的图样是一致的。

作图时，纵坐标表示示值或累计值，采用放大比例，其比例的大小以作图方便和读图清晰为准；横坐标表示被测要素的长度，通常取缩小的比例。一般地说，纵坐标的放大比例与横坐标的缩小比例并无联系。但从绘图的要求来说，常使纵坐标的分度间距小于横坐标的间距，这样绘出的图像比较直观形象，否则会将误差过分夸大而使图像严重歪曲。

按最小条件法评定直线度误差时，可在绘成的误差曲线图样上，找出高低相间的三个极值点，过极值点做两条平行直线，全部包容误差曲线图像。在图3-19中，采样点2和8为两个最高极值点，采样点5为一个最低极值点，按这些点做出的两平行直线是符合最小条件判别规则的平行直线。于是，只要量取两平行直线的间距，并按y轴的分度值和比例换算就可确定直线度误差。从图中量得两直线间距为9个分度，因分度值为1μm，故该例按最小条件法评定的直线度误差为9μm。

如果按两端点连线法来评定该要素的直线度误差，则可在图3-19上把曲线的首尾两点相连成一条直线，以此作为理想直线。相对于该理想直线来说，采样点2至理想直线的坐标距离为最大正值，而采样点5、6、7三点至理想直线为负的最大距离。因此，从图上量得$h_2=6\mu m$，$h_5=-6\mu m$，于是可得按两端点连线法评定的直线度误差$f'=[6-(-6)]\mu m=12\mu m$。

必须指出，用图解法求解直线度误差时，应当沿坐标轴的方向量取距离。因为在绘图时，纵坐标和横坐标采用的比例不同，误差曲线在坐标系内的倾斜情况随着采用比例的不同而改变，所以与理想直线相垂直的距离将发生变化，但沿坐标方向的距离却与所采用的比例无关。正由于具有这样的特性，图解法才成为可以被实际应用的一种方法。

在用图解法求解直线度误差时，由于按坐标方向取值，因此从理论上说是存在误差的。但这种误差极小，相对于测量误差来说，可以略去不计。

（三）基准转换的坐标变换法

被测要素上的采样点至其理想要素的最大距离和最小距离在坐标系里反映的坐标值，却往往不是最大值和最小值。如图 3-20 所示，相对于理想直线 np，有两个最高点 A 和 B，一个最低点 C。然而，最高点不一定具有最大坐标值，而最低点 C 很明显并非具有最小坐标值。造成这种现象与本质不一致的原因，是由于它们各自有其参考对象，即由理想直线的方向与 x 坐标轴（测量基准）的方向不同所致。

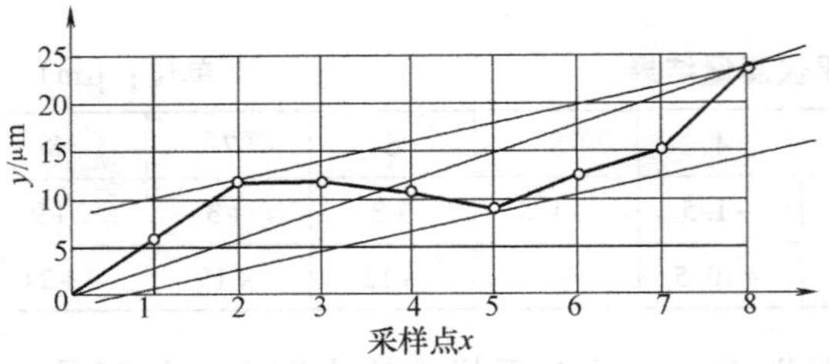

图 3-19　导轨的直线度误差曲线图

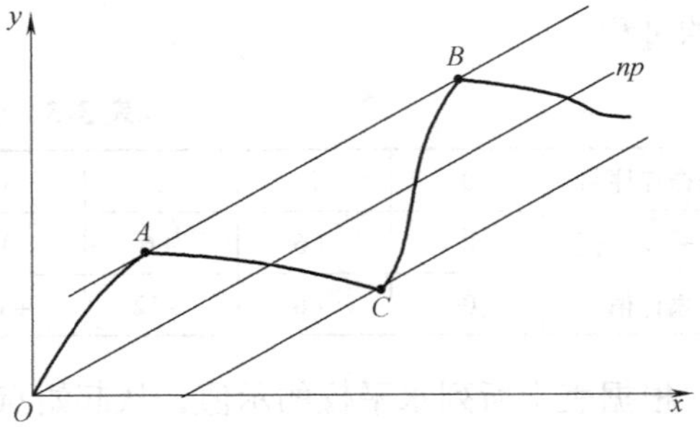

图 3-20　各点相对于理想直线

如果将 x 轴的方向作一变换，如将图 3-20 中的理想直线 np 的方向定为 x 轴的方向，而 y 轴的方向可以不改变。于是，A、B 两个最高点至坐标轴的距离就相等了。这样，直线度误差就可用最大坐标值与最小坐标值表示。

当 x 轴作方向上的变换后，各采样点在坐标系中的纵坐标值就应作相应的变换。这种坐标值的变换十分方便，只要在各采样点的原坐标值上加上一个对应的等差数列 0，p，$2p$，…，np（n 为分段数）即可。如果 p 值已经确定，则各采样点的新坐标值也可确定。下面以实例说明坐标值的变换过程。

以图 3-19 为例，欲使采样点 2 和 8 等高，则下列等式应成立。

$$12+2p=24+8p$$

解方程，得 $p=-2$。因此，对原有坐标值（累计值）作如下坐标值变换（表 3-6）：

表 3-6　坐标值变换表　（单位：μm）

采样点	0	1	2	3	4	5	6	7	8
原作标累计值	0	+6	+12	+12	+10.5	+9	+12	+15	+24
新坐标值	0	6+(−2)=+4	12+(−4)=+8	12+(−6)=+6	10.5+(−8)=+2.5	9+(−10)=−1	12+(−12)=0	15+(−14)=+1	24+(−16)=+8

从表中列出的新坐标值可知，两个最高点的新坐标值为“+8μm”，一个最低点坐标值为“−1μm”，所以直线度误差为

$$f=[8-(-1)]\mu m=9\mu m$$

坐标变换也可采用另一种方式，即将理想直线绕一个定点旋转，使其与 x 轴的方向一致，同时相应地将各采样点的坐标值变换，该变换方法习惯上称为“旋转法”。仍以图 3-19

为例来说明“旋转法”的运用。

原来两个最高采样点 2 和 8 的坐标值之差为 $(24-12)\mu m=12\mu m$。现在以采样点 2 为旋转中心，则采样点 8 必须下降 $12\mu m$，两个最高采样点才可等高，即坐标值都为 $+12\mu m$。其余各采样点均作顺时针方向旋转，按正比关系升高或降低。经过旋转，各采样点变换后的新坐标值见表 3-7。

表 3-7　新坐标值表　（单位：μm）

采样点序号	0	1	2	3	4	5	6	7	8
原有坐标值	0	+6	+12	+12	+10.5	+9	+12	+15	+24
旋转量	+4	+2	0	−2	−4	−6	−8	−10	−12
新坐标值	0+4=+4	+6+2=+8	+12+0=+12	+12+(−2)=+10	+10.5+(−4)=+6.5	+9+(−6)=+3	+12+(−8)=+4	+15+(−10)=+5	+24+(−12)=+12

从表 3-7 可知，两最高点坐标值为 $+12\mu m$，最低点坐标值为 $+3\mu m$，故直线度误差为

$$f=(12-3)\mu m=9\mu m$$

图 3-21 所示为这种变换前后图像的对比。

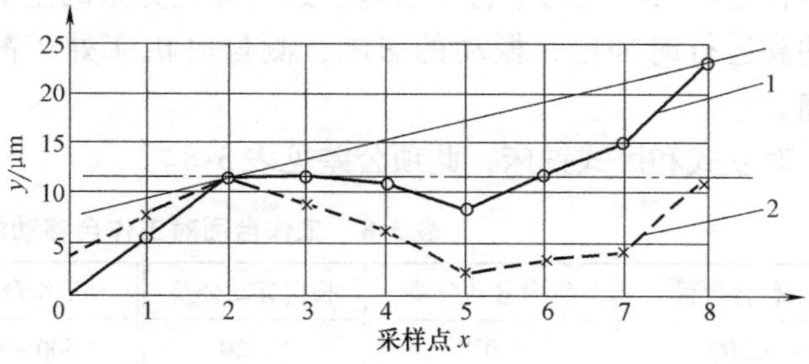

图 3-21　坐标变换前后图像的对比
1—变换前　2—变换后

旋转法的旋转中心可以自由选择，根据旋转中心位置的不同，各采样点的旋转量也不同，应选择计算方便的方案。

运用坐标变换法时，往往不能一次正确判断最高点或最低点的位置，如果经过第一次变换未能达到目的，则可在此基础上进行第二次、第三次坐标变换，逐次逼近，最后必然达到目的。当采样点不多时，通常经过一次变换就能达到目的。

三、单导轨扭曲度误差的测量

对于每条导轨的表面形状，除了在水平面内和垂直面内有直线度要求外，为了保证导轨和运动部件配合良好并提高接触率，还有导轨表面的扭曲度要求，这对大型导轨特别重要。在刮研时，对作为测量导轨间平行度用的基准导轨扭曲度的要求更为严格。

如图 3-22 所示，导轨的扭曲度主要用水平仪进行测量。从任一端开始，每隔 200 ~ 500mm 依次进行测量，水平仪各读数间的最大代数差值，就是单导轨的扭曲度误差。

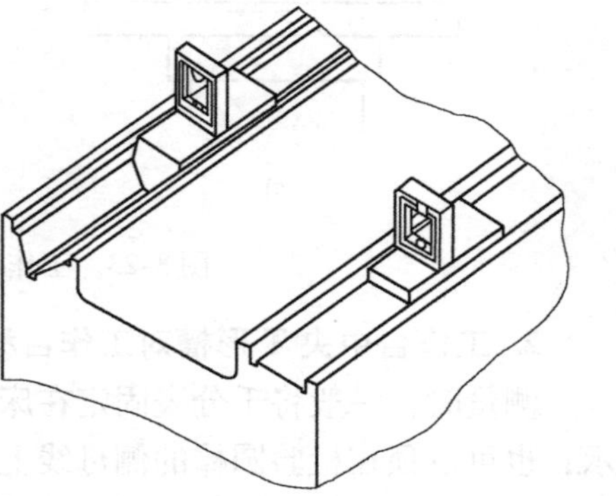

图 3-22　测量单导轨的扭曲度

第四节 机床部件之间位置精度的检测

一、部件间平行度误差的测量

1. 工作台面对工作台移动的平行度误差的测量

测量时，一般将千分表固定在床身上，使其测头顶在工作台面上，然后移动工作台进行测量。千分表各读数的最大差值，就是工作台面对工作台移动的平行度误差。

若工作台面的表面粗糙度值较小，并且没有沟、槽等凹坑时，千分表的测头可以直接顶在工作台面上；否则应在工作台面设置平行平尺或检验圆棒。例如，铣床工作台面一般为精刨加工，当测量纵向平行度误差时，千分表测头可以直接顶在工作台面上，如图 3-23a 所示；而当测量横向平行度误差时，为避免千分表测头在越过 T 形槽时受冲击，应在工作台面上放一平行平尺，使千分表测头顶在平行平尺上，如图 3-23b 所示；尤其值得推荐的是用检验圆棒代替平行平尺的方法，如图 3-23c 所示。在机床静止状态下，将检验圆棒缓缓滚入千分表测头下，读取指针摆动由顺时针变为逆时针时的最高读数：然后移动工作台到另一位置，进行同样的测量，圆棒滚入的方向不变。千分表两次读数的最大差值，就是工作台面对工作台这段长度上的平行度误差。这种测量方法的主要优点在于，千分表测头完全不受机床起动和运行时冲击、振动的影响，测量时机床处于静止状态，因而测量结果比较稳定和准确。

对立式和卧式铣床，此项公差见表 3-8。

表 3-8 工作台面对工作台移动的平行度误差 （单位：mm）

工作台行程	纵向移动公差	横向移动公差	工作台行程	纵向移动公差	横向移动公差
≤300	0.015	0.020	500～1000	0.030	—
300～500	0.020	0.030	>1000	0.040	—

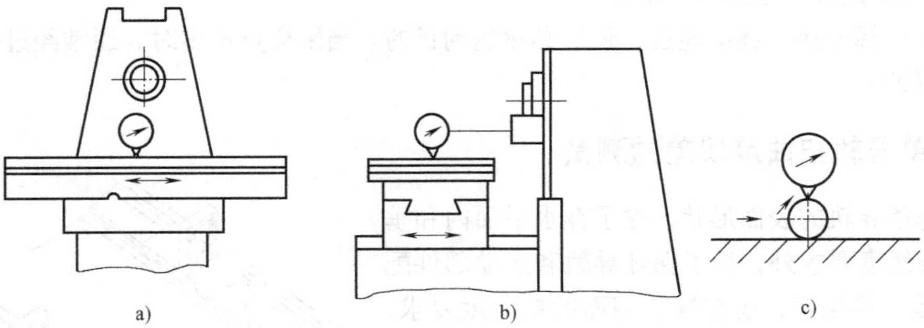

图 3-23 工作台面对工作台移动平行度误差的测量

2. 工作台中央 T 形槽对工作台移动的平行度误差的测量

测量时，一般将千分表固定在床身上，其测头可以顶在 T 形槽的侧面上，如图 3-24a 所示；也可以顶在检验圆棒的侧母线上，如图 3-24b 所示，此检验圆棒放在与中央 T 形槽同时刨出的两边的倒角上。然后，移动工作台进行测量，千分表读数的最大值就是工作台中央 T

形槽对工作台移动的平行度误差。

中央T形槽与其两边的45°倒角，相当于V形架的作用，可以作为定位基准。这不仅便于检测，而且当加工细长的轴类零件时，如在轴上铣键槽，用此倒角定位零件是最方便的，故制造和修理时应充分注意。

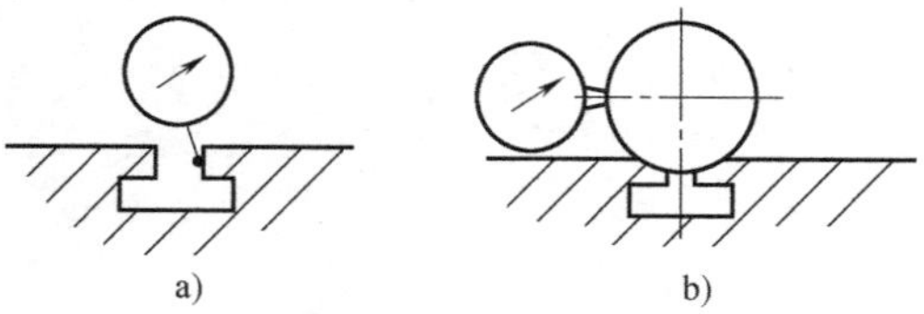

图3-24 T形槽对工作台移动的平行度误差的测量

对立式和卧式铣床，此项公差见表3-9。

表3-9 中央T形槽对工作台移动的平行度 （单位：mm）

工作台行程	公 差	工作台行程	公 差
$L \leqslant 300$	0.02	500～1000	0.035
300～500	0.03	1000	0.04

3. 部件相互移动平行度误差的测量

对此项精度进行测量时，一般需要借助第三面作为测量基准。如图3-25所示，在测量卧式铣镗床主轴箱移动与尾座移动在纵向平面内的平行度误差时，可借助工作台面作为测量基准。在工作台上放置方尺，将两块千分表分别固定在主轴箱与尾座上，其测头分别顶在方尺的对边上。当主轴箱与尾座同时移动时，两块千分表读数的和，就是主轴箱移动与尾座移动在纵向平面内的平行度误差。

对卧式铣镗床，在测量长度为1000mm上的平行度公差见表3-10。

表3-10 部件移动平行度 （单位：mm）

主轴直径	纵向平面内的公差	横向平面内的公差	主轴直径	纵向平面内的公差	横向平面内的公差
≤100	0.05	0.03	>160	0.10	0.05
100～160	0.07	0.04			

机床各部件的移动方向是由导轨引导的，所以在测量移动部件之间的平行度或垂直度误差时，往往可以用水平仪直接测量导轨面。图3-26所示为用框式水平仪测量龙门刨床立柱和导轨间平行度和垂直度的方法，不过水平仪所反映的是角度值，还需要乘上规定的测量长度。

用框式水平仪的侧面检测垂直表面的优点是快速而方便；但由于气泡停下来需要一段时间，水平仪又有一定质量，所以操作者的手容易因疲劳而颤抖，从而影响检测结果。对此，可以在被测表面上吸附一块永久磁铁，将水平仪搁在上面，这样只需要加不大的力，就可以保持水平仪的稳定。

4. 主轴对床鞍（或工作台）移动时的平行度误差的测量

测量时，一般在主轴锥孔中紧密地插入检验心轴，以心轴的母线来体现主轴的轴线。将千分表固定在床鞍上，使其测头顶在心轴的上母线或侧母线上；然后移动床鞍进行测量，千分表读数的最大差值，就是主轴轴线对床鞍移动的平行度误差。如图3-27所示，在测量车床主轴轴线对床鞍移动的平行度误差时，将千分表固定在上母线和侧母线上分别测量，误差也分别计算。

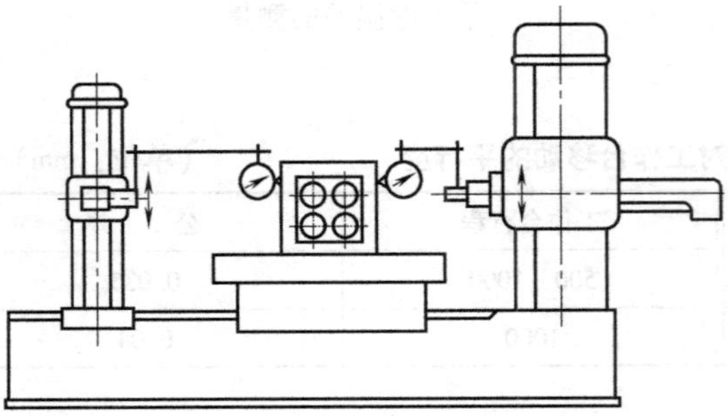

图 3-25 卧式铣镗床主轴箱移动与尾座移动的平行度测量

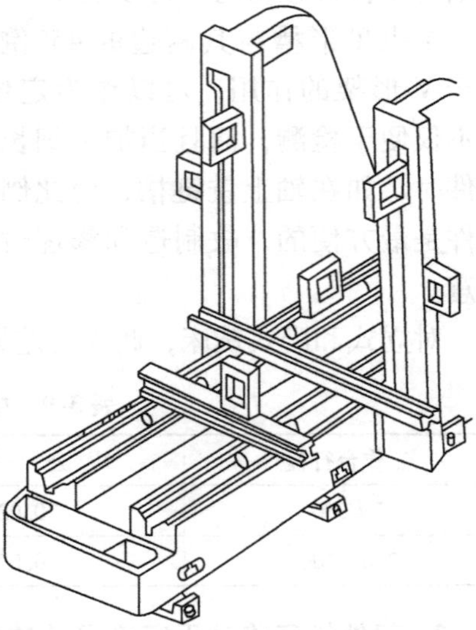

图 3-26 龙门刨床立柱和导轨间的平行度、垂直度测量

为了消除心轴的径向圆跳动对测量结果的影响，可在测量后，将主轴连同心轴一起转过180°再测一次，取两次测量结果的平均值作为误差值。为了简便起见，也可以旋转主轴，先找到径向圆跳动量为中间值的侧母线，然后在此母线上进行测量。

对卧式车床，此项公差见表3-11。

表 3-11 主轴对床鞍移动的平行度 （单位：mm）

最大回转直径	测量长度	上母线公差	侧母线公差
<320	200	0.020	0.010
320~400	300	0.030	0.015
400~800	300	0.030	0.015
800~1200	500	0.080	0.030

公差要求是：上母线只许检验心轴的外端向上抬起（俗称“抬头”）；侧母线只许检验心轴偏向操作者方向（俗称“里沟”）。

5. 主轴对工作面的平行度误差的测量

对于主轴具有锥孔的情况，应在锥孔中紧密地插入检验心轴，千分表座则在工作台面上移动，以测量心轴的上母线。如图3-28所示，在测量卧式铣镗床主轴对工作台面的平行度误差时，为了使千分表能测到心轴的上母线，需要缓缓地推动表座，读取指针由顺时针摆动为逆时针时的读数。千分表读数在 M、N 两处的差值，就是主轴对工作台面的平行度误差。

对卧式铣镗床，此项公差见表3-12。

表 3-12 主轴对工作面的平行度 （单位：mm）

主轴直径	公差	主轴直径	公差
≤100	0.03	>160	0.05
100~160	0.04		

注：测量长度为主轴直径的5倍。

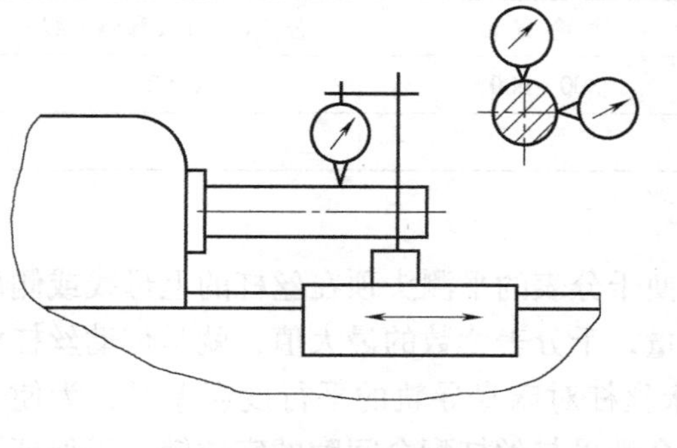

图 3-27 主轴轴线对床鞍移动时的平行度的测量

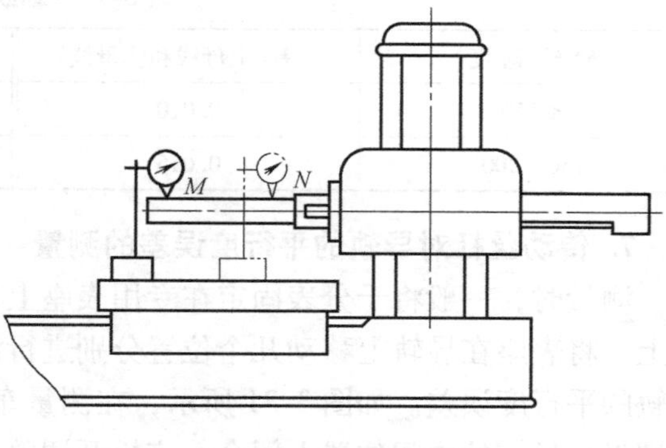

图 3-28 卧式铣镗床主轴对工作台面的平行度误差的测量

对于主轴没有锥孔的情况，一般可用转表法进行测量。如图 3-29 所示，在测量精密卧轴矩台平面磨床主轴轴线对工作台面的平行度误差时，可在工作台中央立一把圆柱形直角尺，在主轴上用角形表杆固定千分表，旋转主轴使千分表在 *M*、*N* 两处进行测量，读取指针由顺时针摆动为逆时针时的读数。由于千分表的旋转平面垂直于主轴轴线，而圆柱形直角尺的母线又垂直于工作台面，所以千分表读数在 *M*、*N* 两处的差值，就是主轴轴线对工作台面的平行度误差。

对精密卧轴矩台平面磨床，此项公差为：在 200mm 的测量长度上，其公差为 0.01mm。

6. 轴线对轴线的平行度误差的测量

对此项误差进行测量时，一般需要借助第三面作为测量基准。如图 3-30 所示，在测量无心磨床砂轮轴轴线与导轮轴轴线的平行度误差时，需借助托架 3 的定位槽作为测量基准。在砂轮轴与导轨轴的锥面上，分别套一根检验用的心轴，首先找正心轴的径向圆跳动，然后分别测量两根心轴的上母线和侧母线的平行度误差。将测量结果综合后，就可以确定砂轮轴轴线与导轮轴轴线，在两个方向上的平行度误差。

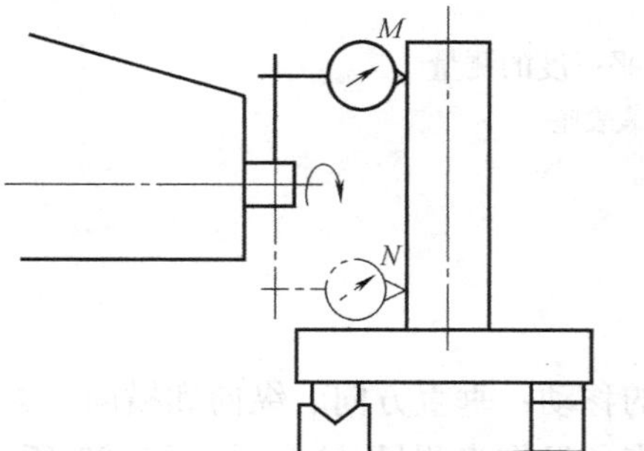

图 3-29 主轴轴线对工作台面的平行度的测量

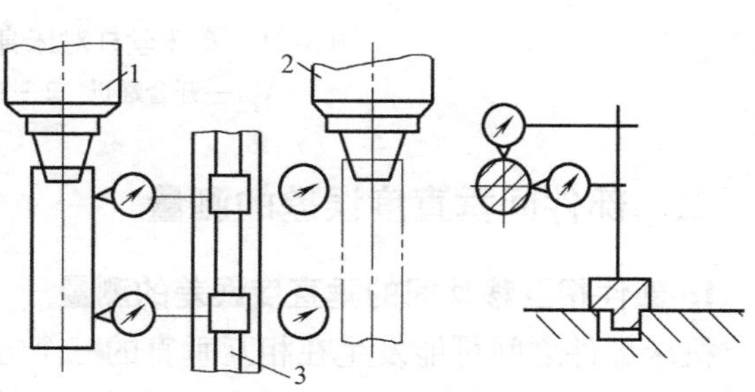

图 3-30 砂轮轴轴线与导轮轴轴线的平行度的测量
1—砂轮架 2—导轮架 3—托架

对无心磨床，将托架的定位槽作为基准面，其砂轮轴与导轮轴轴线的平行度公差见表 3-13。

表 3-13 轴线间的平行度 (单位：mm)

砂轮宽度	公差(上母线和侧母线)	砂轮宽度	公差(上母线和侧母线)
≤150	0.010	300~600	0.020
150~300	0.015		

7. 传动丝杠对导轨的平行度误差的测量

测量时，一般将千分表固定在专用表座上，使千分表的平测头顶在丝杠的上母线或侧母线上；将表座在导轨上移动几个位置分别进行测量，千分表读数的最大值，就是传动丝杠对导轨的平行度误差。如图 3-31 所示，在测量车床丝杠对床身导轨的平行度误差时，为使开合螺母在丝杠的中间位置上闭合，应松开调整开合螺母与丝杠配合间隙的定位销，以保证开合螺母完全抱紧丝杠。试摇使床鞍纵向移动的手轮，床鞍不应有可以觉察到的移动：然后移动专用表座，在丝杠的上母线和侧母线上测量 M、N、P 三处，其读数的最大差值，就是丝杠对导轨的平行度误差。

对卧式车床，此项公差见表 3-14。

表 3-14 传动丝杠对导轨的平行度 (单位：mm)

最大回转直径	公差(上母线和侧母线)	最大回转直径	公差(上母线和侧母线)
≤400	0.15	400~1250	0.20

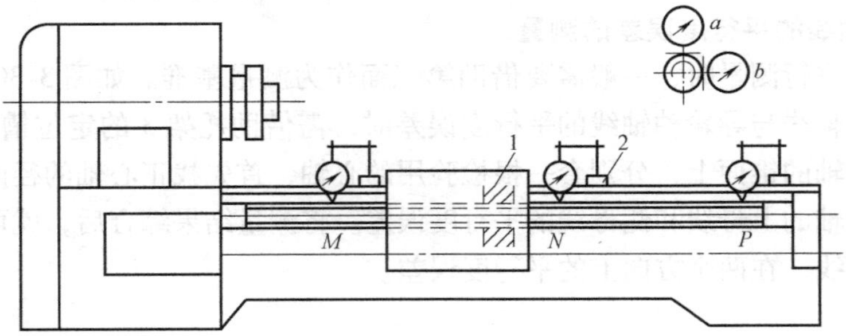

图 3-31 车床丝杠对床身导轨的平行度的测量

1—开合螺母 2—专用千分表表座

二、部件间垂直度误差的测量

1. 部件相互移动间的垂直度误差的测量

机床部件之间可能发生在相互垂直的三个方向上的移动：垂直方向、纵向和横向。为了测量这三个方向相互移动间的垂直度误差，一般采用直角尺作为测量基准。如图 3-32 所示，在测量卧式铣镗床工作台纵向移动与横向移动之间的垂直度误差时，将直角尺平放在工作台面上，将千分表固定在主轴或主轴箱上，使其测头顶在直角尺的一边；移动工作台，找正直角尺的一边，使其平行于该移动方向；然后将千分表的测头顶在直角尺的一边，使工作台沿另一方向移动进行测量。千分表读数的最大差值，就是工作台纵向移动与横向移动之间的垂直度误差。

对卧式铣镗床，此项公差为：在 500mm 的测量长度上，其公差 0.02mm。

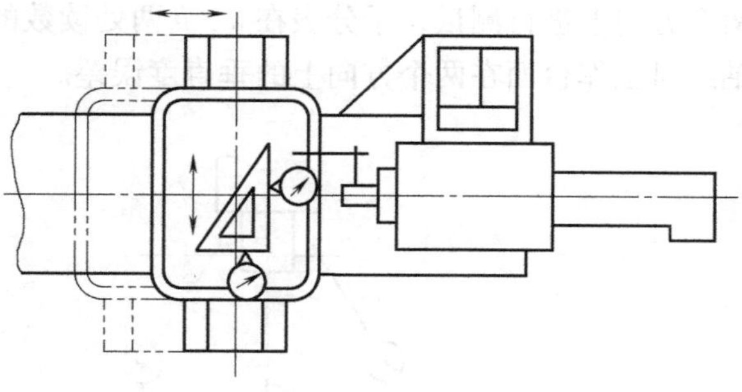

图 3-32 工作台面纵向移动与横向移动的垂直度误差的测量

机床部件移动方向之间的垂直度误差取决于导轨面之间的垂直度误差，因此往往可以直接测量导轨面。尤其是垂直导轨和水平导轨之间的垂直度误差，可以很方便地用框式水平仪进行测量。如图 3-33 所示，在测量卧式铣镗床立柱导轨对床身导轨的垂直度误差时，可以用直角尺和千分表进行测量，也可以用框式水平仪进行测量。用框式水平仪测量的优点是快速、简便，而用直角尺测量的优点则是比较符合工作时的实际情况。因此，在机床装配过程中，一般用框式水平仪进行测量，而在机床全部装配完毕后，则用直角尺进行测量。用水平仪测量的灵敏度高于用直角尺测量，因而在装配过程中用水平仪测量合格的机床，最后用直角尺复检却超差的情况是不大可能发生的。

2. 主轴对工作台中央 T 形槽的垂直度误差的测量

该误差一般可用转表法进行测量。如图 3-34 所示，在测量精密卧轴矩台平面磨床砂轮轴轴线对工作台中央 T 形槽的垂直度误差时，将千分表固定在砂轮轴上，使其测头顶在中央 T 形槽的侧面上，或顶在放于中央 T 形槽倒角上的检验棒的侧母线上；旋转砂轮轴，并在左右两点上测量，千分表读数的差值，就是砂轮轴轴线对中央 T 形槽的垂直度误差。

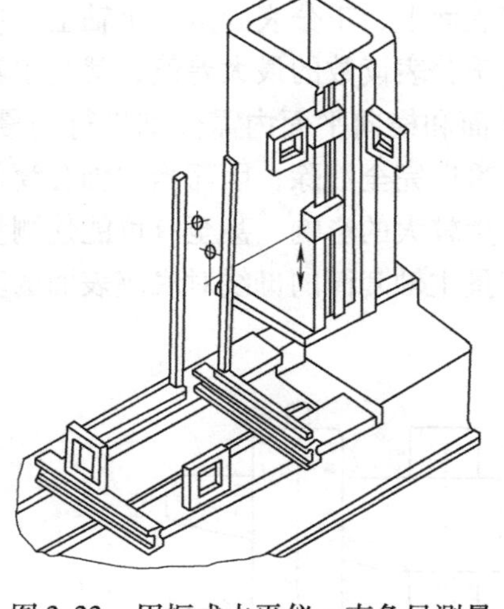

图 3-33 用框式水平仪、直角尺测量立柱导轨对床身导轨的垂直度误差

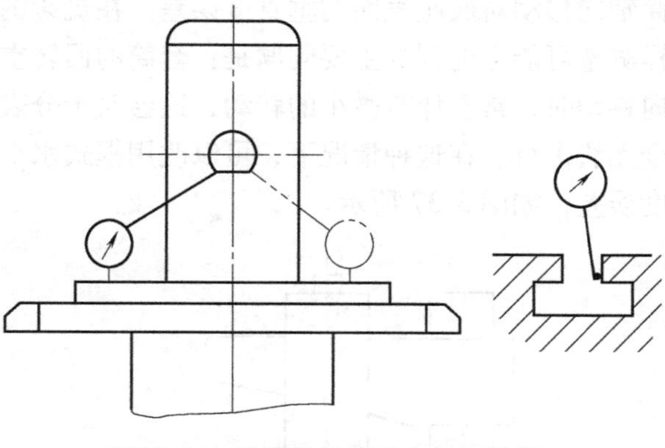

图 3-34 砂轮轴轴线对中央 T 形槽的垂直度误差的测量

对精密卧式轴矩台平面磨床，此项公差为：在 200mm 的测量长度上，其公差 0.015mm。

3. 主轴对工作台面的垂直度误差的测量

该误差一般也可用转表法进行测量。如图 3-35 所示，在测量立式镗床主轴轴线对工作台面的垂直度误差时，可在工作台面上放一检验圆棒（或平行平尺），在主轴上固定一角形表杆，将千分表装在表杆上，使其测头顶在检验圆棒上的母线上。旋转主轴，并在相互垂直的两个方向上进行测量，千分表在 a、b 两处读数的差值和在 c、d 两处读数的差值，就是主轴轴线对工作台面在两个方向上的垂直度误差。

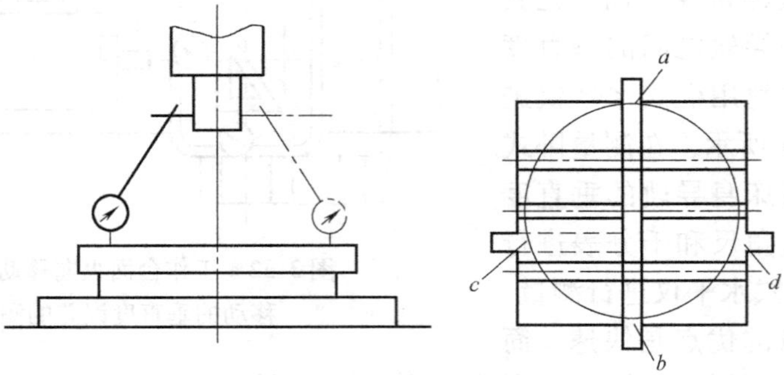

图 3-35　主轴对工作台面的垂直度误差的测量

对立式坐标镗床，此项公差见表 3-15。

表 3-15　主轴对工作台面的垂直度

工作台面宽度/mm	主轴直径/mm	Ⅰ级/μm	Ⅱ级/μm	工作台面宽度/mm	主轴直径/mm	Ⅰ级/μm	Ⅱ级/μm
200	150	4	5	630 ~ 800	300	7	9
320 ~ 450	200	5	6	1000 ~ 2000	400	9	12

4. 主轴套筒轴向移动对工作台面的垂直度误差的测量

该误差一般可以用直角尺为基准进行测量。如图 3-36 所示，在测量摇臂钻床主轴套筒轴向移动对底座表面的垂直度误差时，将直角尺放在底座表面上，千分表固定在主轴上，使其测头顶在直角尺的工作面上；移动主轴套筒进行测量，千分表读数的最大差值，就是主轴套筒轴向移动对底座表面的垂直度误差。在机床的纵向平面和横向平面内需分别进行测量，这样测量可能会遇到的主要问题是：套筒的回转空程往往难以完全消除，因而当主轴套筒作轴向移动时，常会伴有微小的转动，这会对千分表读数产生较大的影响，甚至有可能使测量完全无法进行。在这种情况下，可以改用框式水平仪来测量主轴套筒的母线对底座表面的垂直度误差，如图 3-37 所示。

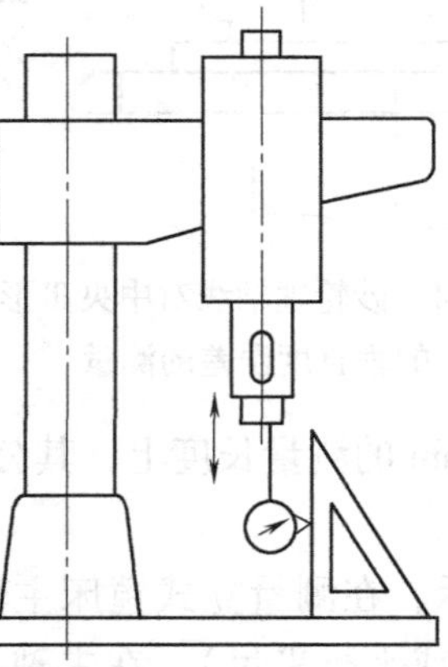

图 3-36　主轴套筒轴向移动对工作台面的垂直度的测量

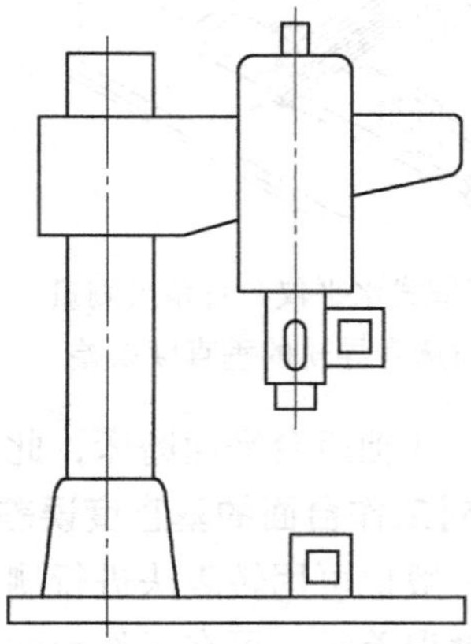

图 3-37　用框式水平仪测量主轴套筒的母线对工作台底座表面的垂直度误差

对摇臂钻床，此项公差见表3-16。

表3-16　主轴套筒轴向移动对工作台面的垂直度　（单位：mm）

主轴行程	纵向平面内的公差	横向平面内的公差	主轴行程	纵向平面内的公差	横向平面内的公差
≤315	0.10	0.05	>500	0.20	0.10
315～500	0.15	0.07			

注：主轴下端只允许向立柱方向偏。

5. 进给方向对主轴轴线的垂直度误差的测量

测量时，一般在主轴锥孔中紧密地插入一根带有圆盘端面的心轴，以其端面体现垂直于主轴轴线的理想表面。如图3-38所示，在测量内圆磨床端磨架进给方向对主轴轴线的垂直度误差时，将千分表固定在端磨架上，使其测头顶在心轴的圆盘端面上；移动端磨架，使千分表在圆盘端面的半径上进行测量，千分表读数的最大差值，就是端磨架进给方向对主轴轴线的垂直度误差。

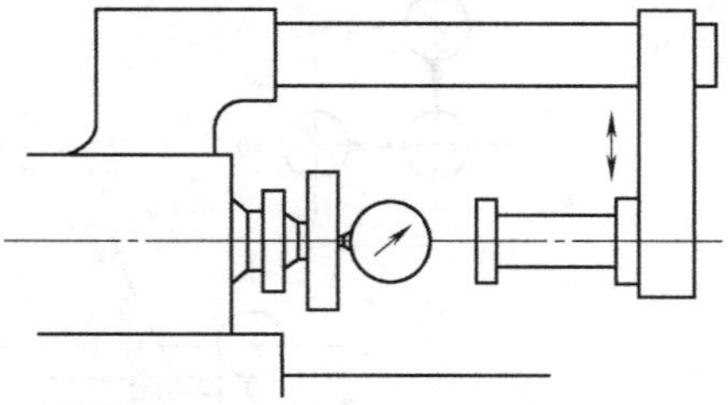

图3-38　进给方向对主轴轴线的垂直度误差的测量

对内圆磨床，此项公差见表3-17。

表3-17　进给方向对主轴轴线的垂直度　（单位：mm）

最大磨削孔径	公　差	最大磨削孔径	公　差
≤50	0.005	200～400	0.012
50～200	0.008		

注：所磨削的端面只能是凹面。

三、同轴度误差的测量

如果空间位置允许，则同轴度误差都可以采用回转校表法进行测量，否则可用其他方法进行测量。

1. 回转校表法

这种测量方法简便，但应注意表杆挠度的影响。如图3-39所示，在测量转塔车床主轴对回转头工具孔的同轴度误差时，首先要在主轴上固定一角形表杆，将千分表装在表杆上；在回转头工具孔中紧密地插入一根检验心轴，使千分表测头顶在心轴表面上；将主轴回转180°，千分表读数的最大差值就是同轴度误差。如卧式镗铣床主轴与吊架孔的同轴度等，均可用回转校表法进行测量。

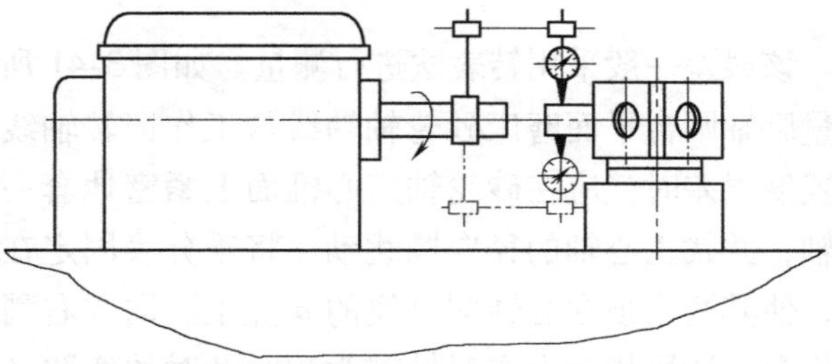

图3-39　转塔车床主轴对回转头工具孔的同轴度误差的测量

对转塔车床，此项公差为0.03mm（上母线和侧母线）。

2. 锥套检测法

在测量两轴线的同轴度时，若因空间位置的限制而无法采用回转校表法，则可采用定心良好的锥套检测法进行测量。图3-40所示为用锥套测量滚齿机主轴与刀杆托架孔轴线同轴度的方法。在滚刀主轴的锥孔中紧密地插入一根检验棒，在检验棒上套一个配合良好的锥形检验套；在托架轴承孔中装入内锥检验衬套，衬套的内锥孔与检验套的外锥有良好的配合性。将千分表固定在机床上，使其测头触及检验棒表面；将锥形检验套推入和退出衬套，其读数的最大差值就是同轴度误差。在检验棒的上母线和侧母线分别进行测量，取其中较大的数值作为同轴度误差。

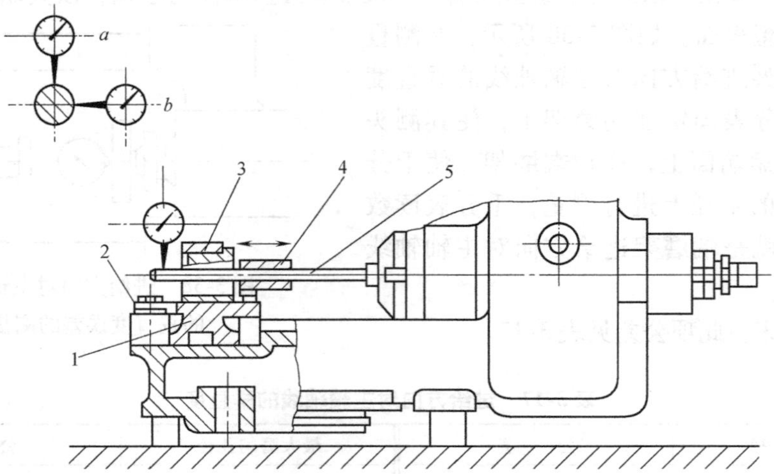

图3-40 同轴度的锥套检测方法

1—滚刀心轴托架 2—压板 3—内锥套 4—外锥套 5—检验棒

对滚齿机，此项公差为

$$6\sqrt{m}$$

式中 m——最大滚切模数（mm）。

四、轴线位置度误差的测量

该误差一般采用转表法进行测量。如图3-41所示，在测量卧轴圆台平面磨床砂轮轴轴线与工作回转轴线之间的位置度误差时，应在砂轮轴定心锥面上紧密地套一根检验心轴，并找正心轴的径向圆跳动。将千分表固定在工作台上，使其测头顶在心轴侧母线的 a 点上。向左右稍稍转动工作台，读取指针由逆时针转为顺时针时的读数（此时的测量方向在垂直于砂轮轴轴线的工作台直径平面内）；然后使砂轮座后退，在心轴与千分表脱离接触后，将工作台转过180°；使砂轮座回到原来位置，将千分表测头顶在 b 点上，按上述方法再测量一次。两次测量读数差值的一半，就是砂轮轴线与工作台回转轴线之间的位置度误差。

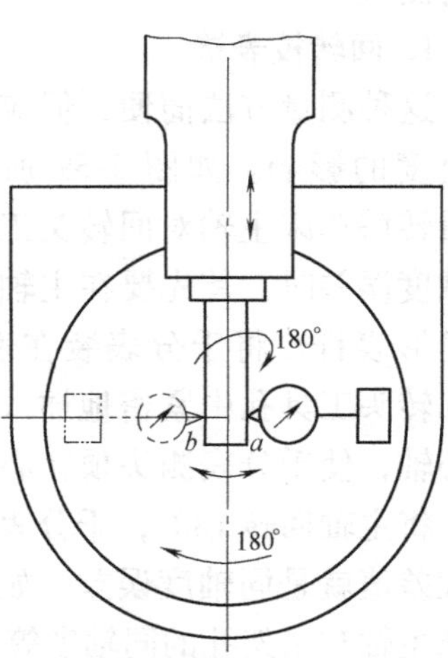

图3-41 轴线位置度误差的测量

对卧轴圆台平面磨床，此项公差为0.10mm。

五、圆跳动误差的测量

圆跳动有径向、轴向和斜向圆跳动之分。测量时，测量方向应垂直于被测要素。径向圆跳动在被测件的横向截面内测量，轴向圆跳动在圆柱形截面内测量，而斜向圆跳动在圆锥形截面内测量。被测件回转一周中，指示计示值的最大差值即为在某一被测量截面内的圆跳动。

在测量主轴锥孔的径向圆跳动时，一般在锥孔中紧密地插入一根检验心轴，使千分表测头顶在心轴的母线上。在靠近锥孔和离锥孔一定距离（一般为300mm）处分别进行测量，如图3-42所示。此时，主轴锥孔与心轴锥尾的接触情况对测量结果会有很大的影响。为了使每次心轴插入后的测量结果比较稳定，主轴锥孔与心轴锥尾在着色检验时的接触面积应不少于80%，并且必须在靠近大端处接触。

在测量轴向圆跳动时，千分表测头应顶在靠近最大直径处；在测量斜向圆跳动时，千分表测头应垂直锥体的母线。

轴向窜动可以看成是一种特殊形式的圆跳动误差。如图3-43所示，测量时，一般在轴端中心孔中用黄油粘住一粒钢珠，使千分表的测头（最好用平测头）顶在钢珠上，千分表读数的最大差值，就是轴向窜动误差。

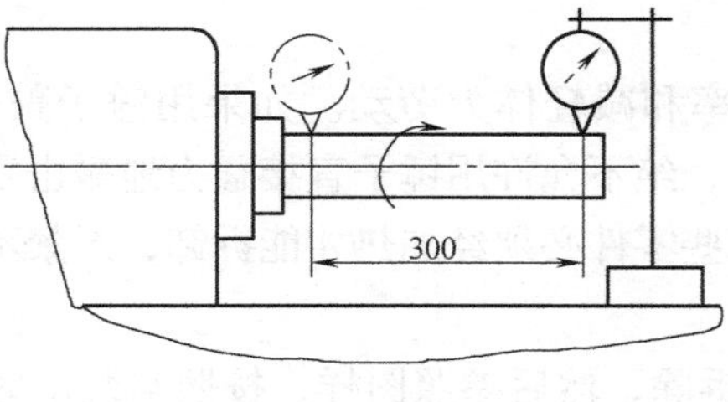

图3-42　主轴锥孔径向圆跳动的测量

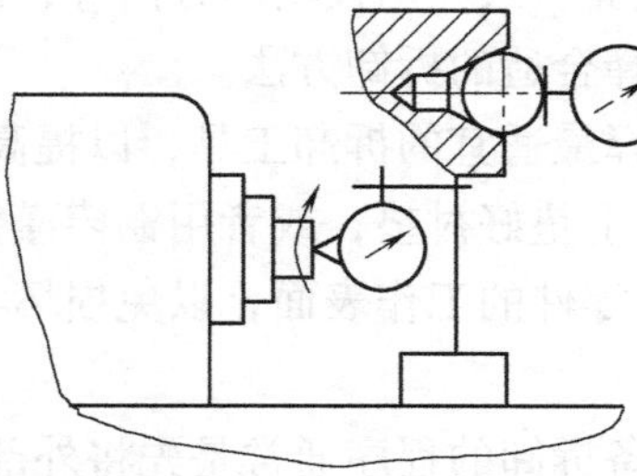

图3-43　轴向窜动误差的测量

习题与思考题

3-1　检测设备几何精度时常用的工具和量具有哪几种？

3-2　简述机床常用导轨的组合形式。

3-3　有一测量长度为1500mm的卧式车床导轨，用精度为0.02mm/1000mm的框式水平仪测量，水平仪每移动250mm测量一次，每次的读数依次为：0，+2，+2，0，−1，−1，+1格。试用作图法和基准转换作图法求导轨的直线度。

3-4　被测导轨长度为2000mm，用精度为0.02mm/1000mm的水平仪检测，每隔250mm测量一次，每次水平仪的读数依次为0，+1.5，+1.5，0，−2，−2，−1，0，+1.5格。试用基准转换作图法和坐标变换法求导轨的直线度。

3-5　机床部件之间的位置精度有几种？

第四章　机械设备的拆卸、清洗与零件的修换

第一节　机械设备的拆卸与清洗

一、拆卸时的注意事项

设备的拆卸是修理的第一步，其效果的好坏，将直接影响修理的质量与速度。在被修理设备上的零件中，有许多是可以继续使用的，它们的精度还可以保持到下一个修理周期。如果拆卸方法不当，或拆卸工具不合要求，在拆卸时很可能将这些零件的表面拉毛，甚至使其损坏或报废，从而影响修理质量和进度。因此，拆卸工作要特别小心地进行。如果对拆卸工作不熟悉，特别是在拆卸较精密的设备时，均须作必要的拆卸记录，供修理和装配时参考。为了提高拆卸质量，必须注意下列事项。

1）应熟悉设备的结构、性能，并参考有关技术资料，分析、研究、掌握设备构造的特点，弄清轴套压入和销拔出的方向等，以便正确地进行拆卸。

2）选择合适的拆卸方法。

3）选择最适宜的拆卸工具，以提高工作效率和减轻体力劳动。如果用锤子敲打零件，应该在零件上垫好衬垫，或者用铜棒谨慎地敲打，绝不允许用锤子直接猛力地敲击零件，更不允许敲击零件的工作表面，以免损坏零件。有些零件必须经加热才能拆卸，严禁不加热就乱拆。

4）设备拆卸的程序通常是先将外部的附件拆除，然后参照图样，按照与装配时相反的顺序，把设备整体拆成部件总成，再拆成零件。拆下的零件应按部件归并，放置整齐，不准就地乱扔乱放，特别是对还可以继续使用的零件，尤其应保管好。精密零件应单独存放；丝杠、轴类零件应涂油后悬挂于架上，以免生锈、变形或碰伤；螺钉、螺母、垫片等标准件，最好集中放在专用箱内。

5）对于配合的偶件，为避免搞乱，保证其能按原来的位置装配，在拆卸之前，应用相同的字头在偶件上打印作为标记。字头不能打在零件的工作表面上。

6）对于精密设备，一般不要拆卸，只有在必须拆卸后才能解决问题的情况下，才准许拆卸修理。在拆卸过程中，应特别慎重，严格按顺序用专用工具进行拆卸。

如果设备的技术资料不全，拆卸时应作必要的记录，以便于修理和装配。

二、零件的拆卸方法

零件的拆卸方法有用锤子打击拆卸法、压卸和拉卸法以及加热和冷却拆卸法等，螺纹和键也有专门的拆卸方法。

（一）用锤子打击拆卸

这种方法借助锤子打击的力量，使相互配合的零件产生相对位移而脱离，从而达到拆卸

的目的。对于结构比较简单，零件坚实或一些不重要的部位，大多采用这种方法进行拆卸。拆卸前，为了减少摩擦力，常将连接处用润滑油浸润。用锤子打击拆卸是一种简单易行的拆卸方法，但是如果使用不当，或者操作不正确，常会打坏零件，甚至达不到拆卸的目的。

用锤子打击拆卸的方法常用的工具是锤子和冲子。将冲子受锤击的顶部加工成球形，使锤击的力量保持在冲子的中心点；与工件接触的一端镶铜、铝等软金属。用锤子直接打击时，应该用铜、铝或木块作衬垫，以保护被击打的零件表面。

1. 配合件的拆卸

利用过盈配合装在轴上的零件，如带轮、齿轮、联轴器等，如果过盈量不大，可先拆下轴上的定位螺钉后，再用冲子和锤子将其拆下。

用煤油浸润连接处，或将配合件放在煤油中浸泡，使煤油充分渗入细小的间隙，溶解阻碍拆卸的脏物，同时也起润滑作用，减小摩擦，以利于拆卸。

用上述方法仍不能拆下零件时，可使用保留贵重的金属零件，将较便宜的零件切除的方法。

对于传动比为1，采用误差相消法啮合的齿轮副，即对于一个齿轮最大径向圆跳动处的齿间与另一个齿轮最大径向圆跳动处的轮齿相啮合的齿轮副，为避免拆卸再装后的误差不能相消，应在两齿轮的啮合处做记号，以便装配后恢复其原来的精度。

2. 滚动轴承的拆卸

将滚动轴承从轴上拆卸下来的情形如图4-1所示，锤击的力量必须集中在滚动轴承的内圈上。如果锤击的力量落在轴承的外圈上，就可能使滚珠在滚道上产生压痕而损坏轴承。

3. 孔中衬套的拆卸

滑动轴承的衬套和滚动轴承的外圈在孔中是过盈配合，它们比起主体件总是小得多，锤击的力量总是打击在衬套上，衬套被锤击的面应该垫上软垫。拆卸小直径的衬套时，最好用阶梯状的冲子，冲子的最大直径应比衬套内径约小0.5mm。对于较大直径的衬套和滚动轴承外圈的拆卸多采用图4-2所示的套管。

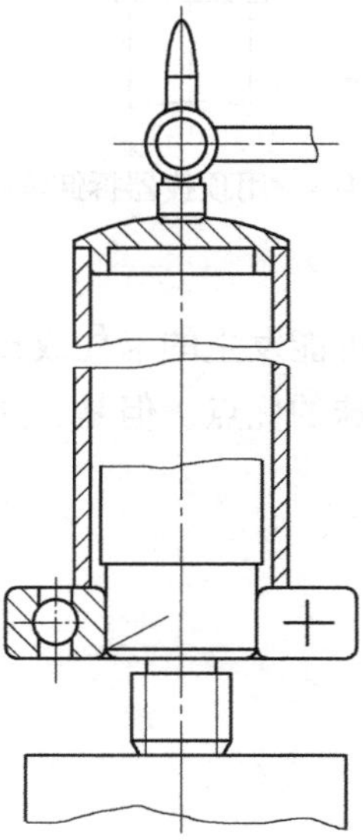

图4-1 滚动轴承的拆卸

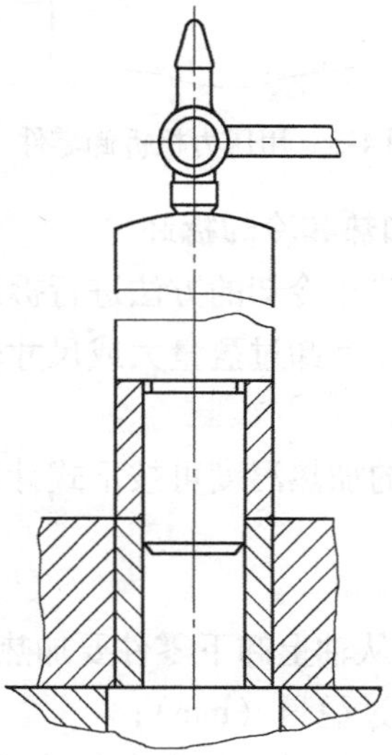

图4-2 用套管拆卸衬套

4. 销的拆卸

拆卸圆柱销时，只要用冲子猛力冲击该圆柱销，就可将其从孔中冲出来。拆卸圆锥销时，必须注意冲击方向，应从圆锥销的细端向粗端冲。当遇到销弯曲或其他损坏情况而冲不出来时，可用钻头钻掉销子，但选用钻头的直径应比销的直径小0.5~1mm，以免钻伤孔壁。

（二）压卸和拉卸

压卸和拉卸有很多优点，它施力均匀，力的大小和方向容易控制，能够拆卸较大的零部件和过盈量较大的配合零部件，不易损坏零件。但是，压卸和拉卸需要相应的机械设备及工具。

压卸时，常使用压力机来拆卸零件，如图4-3所示。一般来说，这种拆卸方法可以比较顺利和容易地将零件拆卸下来。只要加压的方向、着力点的位置选择合适，再加以必要的润滑就可以了。

拉卸时，常用的工具为顶拔器，它有固定臂和活动臂之分，又有二爪和三爪之分。从轴上用顶拔器拆卸零件的方法如图4-4所示。拉卸滚动轴承时，顶拔器爪所加的拉力应当在内圈上。

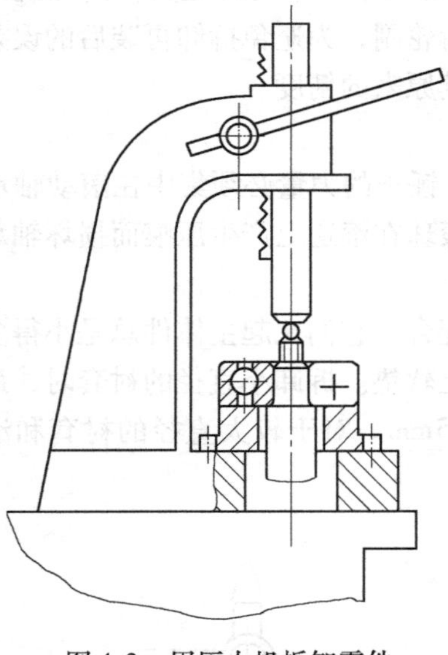

图4-3 用压力机拆卸零件

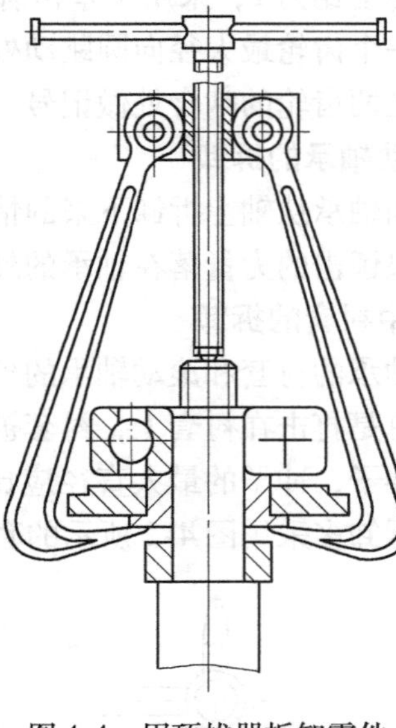

图4-4 用顶拔器拆卸零件

（三）加热和冷却拆卸

利用加热和冷却的方法进行拆卸，可以避免拆卸过程中可能发生的卡住或损伤零件的现象，特别是在拆卸过盈量大或尺寸较大的部件时，更有其特殊的优点。但是，这种方法比较难掌握。

拆卸时的加热温度可按下式计算

$$t=\frac{Y}{d\alpha}$$

式中 t——从轴上卸下零件要加热到的温度（℃）；

Y——过盈量（mm）；

d——与被拆卸件配合的轴径（mm）；

α——被拆卸件材料的线膨胀系数（铸铁为10×10^{-6}，钢为11×10^{-6}，铜为18×10^{-6}）。

在实际应用中，加热或冷却的温度一般不宜超过100～120℃，以防零件变形或影响原有的精度。有时，也利用加热和拉卸组合的方法进行拆卸。如图4-4所示，除了用顶拔器向外拉工件外，同时用加热到100℃的热全损耗系统用油浇到被拉卸的工件上。为防止轴也被加热，可在邻近被卸工件的部位包上石棉布或石棉纸，这样就可以把不易拆卸的工件拆卸下来了。

（四）螺纹联接的拆卸

正常螺纹联接中的螺纹是很容易拆卸的，只要选用合适的工具，按照与螺纹旋向相反的方向旋转就可以将其拆卸下来。拆卸环状布置的螺母，应按十字交叉的顺序进行拆卸。

有些螺纹联接因年久失修、生锈腐蚀，或者发生故障以后，用正常的方法已不能拆卸，可根据下述情况用不同方法进行拆卸。

1. 螺栓头部开口而螺母完好

1）用煤油润湿螺纹联接处，或将其放在煤油中浸泡20～30min，使煤油浸入螺纹联接缝中，既可浸润铁锈使其松软，又可起润滑作用。

2）用锤子敲击螺母或螺栓，使联接处受到振动，以振松锈层。

3）旋紧1/4转，再退出，反复地松紧，逐步旋出。

2. 螺栓断头

1）螺栓有一部分留在孔外时，可用锯在螺栓顶端开槽，用一字旋具将其旋出；也可以把螺栓两侧锉平，用扳手将其旋出；还可以在螺栓顶端焊上一个杆件或在螺栓顶端攻螺纹装上螺柱后，将其旋出，如图4-5所示。

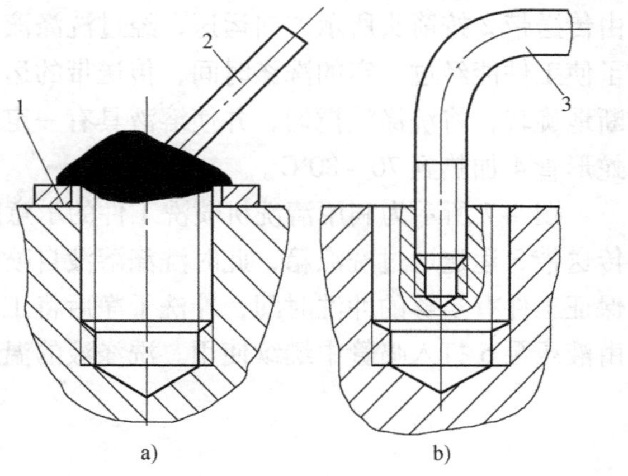

图4-5 锈蚀螺栓的拆卸
a）焊圆棒 b）装螺柱
1—垫圈 2—圆棒 3—螺柱

2）断在孔中的螺栓，可选用比螺栓直径小0.5～1mm的钻头把螺栓钻透，再用丝锥将残留部分攻去。

3）断在孔中直径较大的螺栓，可在螺栓上钻孔，在孔内打入四方钢钎，从而将螺栓旋出。

（五）键的拆卸

轴上平键的拆卸方法是先移去轴上装的零件，在轴上平键的两侧垫上铜皮，然后用手虎钳或台虎钳将其夹出。

轴上楔键的拆卸方法是先移去装在轴上的零件，当钩头楔键位于轴的端部时，可用拆卸钩头楔键的工具将其拆卸下来。

三、清洗方法和清洗时的注意事项

从设备上拆卸下来的零件，因表面沾满油污、锈垢等脏物，而看不清其磨损痕迹、裂纹和碰伤等缺陷，因此，必须立即对其进行清洗，彻底清除表面上的脏物，以便进行检查。

机械零件上要清除的油污分为可皂化的和不可皂化的油污两类。可皂化的油污如动物油、植物油，可用氢氧化钠（w_{NaOH}≈10%）溶液皂化，加热到70～90℃进行清洗。对于不可皂化的油污，碱不起作用，但由于它们能溶于有机溶剂，因此可用汽油、煤油、柴油、酒精、丙酮等有机溶剂进行清洗。

（一）清洗方法

清洗是指清除和洗净零件表面的油脂、锈垢和粘附的机械杂质，并使零件表面干燥，具有中间防锈能力。清洗的方法主要有人工清洗和机械洗涤两种。

1. 人工清洗法

该方法一般是把零件放在盛有清洗液的盆中，用毛刷仔细刷洗零件表面，直至洗净为止。对于较大的零件，可先用刮刀或钢丝刷将附着在其上厚的油垢刮掉，再用棉纱、棉布蘸满清洗液反复擦洗干净。用汽油清洗时，一定要注意防火。

2. 机械洗涤法

图4-6所示为用洗涤箱清洗零件的简图。工件1沿槽5按箭头所示方向进入洗涤箱中，由传送带2按箭头所示方向运送，经过洗涤液的清洗，最后从箱中送出，即被清洗干净。为了使工件能经过一定的洗涤时间，传送带的运送速度不宜太快。在洗涤过程中，搅拌器3不断地旋转，将洗涤液搅匀，并使溶液具有一定的动能，以便冲洗工件。洗涤液的温度由蒸汽蛇形管4加热到70～80℃。

图4-7所示为利用清洗机喷洗工件的示意图。洗涤时，工件1自滚道2输入清洗机，由传送带3运送通过洗涤箱，此时洗涤溶液自喷头4喷射到工件上。传送带的速度应适当，以保证工件有足够的冲洗时间，冲洗干净后将工件送出。洗污的溶液经澄清槽5澄清过滤后，由液压泵6打入喷管中继续使用。洗涤液的温度控制在70～80℃。

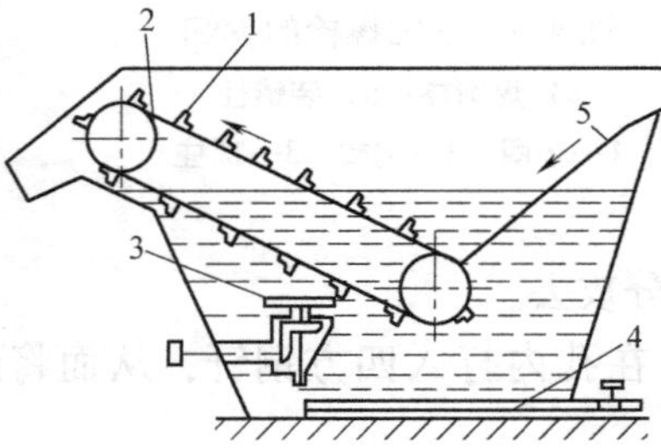

图4-6 清洗零件的洗涤箱

1—工件 2—传送带 3—搅拌器 4—蒸汽蛇形管 5—槽

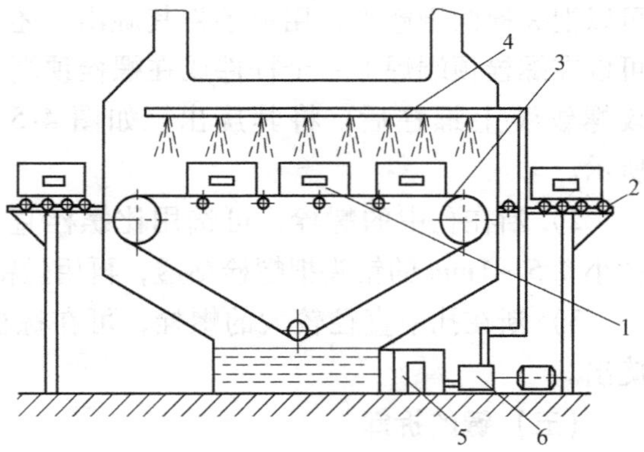

图4-7 喷洗工件示意图

1—工件 2—滚道 3—传送带 4—喷头 5—澄清槽 6—液压泵

另外还有利用超声波清洗工件的方法，这里不再讲述，请读者查阅有关资料。

（二）清洗工件的注意事项

1）常用的洗涤溶液种类很多，一般来说，洗涤钢铁工件时，应选用氢氧化钠、碳酸钠、磷酸钠、液态肥皂和水配制成的洗涤液。洗涤铝合金时，应选用碳酸钠、液态肥皂和水配制成的洗涤液。

2）工件经清洗后，应立即用热水冲洗，以防碱性溶液腐蚀工件表面。

3）工件经过洗涤，待干燥后必须涂以全损耗系统用油，以防生锈。

4）在洗涤及运送过程中，不要碰伤工件的已加工表面。洗涤后要使所有油孔、油路畅通无阻，并用木销堵塞孔口，以防装配前污物掉入其中，装配时切记去掉木销。

5）用清洗机械洗涤时，必须保持足够的清洗时间，以保证彻底清洗零件。

6）精密工件和铝合金工件不宜采用强碱性溶液进行浸洗。

第二节 机器零件的修换

一、零件的修换原则

机械设备上的零件被磨损后，在保证设备精度的前提下，能够修复的尽量修复，要尽量减少更换新件的情况。磨损的零件能否修复，应根据下列原则确定。

1. 修理的经济性

判断磨损零件是否应更换，首先考虑的是设备的精度，而判断磨损零件是该修复还是该更换，则要考虑其经济性。修复磨损零件，必须既能保证维修质量，又能降低维修费用。衡量其经济性的公式为

$$\frac{S_{修}}{T_{修}} < \frac{S_{换}}{T_{换}}$$

式中 $S_{修}$——修复旧零件的费用（元）；

$S_{换}$——新件的制造或购置费用（元）；

$T_{修}$——修复后旧零件的使用周期（月）；

$T_{换}$——新件的使用周期（月）；

若上式成立，则表示修复的经济性好，应该修复旧零件，而不该更换新件。

2. 修复后零件的技术性能

修理后，要能修复零件原有的技术性能，包括零件的尺寸、几何公差、表面粗糙度及硬度等，还应保证其有足够的刚度与强度。

3. 修复后零件的使用寿命

零件修复后的使用寿命应该至少维持一个修理间隔期，即属于小修范围的零件要能维持一个小修间隔期；属于大修和中修范围的零件，修复后应能维持一个中修或大修间隔期。

4. 工厂现有修理工艺的技术水平

修理工艺的技术水平直接影响修理方法的选择。一方面应考虑工厂现有修理工艺的技术水平，能否保证修理后达到零件的技术要求；另一方面应不断提高工厂现有的修理工艺技术水平，通过学习、研制开发，结合实际生产情况，采用更先进的修理工艺。

5. 修理零件的周期

对于一般和中等复杂程度的零件，如果其修复周期比重新制造新件的周期短些，可以进行修复；否则，应考虑更换新件。对于一些重要的零件，如果一时无法更换新件，也要考虑对旧零件进行修复，尽管修复周期可能要长些。

二、修复磨损零件应考虑的因素

1. 磨损零件对设备精度的影响

有些零件磨损后会影响设备精度，如金属切削机床磨损后会使它加工的工件质量达不到要求，这时就应该修复或更换。

一般零件在其磨损尚未超过规定公差，估计继续使用到下一个修理周期不会影响设备精度时，可暂不修换。但对于某些影响设备精度的主要零件以及拆卸不便、修复或更换劳动量较大的零件，虽发现其磨损量未超过公差，但估计难以维持到下一个中修期的，就应考虑修复或更换。

一般过渡配合、间隙配合的零件，对设备精度影响不大者，尽管其磨损程度已超过规定公差，但未超过次一级的配合公差，则该零件可以继续使用。

2. 磨损零件对完成预定功能的影响

当磨损零件已不能完成预定的使用功能时，应予以修复或更换。

3. 磨损零件对设备性能和操作的影响

当零件磨损到虽还能完成预定的使用功能，但已影响了设备的性能和操作时，应根据其磨损程度决定是否换修。

4. 磨损零件对设备生产率的影响

零件磨损后，如果增加了设备空行程的时间，或增加了工人的体力消耗，从而降低了设备的生产率，则应根据其磨损情况决定是否修复或更换。

5. 磨损零件对其本身强度的影响

在某些场合，可允许零件的磨损达到其强度所决定的程度。这时应按零件的强度极限来决定零件的修复或更换。

当零件表面产生裂纹时，继续使用会使零件的强度迅速地发生变化，甚至引起严重的事故，这时则必须修复或更换。

6. 磨损零件对磨损条件恶化的影响

继续使用磨损零件，如果可使磨损加剧，甚至出现效率下降、发热、表面剥蚀等现象，最后引起咬住或断裂等事故，则必须修复或更换。

以上六个因素的前四个是零件磨损对整台设备的影响，后两个因素是考虑磨损零件能否保证其自身的正常工作。在决定磨损零件是否应修复或更换时，虽然没有超过对后两个因素影响的允许程度，也必须考虑对前四个因素的影响。

三、设备磨损零件修换标准的一般规定

设备磨损零件修复或更换标准的一般规定，是工厂在多年实践中总结出来的，有一定的指导意义，可供参考使用。但是，到目前为止，尚无磨损零件换修标准的统一规定。同时，现代化设备越来越向高速度、高精度、自动化方向发展，对零件的精度、强度、刚度及使用寿命的要求也越来越高。因此，对磨损零件修换标准的一般规定，必须按所修设备的出厂年代，尤其是设备的技术水平和零件在设备中的具体作用来实行，对具体问题进行具体分析，不应该单纯地按规定去生搬硬套。

由于篇幅所限，本书仅对常用零件换修的一般规定作一简介。

1. 轴

1）对于一般的轴颈，当其所采用过渡配合或间隙配合的精度超过次一级配合标准或表面粗糙度值大于 $Ra1.6\mu m$ 时，应进行修复。

2）一般的轴采用修理尺寸减小直径后，其直径的减小量不得超过基本尺寸的 10% ~ 15%。重要的轴采用修理尺寸时，必须验算强度。

3）对于安装滚动轴承、齿轮及带轮的轴颈，不能采用修理尺寸。当轴径尺寸减小时，应予以修复或更换。

4）轴上的键槽损坏后，允许将键槽扩大至下一级标准尺寸，并更换新键。在结构允许时，可在距原键槽位置 60°处另铣键槽，并将原键槽补平。

5）当细长轴的弯曲度超过 0.1mm/1000mm 时，应用机械方法校直并保持其稳定状态，恢复原有精度后才可使用。

6）对于精度要求高的轴及安装滑移齿轮的轴，当其弯曲度大于中心距公差或齿轮副最大啮合间隙时，不得用校直法修复，应更换新件。

7）对经过热处理的轴颈修磨后，其热处理层的尺寸应不小于原设计尺寸，并需检验硬度。

8）一般小轴磨损后应更换新件。

2. 齿轮

1）齿轮的轮齿断裂时，一般情况下应更换新件。对于模数 $m>6$mm 的齿轮，在强度允许的条件下，个别轮齿断裂者，可用镶齿修复。

2）轮齿弯曲或齿面磨损而使左右两侧齿形有显著不同时，应更换。

3）齿面有局部点蚀或轻度点蚀者可以不换，齿面有疲劳点蚀现象，且约占齿长的 1/3，齿高的 1/2 时，应予以更换；齿面有严重凹痕者，应予以更换。

4）齿面接触偏斜并引起局部磨损时，应予更换。

5）齿面有轻微粘着或剥蚀现象时，可用油石或刮刀修光后使用。

6）在齿形均匀磨损、渐开线表面完整的条件下，对于分度圆弦齿厚的磨损量，低速齿轮在不超过 10%，受冲击载荷的高速齿轮在不超过 5% 时，可以继续使用。

7）齿轮内孔磨损，表面粗糙度值大于 $Ra3.2\mu m$ 或精度低于次一级精度，单键槽间隙小于 0.1mm 时，修复后可以使用。

8）滑移齿轮倒角有严重飞边时，要将飞边修光。磨损严重者，若修理后其齿辐有效长度不到原来的 80% 时，应换新件。重要齿轮要经过强度验算。

3. 轴承

1）滑动轴承内孔的表面粗糙度值大于 $Ra0.8\mu m$，表面有伤痕及烧伤现象时，应修刮或研磨修复；轴承已无修复余量，内表面有严重划伤、研伤又无法修复，内表面严重烧伤，以及滑动轴承与轴承座的配合超过原设计要求时，应当更换。

2）两半式滑动轴承磨损后，可减薄垫片，修刮轴承内孔后使用。

3）滚动轴承内外圈滚道有伤痕、裂纹或保持架损坏时，一律更换。转动时有噪声或滚珠（柱）过分松动时，应予以更换。

4）按规定载荷检查轴承的径向或轴向间隙，深沟球轴承超过规定值的 50%，可调型轴承（各种角接触球轴承、圆锥滚子轴承、双向推力球轴承等）超过规定值的 100%，则应更换新轴承。

5）精度不高的滚动轴承，在其内、外径配合松动时，可用镀铬法进行修复。高精度滚动轴承丧失精度时，应更换新件。

6）静压轴承的间隙超过原设计间隙，油封拉伤、撞坏或失去作用时，应更换新件。

以上述及了三类零件的修换规定，其他零部件，如机床主轴、蜗轮蜗杆、链条与链轮、主轴箱体、机床的床身导轨等的修换规定，在此就不一一叙述了，用到时请查阅有关资料。

习题与思考题

4-1 机械设备的拆卸应注意什么？

4-2 简述零件常用的清洗方法。

4-3 机械设备上的零件磨损后，选择维修还是更换新件的依据是什么？

4-4 磨损零件修复后再使用时，都应考虑哪些因素？

第五章　机器零件的修复工艺

在设备修理工作中，合理地选用零件的修复工艺，是提高修理质量、降低修理成本和缩短修理时间的有效措施。机械制造工艺的发展以及新技术、新工艺的研制与应用，为设备修理提供了许多有利条件。大力推广和采用行之有效的先进的修理技术，并使其完善并创造更新的技术，是机械修理工作者的一项重要任务。

目前，常用的零件修复技术主要有机械修复法、金属扣合法、焊接修复法、热喷涂与喷焊修复法、电镀和粘接修复法等。

第一节　机械修复法

利用切削加工、机械连接和机械变形等机械方法，使失效的机器零件得以恢复的方法称为机械修复法。

一、修理尺寸法

互相配合零件的配合表面在磨损后，产生了尺寸误差及形状误差。对于互相配合的主要零件，不再按原来的设计尺寸或修改其原来的设计尺寸，而是采用切削加工的方法，按要求恢复其形状和表面粗糙度，从而获得一个新尺寸，与此相配合的零件则按此新尺寸配作。配合件的这个新尺寸称为修理尺寸。

1. 修理尺寸的确定

确定修理尺寸时，应首先考虑零件结构上的可能性和修复后的零件强度是否足够。在此前提下，再考虑切削加工时需要的切削量。在修理工作中，对轴颈尺寸的减小量，一般规定不得超过原设计尺寸的10%。对于经过热处理淬硬的轴颈，在确定修理尺寸时，应考虑修磨后不降低其硬度。

为了得到一定的互换性，对有的零件可将其修理尺寸标准化。例如，对内燃机气缸套的修理，通常规定了几个标准尺寸。由此可见，在设备修理工作中，可选用标准化修理尺寸和非标准化修理尺寸。

2. 零件修复中的切削加工

对需要修复零件进行的切削加工，与通常制造新零件的切削加工不同，其毛坯是磨损或已损坏了的定型零件，加工余量小，原来的基准已破坏，安装定位也较困难。基于上述特点，加工前必须首先修复加工定位基准，这样才能保证零件在修理加工后达到其精度要求。

二、镶装零件法

镶装零件法中常见的有镶套、加垫和机械加固三种方法。使用镶装零件法时，镶装零件一般应选择与基体母材相同的材料和热处理方法。在特殊情况下，可采用比基体母材金属力学性能好的材料。另外，还要选择适当的过盈量。过盈量过大，可能使包容件变形或胀裂；

过盈量过小，又会使配合松动。

1. 铸件的修复

铸件断裂后，可用镶补与焊接的方法加以修复。如图 5-1 所示铣床上的拨叉在断裂后，经镶补与焊接修复，恢复了原来的形状和尺寸精度。

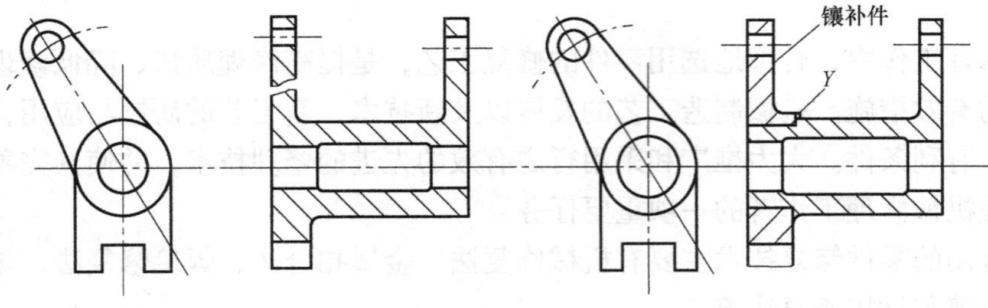

图 5-1 铣床拨叉的镶补与焊接修复
a）原断裂件 b）修复件

箱体或复杂铸铁件上螺纹孔的螺纹损坏时，可用扩大孔径加工大一级螺纹孔的方法或用扩大孔径镶螺纹套的方法来修复，如图 5-2 所示。箱体上的孔磨损后，可用镶套方法修复，套与箱体的连接可用过盈配合，也可用固定螺钉紧固，如图 5-3 所示。

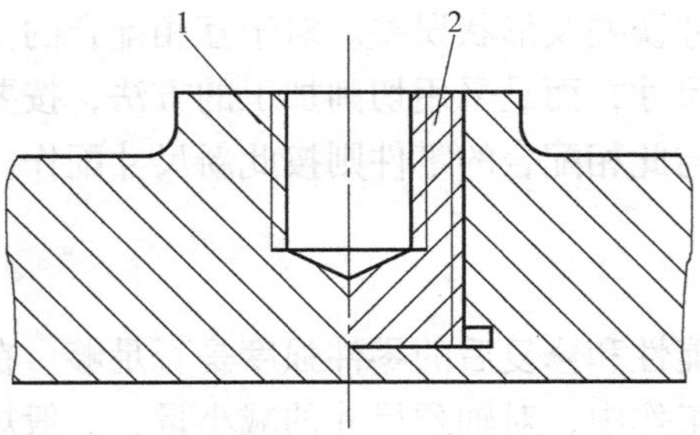

图 5-2 扩孔径镶螺纹套
1—修理前的螺纹孔 2—镶螺纹套

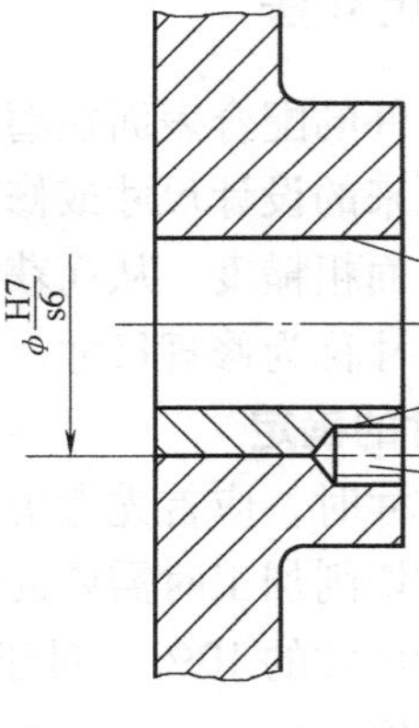

图 5-3 扩孔镶套并用螺钉紧固
1—待修孔 2—镶套 3—紧固螺钉

较大的铸件出现裂纹后，可采用补强板加固修理。修理时，注意在裂纹尽头处钻孔卸荷，防止裂纹继续发展。图 5-4 所示为用补强板加固修复铸件裂纹的方法。

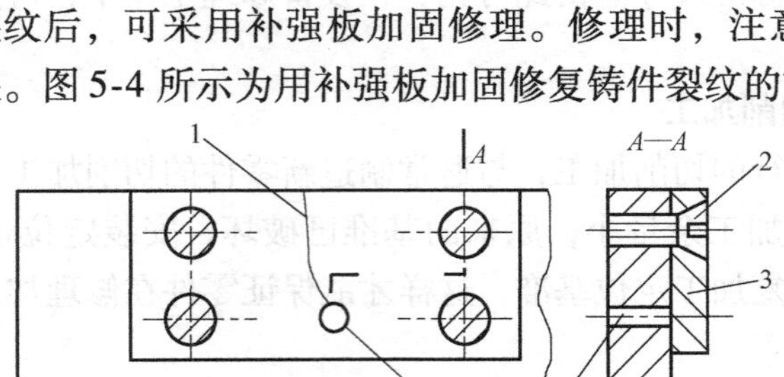

图 5-4 补强板加固修复铸件
1—裂纹 2—螺钉 3—补强板 4—止裂孔

2. 齿轮的修复

对于不重要的低速（$v<2m/min$）齿轮或大模数（$m>3mm$）齿轮，当其轮齿折断一个或几个时，可以用镶齿法进行修复。镶齿可用螺钉和轮缘上的燕尾槽固定，也可以用焊接的方法焊住，如图5-5所示。由于在焊接或螺钉紧固过程中，被镶补的轮齿可能有微量移动，因此镶补过的齿轮不宜用于速度较高的传动。

对于多联齿轮、轴齿轮及有花键孔的齿轮，当其轮齿折断损坏时，可将损坏的齿部切削加工成圆柱表面，再配作齿圈镶上去进行修复，如图5-6所示。

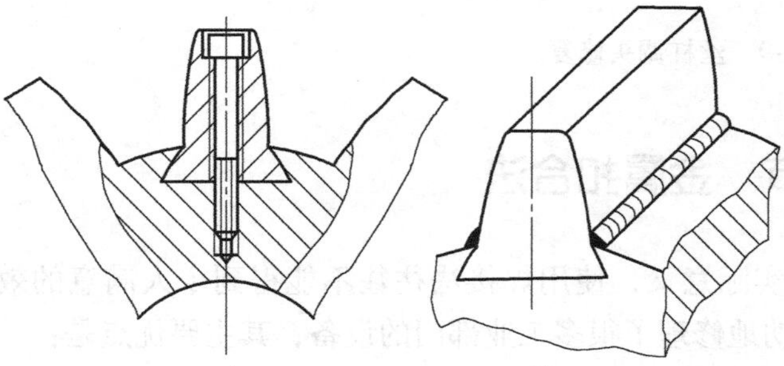

a)　　b)

图5-5　镶齿法修复齿轮

a）用螺钉紧固　b）用焊接加固

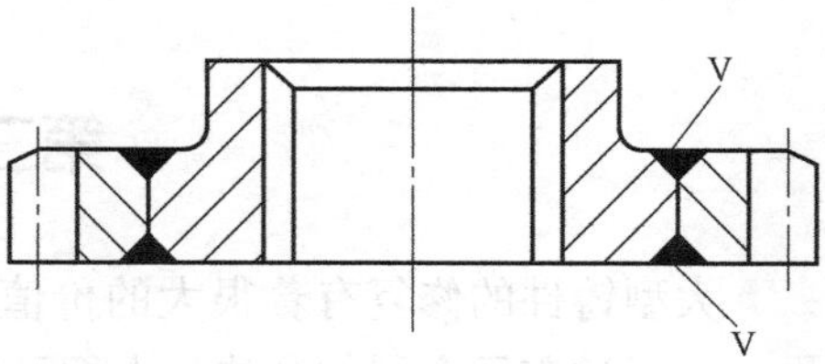

图5-6　镶齿圈法修复齿轮

三、局部修换法

在一般的轴类零件磨损或折断时，将折断部分用新制的连接轴与保留部分连接，用焊接的方法加固并进行必要的切削加工，使轴恢复原来的形状尺寸和精度的修理方法，称为局部修换法。

1. 轴的修复

如图5-7所示，轴的一部分折断，当其折断部分不能保留时，可将轴和连接轴的两端切平并加工出螺纹孔，用螺栓连接后再进行焊接，最后精车外圆或磨削外圆。如果折断的两部分均需保留，可用一新制的连接块连接，恢复轴的原来长度并焊接，如图5-8所示。

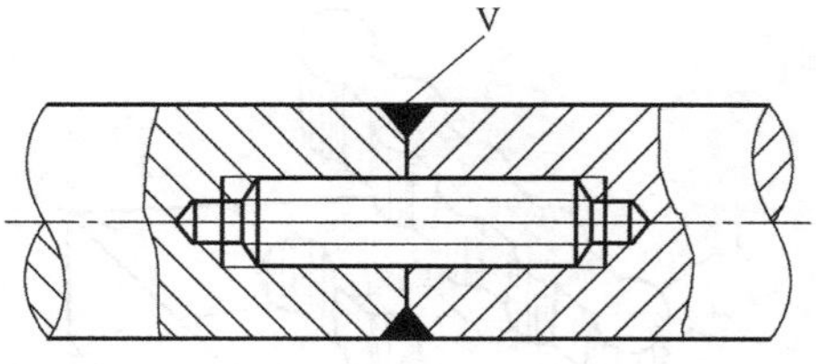

图5-7　轴的局部修换修复

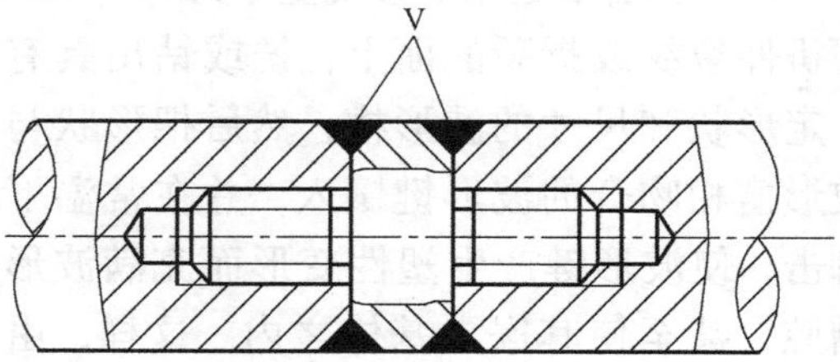

图5-8　断轴用连接块修复

2. 丝杠的调头修复

有些丝杠（如车床的丝杠）的螺纹，只在靠近主轴箱一端不太长的部分磨损较大，而靠近床身尾部的一部分螺纹磨损极小或几乎未磨损。调头以后，丝杠螺纹磨损极小的部分就得以充分利用，提高了机床的加工精度。如图5-9所示，将丝杠在左端*A-A*处切断，并按右端轴承孔配磨；将右端切成阶梯状的轴，调头后，与新制带孔的轴过盈配合，并配钻孔压入销。

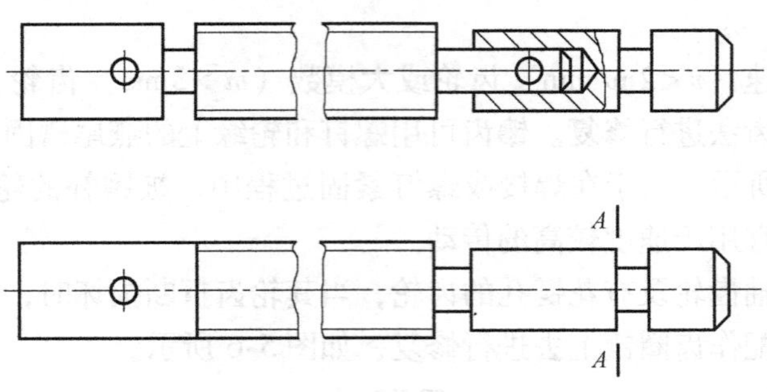

图 5-9 丝杠调头修复

第二节 金属扣合法

大型铸件的修复有着很大的价值和实际意义，使用焊接法往往不能得到令人满意的效果。而通过应用金属扣合法，人们已成功地修理了很多工业部门的设备，其主要优点是：

1）修复质量可靠，修复的机件具有足够的强度。

2）修复工作在常温下进行，避免了因加热而产生的变形和内应力，能够保证机件的精度。

3）工艺简单，不要求有复杂的技术装备，且机件可不经拆卸和搬运而在现场就能进行修复工作。

4）修理费用比焊接修复少，修理周期比焊接修复短。

5）不破坏机件外观，机件外表在喷漆后，很难看出修复痕迹。

一、金属扣合法的种类

根据机件的使用要求和修复特点，金属扣合法分为强固扣合法、强密扣合法和加强扣合法。

1. 强固扣合法

这种扣合法适用于修复壁厚为 8～40mm 的，一般强度要求的薄壁机件。先在垂直于损坏机件裂纹或折断的面上，铣或钻出具有一定形状和尺寸的波形槽；然后把形状与波形槽相吻合的波形键镶入，并在常温下铆击，使波形键产生塑性变形而充满波形槽腔，甚至使其嵌入基体之内。这样，由于波形键的凸缘和波形槽相互扣合，便将开裂的两边重新牢固地连接为一个整体，如图 5-10 所示。除此之外，还可以利用扣合件在加热和冷却过程中产生的收缩将损坏的机件重新密合，此方法称为热扣合法。用热扣合法可修复重型机床、大型飞轮和齿轮等，如图 5-11 所示。

图 5-10 强固扣合法

1—波形键 2—波形槽 3—工件 4—裂纹

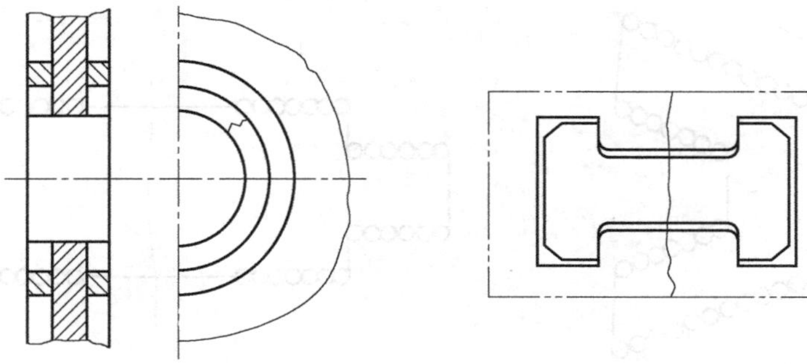

a)　　b)

图 5-11　热扣合法

a）圆环状热扣合件　b）工字形热扣合件

2. 强密扣合法

对于有密封要求的机件，如承受高压的气缸和高压容器等需防止渗漏的零件，除应用强固扣合法保证一定强度条件之外，还应采用强密扣合法，如图 5-12 所示。这种修复法的程序是，先把损坏的机件用波形键连接成整体；然后在两波形键间沿裂纹或折断面的结合线上，每隔一定距离加工一个缀缝栓孔，并装入缀缝栓铆紧。在缀缝栓的空当内再加工缀缝栓孔，要求第二次钻的缀缝栓孔稍微切入已装好的缀缝栓和波形键，使之形成一条密封的“金属纽带”，达到阻止流体因受压而渗漏的目的。为防止缀缝栓脱落，可在最后一个缀缝栓孔的上部攻出螺纹，将带有螺纹的缀缝栓涂以环氧树脂并旋入孔中，旋紧后将多余的部分锯掉并铆紧。

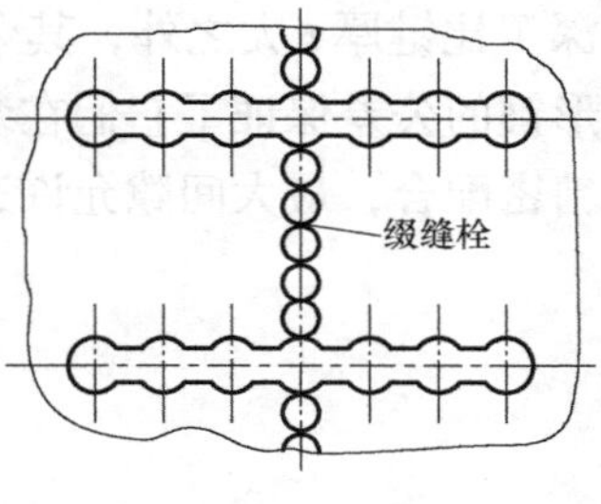

图 5-12　强密扣合法

3. 加强扣合法

加强扣合法主要用来修复在工作过程中承受高载荷的厚壁机件，如水压机横梁、轧钢机主梁、辊筒等。因此，对这类机件只采用波形键扣合法不能保证其具有可靠的强度；而必须在垂直裂纹或折断面上镶入钢制加强件，使载荷分布到更大的面积上和更远离裂纹及折断面。

钢制加强件和机件的连接，多采用缀缝栓。缀缝栓的中心安排在加强件和机件的结合线上，缀缝栓的一半嵌在加强件上，另一半则留在基件的基体内。必要时，还可以加入波形键。在设计时，要谨慎地分析机件所受载荷的性质、大小、方向及断裂部分应力的分布情况，并据此确定加强件的形状、尺寸、数量和材料。对于受多方向载荷的机件，加强件可设计成十字形，在四组垂直边的两面分别用缀缝栓连接，如图 5-13 所示；使用 X 形的加强件，在铆击过程中还能使裂纹的开裂处不断拉紧，如图 5-14 所示；对于受冲击载荷的机件，其加强件在靠近裂纹处不装缀缝栓，使修复区域有一定的弹性，如图 5-15 所示。

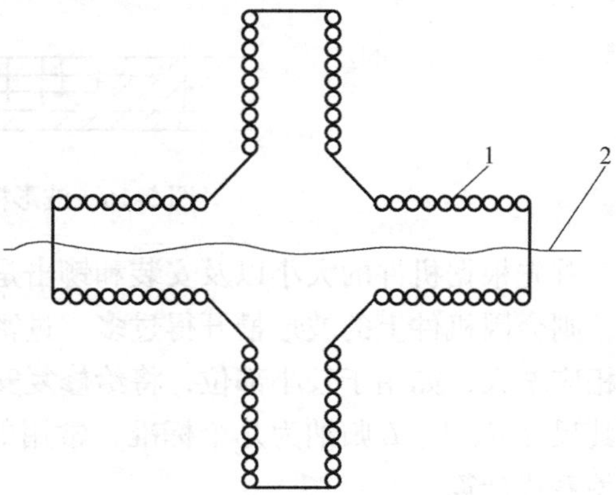

图 5-13　十字形加强件

1—缀缝栓　2—裂纹

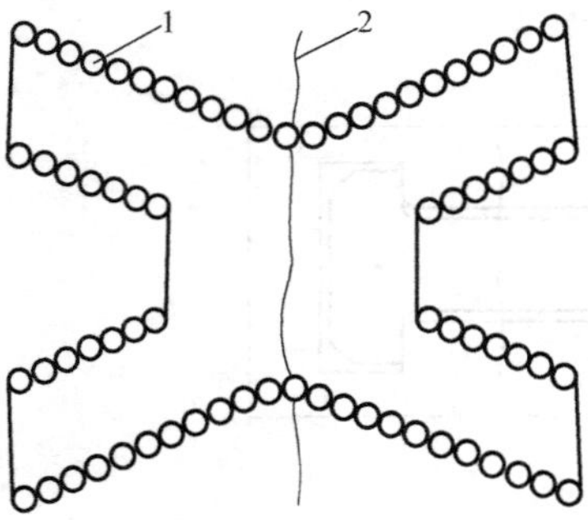

图 5-14　X 形加强件

1—缀缝栓　2—裂纹

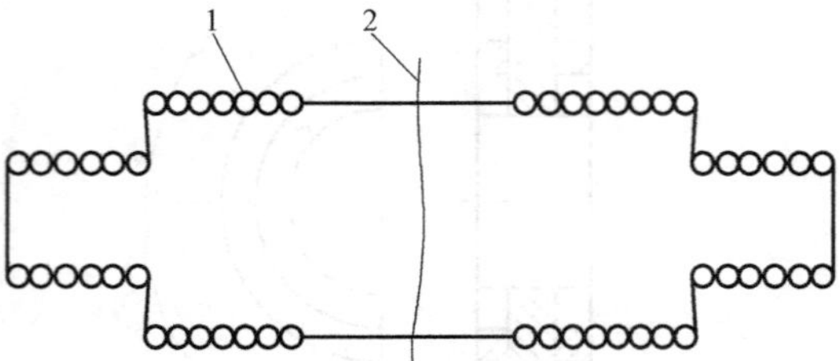

图 5-15　受冲击载荷的加强件

1—缀缝栓　2—裂纹

二、波形键和波形槽的设计

波形键的尺寸由凸缘部分尺寸 d、宽度 b、凸缘间距 L 及厚度 t 组成。波形槽的尺寸除槽深 T 比键厚 t 大之外，其余各部分基本尺寸均与波形键相等，如图 5-16 所示。波形槽与波形键的公差保证了它们在装配时有较紧的配合，以便用锤子将键轻轻打入槽中，但并不要求精密配合，最大间隙允许达到 0.1 ~ 0.2mm。

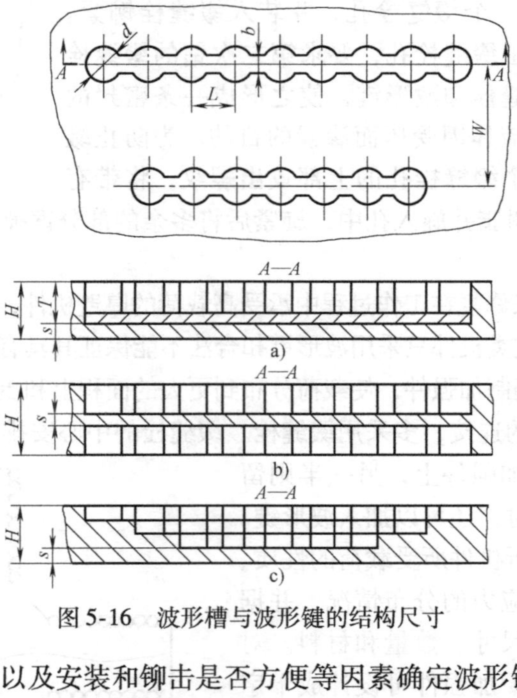

图 5-16　波形槽与波形键的结构尺寸

首先根据机件的大小以及安装和铆击是否方便等因素确定波形键的宽度 b。b 若选得过小，则会因机件上的波形槽开得过多、过密，而削弱了机件的强度；b 若选得过大，其尺寸则相应增大，如用于较小部位，将给修复安装带来困难。波形键一般是用冲模冲制而成，故将其尺寸 d、b、L 归纳为几个标准，常用的有 $b=8\text{mm}$ 和 $b=14\text{mm}$ 两种。其他尺寸可按下列关系式计算

$$d=(1.4\sim1.6)b$$

$$L=(2\sim2.2)b$$

$$t \leqslant b$$

$$S=(0.2\sim0.3)H$$

式中　H——机件壁厚（mm）；

S——波形槽下机件壁厚的剩余厚度（mm）。

凸缘个数越多，各凹洼断面上的应力越小，最大应力离裂纹处越远；但是，凸缘个数过多，会使波形键镶配工作困难，故一般选5、7或9个。

其次是波形键的数量和间距 W 的确定。波形键的数量和间距 W 是根据其承载能力和损坏机件原有承载能力的等强度条件，通过计算求得的，即

$$\sigma_{b2}[HW-b(H-s)]=\sigma_{b1}b(H-s)$$

上式经变换得

$$W=\frac{b(H-S)}{H}\left(\frac{\sigma_{b1}}{\sigma_{b2}}+1\right)$$

若取 $s=0.2H$，依据上式计算 W，则得

$$W=0.8b\left(\frac{\sigma_{b1}}{\sigma_{b2}}+1\right)$$

式中　σ_{b1}——波形键的材料经铆击后的抗拉强度（kPa）；

σ_{b2}——机件材料的抗拉强度（kPa）。

第三是确定波形槽的布置方式。为使最大应力分布在较大范围内，可采用一前一后或一长一短的方式布置波形槽，如图5-17所示。

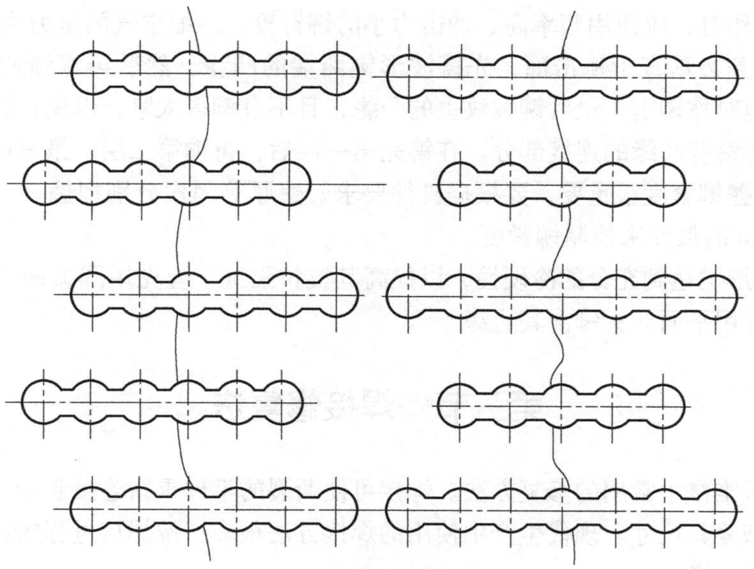

图5-17　波形槽的布置

三、波形键与缀缝栓材料的选择

对波形键材料的要求是原始强度较低，在铆击过程中具有较好的工艺性能；经铆击后，其力学性能因加工硬化而急剧提高。奥氏体镍铬钢如12Cr18Ni9和1Cr18Ni9Ti的屈服强度很低，塑性好，加工硬化后的力学性能显著提高，并具有良好的缓蚀和耐热能力，是波形键和

缀缝栓较理想的材料。其代用材料最好选低碳镍铬硅钢，如 20CrMnSi 和 25CrMnSi 等，它们也具有较好的加工硬化性能，同时也有较高的力学性能。

修复在高温条件下工作的机件时，应使波形键材料的热膨胀系数略低于或等于机件的热膨胀系数。因此，选用上述几种材料是不适宜的，而应以含镍量较高的铁镍合金，如 Ni42 或 Ni36 代替。它们不但有很低的热膨胀系数，而且有较好的冷硬性。

四、金属扣合工艺

1. 波形键的制造工艺

1）根据波形键的外形下料。

2）在压力机上用模具冷挤压成形，如条件不具备，也可由钳工手工操作加工成形。

3）刨平两平面。

4）修两端凸缘的圆弧。

5）热处理。用 12Cr18Ni9 制造，在 1050～1100℃的温度中保温 20～30min，然后在空气中冷却或在水中冷却，要求硬度达到 140HBW 左右。

2. 波形槽的加工工艺

波形槽可在铣镗床、铣床上加工成形。但在修复大型机件时，可采用钻模，用手电钻等通用工具在现场就地施工，该方法具有很高的使用价值。

3. 铆击工艺

为得到理想的扣合强度，其铆击工艺如下：

1）铆击工作时，应使用频率高、冲击力小的铆钉枪，压缩空气的压力为 0.2～0.4MPa。

2）铆击杆务必垂直于铆击面，先铆波形键两端的凸缘，然后再逐渐向中间的凸缘推进。两端轮换地对称铆击，最后铆裂纹上的凸缘，且不宜铆得太紧，以免把裂纹撑开。凸缘部分铆紧后，再铆各凸缘的连接部分。在铆完第一层后，再铆第二层、第三层。

3）正确掌握铆紧度很重要，要根据机件要求、壁厚等因素分别把握。一般情况下，以每层铆低 0.5mm 的尺度来控制铆紧度。

4）为使波形键达到充分的冷硬性，以提高其抗拉强度，应先用圆弧面冲头铆击各部位的中心，然后再用平面冲头铆击其边缘。

第三节　焊接修复法

焊接是机械维修中常用的修复方法。焊接可使断裂的零件重新连接起来，还可使磨损失效的零件重新恢复其尺寸。现代生产中使用的焊接方法很多，按焊接过程的特点可归纳为熔焊、压焊和钎焊三类。

熔焊是指利用局部加热的方法，将焊件的结合处加热到熔化状态，并加入填充金属，凝固后彼此连接在一起。常用的是电弧焊、气焊等。

压焊是指焊接时，不论加热与否，都需要给焊件施加一定的压力，使两个结合面紧密地结合在一起，并产生一定的塑性变形，从而使两焊件结合起来。电阻焊、摩擦焊等均属此类。

钎焊是指对焊件和填充金属用钎料进行适当的加热，焊件金属不熔化，而熔点比焊件金属低的钎料熔化，填充到焊件之间的连接处，从而使固态焊件结合起来。常用的有烙铁钎焊、火焰钎焊等。

熔焊中的焊条电弧焊具有设备简单、工艺灵活（不受焊接位置、表面形状的限制）、连接强度高以及堆焊厚度大等优点。因此，熔焊在机械零件的修复中占有重要的地位，得到了广泛的应用。

一、焊接修复法的优缺点

1）机械设备上的金属材料均有焊接性，因此，大部分金属工件都可用焊接方法修复。

2）焊接能修复工件表面磨损或局部研伤、裂纹、断裂等。

3）焊接与其他修复方法相比，具有修理质量好、效率高、方法较简便、成本低、灵活性较大等优点。

4）焊接修复不但可以获得较高的焊缝强度，而且还可以提高工件的耐磨性。

5）焊接工件会产生内应力和热变形，因此精度较高的工件不宜使用焊接修复法。

6）焊接会产生气孔、夹渣、裂纹等缺陷，影响焊缝强度和密封性。

二、钢铁工件的焊修特点及焊修法的选择

在机械设备修理中，利用焊修法修复的零件以铸铁件占的比例最多。因此，了解钢铁材料的焊接特点，对选择工件的修复方法是很有益的。

1. 钢铁材料的焊修特点

1）钢材品种繁多，焊接性差异很大。影响焊接性的主要因素是钢中碳的质量分数和含合金元素的种类与数量。碳的质量分数越高，焊接性越差；合金元素的种类和质量分数增多，通常会使焊接性变差。

2）重要的钢制零件大多进行过热处理，在选择修复法时，应考虑对表面淬火、渗碳、渗氮等的影响，并采取适当的措施。

3）焊修一般只对工件的局部进行焊接或焊补，容易产生焊接应力和变形，从而影响工件的形状、位置精度，对此应有适当的预防措施，否则不宜采用。

4）铸铁的含碳量比钢高，焊接性更差。焊修铸铁时，往往由于冷却速度快，在焊缝和热影响区都可能产生白口，其硬度很高，难以加工，且易产生裂纹。

5）铸铁在加热后立即融化为液体状态，流动性大，立焊困难，仰焊几乎不可能，这给大型铸铁件的全方位抢修带来了困难。

6）陈旧的铸铁件一旦折断损坏或有严重的裂纹，由于铸造应力释放，造成断裂面上较大的晶粒错位，合拢后难以保持原来的形状和位置精度。

7）设备基础件（如机座、床身等）多用铸铁材料制成，焊修后要求内应力和变形小。

8）随着使用年限的增加，铸铁件的性能下降，会使焊修更加困难。

2. 焊修方法的选择

焊修常用的方法有熔焊和钎焊，熔焊中的气焊和电弧焊等方法在焊修中应用最多。堆焊是一种重要焊补方法，它是指在工件表面堆敷一层金属，以便恢复工件的尺寸，或赋予工件表面一定的特殊功能。堆焊的方法也比较多，目前应用最多的是氧乙炔焰堆焊、焊条电弧堆焊、埋弧堆焊、振动堆焊和气体保护堆焊等。由于堆焊材料种类很多，修理单位不易备全，

因而使堆焊的使用受到限制。

低速运动的工件在研伤、划伤时，常采用钎焊法修复，按钎料熔点的高低，钎焊可分为软钎焊和硬钎焊。钎料熔点低于450℃的称为软钎焊，而钎料熔点高于450℃的称为硬钎焊。软、硬钎焊均需使用钎剂，钎剂的功用是清除母材的氧化膜，抑制材料的氧化和改善钎料的湿润性。钎焊的钎料有铜合金、银合金、锡基轴承合金、锡铋合金等，其中锡铋合金有冷胀作用，对划伤、研伤表面的钎焊效果最佳。例如，当机床床身导轨发生研伤、划伤时，用锡铋合金钎料进行焊修，可得到满意的效果。

灰铸铁工件的焊修主要采用电弧焊和冷焊法，而球墨铸铁工件的焊修多采用气焊热焊法。铸铁工件的焊修方法见表5-1。铸铁的热焊对消除工件的焊修应力较彻底，可防止裂纹，焊接后的可加工性好，但大型复杂铸件往往由于受到各方面条件的限制而无法进行预热，故不能采用热焊。使用镍基焊条的铸铁焊条电弧焊和冷焊，用于焊修受力较大，而不需要切削加工的重要灰铸铁工件，如内燃机的气缸体、机床的主轴变速箱体等。使用铜铁焊条的铸铁电弧冷焊，用于焊修受力不大，焊后又不需要切削加工的铸铁工件。

表5-1 铸铁工件的焊修方法

焊修方法	分　类	特　点
气焊	热焊法	焊前预热至600℃左右，温度在400℃以上时施焊，焊后在650～700℃保温缓冷。使用此方法加工的焊件内应力小，不易裂、可加工性好
	冷焊法	焊前不预热，只用焊炬烘烤坡口周围，或加热减应区，焊后缓冷。使用此方法加工的焊件不易裂，可加工性好，但减应区选择不当有开裂危险
电弧焊	热焊法	采用铸铁芯焊条，温度控制同气焊热焊法。使用此法加工的焊件不易裂，可加工性好
	半热焊法	用铜芯石墨型焊条，预热至400℃，焊后缓冷。其强度与母材近似，但可加工性不稳定
	冷焊法	采用非铸铁组织焊条，焊前不预热，要严格执行冷焊工艺要点，焊后性能因焊条而异

钢制工件多采用焊条电弧焊和电弧堆焊进行焊修，只有壁厚为0.5～1.5mm的薄壁件才采用气焊方法焊修。低碳合金钢的淬硬倾向很小，不需要采取特殊工艺措施施焊，即可得到满意的效果。随着钢的强度等级的提高，其焊接性大大降低，焊修时常出现裂纹。

三、减小焊修内应力的方法

在设备基础件的焊修中，由于工件刚度大，会产生很大的内应力，如果控制得不好，将产生裂纹。工件在焊修后如进行切削加工，内应力释放会影响加工精度。同时，内应力的存在也会影响工件的疲劳强度。为减小焊修内应力，可采取以下措施：

1）选用合理的工艺规范。如改变熔池的形状，避免窄而深的熔池；采用小电流、上坡口焊等以减小母材熔入焊缝的比例，加快焊速以缩短焊缝金属在红热状态下的停留时间等。

2）采用焊修前预热的方法，整体预热比局部预热效果更好。

3）每焊修一段焊缝，熄弧后马上锤击焊缝，这对减小内应力的效果较为理想。

4）采用加热减应区法焊修。加热减应区法焊修实质上是一种局部加热的焊修方法，只不过是巧妙地选择了加热部位而已。加热减应区法焊修是指在焊件上选择适当的区域进行加热，使焊接区域有热胀冷缩的可能，以减小焊接应力，然后及时施焊，如图5-18所示。

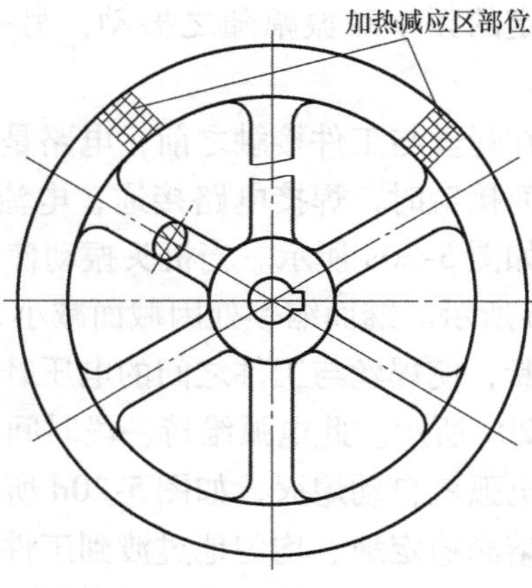

图5-18　加热减应区法

加热减应区法焊修的关键是正确选择减应区，所选部位在加热时应导致裂纹趋于张开才是正确的。减应区的选择原则是：选在阻碍焊缝区膨胀及收缩的部位；选与其他部位联系不多，且强度不大的部位；减应区的变形对其他部位应没有大的影响，决不能因减应区的膨胀和收缩而引起新的裂纹。减应区的加热温度以不高于热焊的加热温度为宜，一般采用氧乙炔焰加热。

5）在焊修过程中，使用焊前预热保温和焊后缓冷的方法，对减小内应力很有利。

四、振动堆焊

1. 振动堆焊的工作原理及堆焊层的特点

振动堆焊是机械修理中应用较广泛的一种自动堆焊方法，它是借助于振动堆焊机实现堆焊的。

振动堆焊机的原理如图5-19所示。

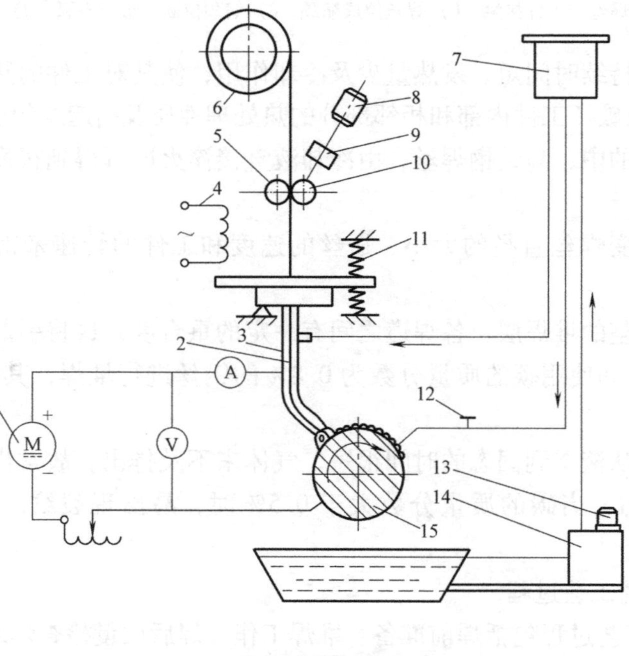

图5-19　振动堆焊机原理图

1—电源　2—焊丝　3—焊嘴　4—电磁铁　5、10—送丝轮　6—卷丝盘　7—上水箱　8—电动机　9—减速器　11—弹簧　12—开关　13—液压泵　14—下水箱　15—工件

振动堆焊是指把焊丝接电源正极，工件接电源负极，并将工件夹在专用机床上随主轴在转速为0.5~20r/min的范围内转动。包括焊嘴在内的堆焊机头一方面使焊丝等速送进，并

按一定的频率和振幅随之振动，另一方面又沿工件的轴线方向移动，从而堆焊出螺旋状焊纹。

在焊丝与工件接触之前，电路是断开的，无电流通过。当焊丝在机头振动的作用下与工件表面接触时，焊接电路接通，电流通过焊丝与工件表面间并产生热量，使焊丝与工件熔合，如图5-20a所示。当机头振动使焊丝离开工件时，先将焊丝熔化核心处拉成缩颈，如图5-20b所示。继而缩颈处因截面减小，而被进一步加热升温，然后焊丝在机头的作用下将缩颈拉断，使焊丝与工件之间的电压升高并击穿两者之间的空气介质，从而放电形成电弧，如图5-20c所示。此电弧维持一段时间。当焊丝不断熔化，使电弧空间增大到不足以维持电弧时，电弧就自动熄灭，如图5-20d所示。由于焊丝在较低电压（14～18V）的作用下，以较小的熔滴稳定地、均匀地过渡到工件表面上，在工件表面堆出一层质量优良的焊层。

由于振动堆焊的工艺过程中需喷洒冷却液，故堆焊层有下述特点：

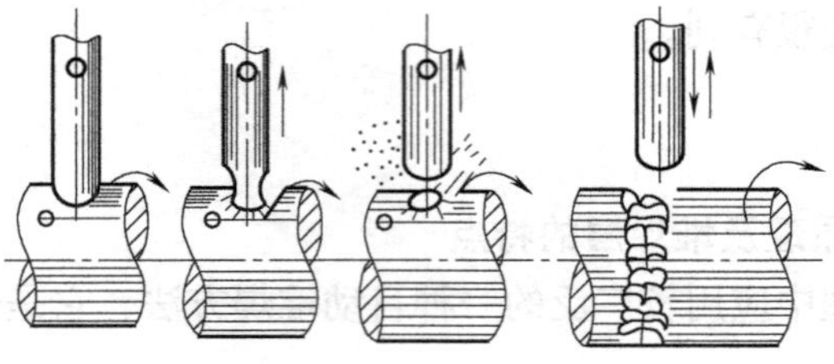

图5-20 振动堆焊过程图

a）焊丝与工件接触 b）焊丝拉成缩颈 c）缩颈拉断并形成电弧 d）电弧熄灭

1）由于电弧持续时间短、发热量少及冷却作用，使其对工件的热影响小而不会引起工件的变形，也不致破坏工件内部和相邻部分的热处理性质及引起组织变化。

2）采用普通的中、高碳钢焊丝，由冷却液直接淬火即可得到很高硬度的堆焊层，而且成本低。

3）可通过改变焊丝直径的大小、送丝的速度和工件的转速来得到均匀的焊层，生产率高。

4）为得到平整的堆焊层，各焊道之间有一定的重合度，这将引起一定的回火作用，使表面硬度不均匀。如使用碳的质量分数为0.8%的钢丝进行堆焊，其硬度在30～65HRC之间变化。

5）由于金属从液态到固态的时间很短，气体来不及排出，故常出现气孔。因冷却快会形成很大的内应力，当碳的质量分数大于0.5%时，易出现裂纹，从而使疲劳强度降低20%～30%。

2. 振动堆焊的工艺过程

振动堆焊的工艺过程包括焊前准备、堆焊工作、焊后质量检查焊后切削加工和最后检查等步骤。

（1）焊前准备　除去工件表面的油污等杂质，对于油污较多的工件，用浓度为10%的碳酸钠溶液将其煮沸除污。用磁力探伤法检查裂纹，工件如有裂纹应报废。检查工件的弯曲状况和偏磨量，弯曲应予以校正；在偏磨量大于1mm或有镀铬层、深坑、压痕等时，应用切削的方法去除。工件表面的键槽、孔及螺纹等非堆焊处，应用石墨或铅堵塞并铲平。除去焊丝上的油污并均匀地将其绕在卷丝盘上。

（2）堆焊工作　安装并找正工件，其径向圆跳动应小于0.3mm。选择开始堆焊和终止堆焊的位置，调节冷却液的注入位置及流量，冷却液注入位置距电弧区15～20mm，流量不超过0.3L/min。

调节焊接参数。工作电压一般为14～22V，高碳钢焊丝选14～17V，中碳钢焊丝选17～20V，低碳焊丝选18～22V；焊嘴的振动频率常选70～100s^{-1}，振幅常选1.5～2.5mm；送丝的速度一般按经验公式确定

$$v=\frac{U}{10}-(0.2\sim0.4)$$

式中　v——送丝速度（m/min）；
　　U——工作电压（V）。

堆焊层的螺距焊道也会影响堆焊质量，螺距太大，则焊层表面不平整、硬度低、内应力大、工件疲劳强度下降；螺距过小则基体金属熔化不良，结合强度差，热影响区大。合适的堆焊螺距可按经验公式选取

$$P=(1.4\sim2.0)d$$

式中　P——堆焊螺距（mm）；
　　d——焊丝直径（mm）。

一般可选取堆焊螺距为2.5～4.0mm。

根据送丝速度、焊丝直径和堆焊螺距等确定堆焊速度，并经实践后确定其最佳值，一般选取0.3～0.6m/min。

堆焊完第一圈后送冷却液，随时注意焊嘴情况并及时清渣。焊至最后一圈时，停止进给并关闭冷却液，同时停止送丝。当焊层厚度不能满足要求时，可反向堆焊第二层。

（3）焊后质量检查　堆焊后，应检查焊层厚度，一般应留有1.5～2mm的径向切削余量，并检查其平整度。因堆焊中熄灭电弧造成的凹坑，可用焊条电弧焊进行补焊，还应检查工件堆焊后的变形情况。

（4）焊后切削加工　堆焊修复后的工件必须经切削加工以修正尺寸和几何精度。硬度不高的焊层可采用车削加工后再磨削的方法，硬度较高的焊层则应直接磨削加工。堆焊件上的油孔或键槽，应经粗加工修整后，再对工件进行精加工，直至达到要求。

（5）最后检查　对经精加工后的堆焊层表面，应检查其尺寸精度和表面粗糙度，并检查有无气孔和裂纹等缺陷。重要工件还应进行探伤检查。

第四节　喷涂与喷焊修复法

热喷涂是用某种热源将粉末或线状材料加热到熔化或熔融状态后，用高速气流将其吹散雾化或形成细小颗粒并喷射到毛糙而干净的工件表面上，在连续不断的喷射、铺展和堆积下形成覆盖层的过程。如果将喷涂层继续或第二次加热，使之达到熔融状态而与母材形成冶金结合，就称为喷焊。

一、喷涂与喷焊的分类

根据所用热源的不同，可把喷涂、喷焊分成四类。

1. 氧乙炔火焰喷涂、喷焊

这种喷涂、喷焊方法的有效温度为3000℃以下，喷涂颗粒最高速度可达150~200m/s；并可以用各种粉末材料或成形线材作为喷涂材料。使用线材喷涂有不少独特的优点，但由于线材品种少，因此其应用受到限制。

2. 电弧喷涂

电弧喷涂的有效温度可达5000℃，颗粒的速度为150~200m/s。

3. 等离子喷涂、喷焊

等离子喷涂、喷焊的有效温度可达16000℃，颗粒的速度高达300~500m/s。

4. 爆炸喷涂

爆炸喷涂的有效温度可达3000~3500℃，颗粒的速度高达700~800m/s。

应用最普遍、最易于推广的是氧乙炔火焰喷涂与喷焊技术。

二、喷涂与喷焊的特点

1）颗粒喷涂到工件上后，结成涂层的时间很短，工件的表面温度只有70~80℃，不会引起金属工件的变形和金相组织的改变。因此，细长的或截面面积相差悬殊的工件采用喷涂修理法比较理想。但喷涂层与母材为机械结合，以致结合强度较低，涂层本身的抗拉强度也低。

2）涂层是由无数的细小颗粒与微粒铺展、堆积而成的多孔组织，能储存油，润滑性能较好。但腐蚀性介质也易于渗透，不宜应用于化工容器。

3）涂层的厚度不受限制，可以从0.05mm到较大的厚度，并能比较精确地进行控制，从而适用于修理不同磨损量的工件，通过控制涂层厚度，可以减小加工余量。但喷涂时雾点分散，造成飞溅滑走，损耗了部分喷涂材料。

4）用作喷涂的材料不受限制，可以是金属，也可以是非金属。同样，基体材料可以是金属，也可以是非金属。

5）根据需要选用不同成分的粉末或线材，使喷涂层和喷焊层满足不同工作条件的要求。例如，可以得到具有不同硬度、耐磨性、耐腐蚀性、耐热性、抗氧化性、绝缘性、绝热性等的表层。

6）设备简单，操作方便，有良好的机动性，便于推广应用。

7）等离子喷涂的突出特点是，工件温度可控制在200℃左右，因而涂层的淬硬性好，在采用有淬硬倾向的耐磨粉末的条件下，可得到高耐磨性涂层。

8）喷涂修复的成本低，周期短，但工件表面需经凹切处理，会降低工件的强度。

9）喷焊时，工件的表面温度常高达1000℃以上，因而会引起母材金相组织和力学性能的改变，并容易使工件变形。喷焊层与母材之间为冶金结合，有较高的结合强度。

三、喷涂与喷焊的一般用途

由于喷涂与喷焊工艺上的特点，可以解决其他工艺不能解决的问题。因此，其应用广泛。

（1）修复磨损或有缺陷的机件　许多大型的或复杂的机件，往往不能用堆焊等工艺进行修复。采用喷涂的方法，既能恢复工件的尺寸，又使其比原来的工件耐磨，而且费工时少，是一种有效的工艺措施。用喷涂法能修复的机件很多，如各种轴类工件的轴颈，船舶上的推进器以及机床上的导轨和床鞍等。

(2) 修复铸件的缺陷 大型铸件往往在将要加工完毕时，才发现砂眼、气孔等缺陷，使铸件不能使用。此时可选适当材料（如低碳钢）做喷涂材料，喷满孔穴并进行切削加工。修复后工件整体的强度及摩擦面的耐磨性都接近于原来铸件的性能。

(3) 修复和制造减摩层轴瓦 在轴瓦上喷一层磷青铜或铝青铜等材料，就可以代替整体铸造。这样不但成本低，而且由于喷涂层含油，因此可增强轴瓦的耐磨性能。

(4) 防止热腐蚀 对于盐浴容器、炉板、炉门、退火箱、烟道等接触热辐射或直接受热的钢铁铸件，其氧化很快。若用喷铝扩散法使工件表面形成一层铁铝合金，则能减缓950℃以下的高温氧化，使工件寿命大大延长。

(5) 防止空气与水分的腐蚀 对于钢铁桥梁、船舶、屋架、水箱和其他一切与潮湿空气接触或浸泡在水中的钢铁建筑物，其腐蚀速度极快。若用喷涂法喷上一层锌或锌铝合金后，再涂上一层油漆，则可使钢铁件多年不锈蚀。

(6) 预防和减缓化学腐蚀 对于接触酸碱液体的较大工件，如石油储存库、制酸容器、制碱容器等，可在一般钢铁件表面上喷涂一层耐蚀性材料，并进行封闭处理，可有效地减缓和预防化学腐蚀。

四、几种喷涂与喷焊方法的工艺特点

1. 氧乙炔焰金属粉末喷涂与喷焊

经氧乙炔焰金属粉末喷焊修复的工件，其喷焊层与基体结合牢固，不仅能经受摩擦副之间的剪切作用，还能承受较大的冲击载荷；在喷焊过程中，基体金属不会熔化，因而喷焊合金不会被基体金属稀释，有利于喷焊合金性能的发挥；喷焊层易于控制，少则0.05mm，多则可达25mm，而且表面成形好，加工余量小。但由于受热影响区较大，因此工件易发生变形。该方法适于修复各种轴颈、凸轮、非渗碳齿轮、花键轴等工件，不适合修复复杂的薄壁件和长杆件。

氧乙炔焰金属粉末喷涂工艺对工件的热影响小，工件基本上不变形；涂层性能广泛，工艺灵活，对待修工件无特殊要求，具有喷涂工艺的共同特点。涂层与基体的结合强度较低，不太适于修复轴承滚道、齿轮等受高交变负荷的工件表面，常用于修复工件间的过盈配合表面、大多数间隙配合的滑动配合表面。

2. 等离子弧粉末喷涂与喷焊

在等离子弧喷焊工艺中，等离子射流具有温度高、速度快和能量集中的特点，喷焊层与基体间为冶金结合，喷焊合金稀释度低，成分和组织均匀，成形面平整。可根据需要选择不同合金粉末，以满足各种特殊需要，喷焊层厚度可控制在0.25~6mm之间。喷焊层与基体结合强度很高，具有致密的组织，适于受高冲击、高载荷工件表面的修复。但喷焊工艺热影响区较大，工件易变形，不适于薄壁和细长杆件的修复，主要用于喷焊缓蚀层和耐磨层。

等离子弧喷涂工艺与喷焊工艺相近，但对工件的热影响小，不易引起工件的变形，适用于对薄壁、细长轴类工件表面进行喷涂修复，涂层与基体结合强度稍低于喷焊层与基体的结合强度。

3. 爆炸喷涂

氧气与氧乙炔气在喷枪的燃烧室混合爆炸产生热和压力波，将粉末材料加热到熔融状态，粉末以700～760m/s的速度被喷射到工件表面并形成涂层。喷涂频率可达6～8次/s，一次喷涂面积为1800mm^{2}左右，厚度约为0.006mm。

爆炸喷涂把粉末颗粒以高温、高速的状态喷射到工件表面，颗粒的动能迅速转变为热能，使局部温度瞬时达到4000℃，涂层与基体表面形成显微焊接。因此，爆炸喷涂的涂层与基体具有冶金结合和机械结合的特征，结合强度高。涂层的孔隙率比别的喷涂层要低，涂层致密，硬度高，耐磨性也好。

五、喷涂与喷焊的一般工艺过程

各种喷涂与喷焊的工艺过程各有其特点和侧重面，但大致都要经工件表面的准备、喷涂或喷焊和喷后切削加工修整等步骤。

1. 工件表面的准备

在喷涂（焊）前应对工件表面做必要的准备，以保证其结合强度和得到合理的涂层或焊层。工件表面的准备包括凹切、清理和表面粗化等。例如，轴类工件在喷涂前，其轴头的几何形状可凹切成如图5-21所示的那样。若工件表面有油孔、键槽等，可用木塞或铜制假键塞入油孔或键槽，喷涂（焊）后将其上涂层磨光，再取出木塞或假键，修光毛刺。工件表面还应经粗化，如喷砂、车螺纹等，以增加涂层或焊层与基体的接触面积和结合强度，然后用喷焊或喷涂法填补到工件尺寸。

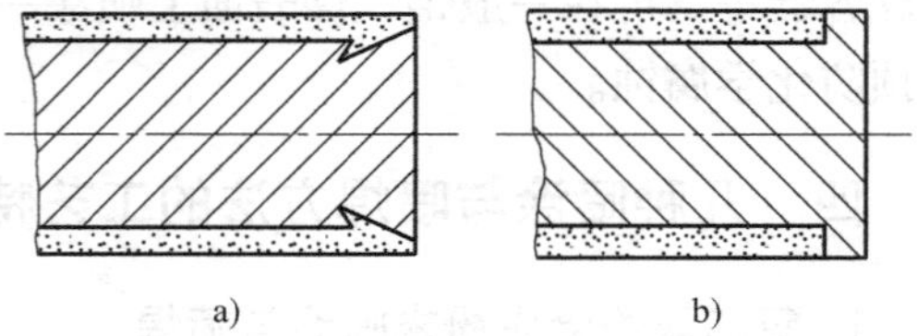

图5-21 喷涂或喷焊前的轴端凹切

经凹切和粗化的工件表面必须彻底除油。对非喷涂或喷焊表面要作妥善的保护。

2. 喷涂或喷焊

根据各种喷涂或喷焊的特点，选择所用的工艺参数，进行喷涂或喷焊。如氧乙炔焰喷涂或喷焊工艺要先喷结合层粉，再喷工作层粉。

3. 喷涂（焊）后切削加工修整

喷涂或喷焊后，应缓慢地自然冷却，并按尺寸及形状精度的要求，选用车、磨、研等加工方法修整至工件要求。

第五节 电镀修复法

电镀工艺是指通过电化学反应在工件表面沉积一层金属覆盖层，从而修复工件的尺寸精度或增加其耐磨性。目前常用的电镀方法有镀铬、低温镀铁和刷镀技术等，刷镀技术在机械设备维修中应用广泛。

一、镀铬层的特性、工艺特点及镀铬技术的应用

镀铬层的硬度很高，可达400～1200HV，其硬度并不因镀层深度的增加而有所改变，基体金属的硬度对镀铬层的硬度也没有显著影响。镀铬层的摩擦因数很低，抗氧化的稳定性

高，故耐磨性很高。镀铬层与钢、镍、铜等基体金属有较高的结合强度。实践证明，镀铬层与基体金属表面的结合强度高于它自身晶体的结合强度，并且耐热、耐蚀。因此，镀铬工艺被广泛地应用于提高工件的耐磨性、修复尺寸及防腐装饰等方面。镀铬层的主要缺点是性脆，只能承受均匀分布在其表面上的载荷，在集中冲击力的作用下易遭破坏。镀铬一般在镀槽中进行，因此，需要一整套专门设备，对于大型或长度较大的工件，由于受设备尺寸的限制而修复起来较困难。

镀铬层按其性质大体可分为硬质镀铬层和多孔镀铬层两类。硬质镀铬层又根据电解条件的不同，分为光泽镀铬层、乳白色镀铬层和无光泽镀铬层。光泽镀铬层是在中温、中等电流密度下获得的镀层，其脆性小、硬度较高（800～1200HV）、结晶组织致密、有网状裂纹、内应力较小、表面光亮，适于修复磨损的工件；乳白色镀铬层是在较高的温度、较低的电流密度下获得的镀层，其硬度低（400～700HV），韧性好、无网状裂纹、结晶致密、呈乳白色，适用于修复受冲击或交变载荷工件的尺寸精度或作为装饰性的镀层；无光泽镀铬层是在低温、电流密度较高的条件下获得的镀层，其硬度高、脆性大、结晶组织粗大、有稠密的网状裂纹、表面呈暗灰色。多孔镀铬层的外表面无网状裂纹，能保存足够的润滑油以改善摩擦条件，具有更高的耐磨性，适于对润滑条件不良，但承受重载荷和剧烈磨损的工件进行修复，如空气压缩机气缸、内燃机气缸套和曲轴等。

二、低温镀铁

1. 低温镀铁的工艺特点

低温镀铁工艺是指在较低的起镀温度下，以不对称的交流电起镀，逐渐过渡到直流镀；或以直流、小电流起镀，逐渐过渡到正常电流镀，即不对称交流电镀铁和直流电镀铁。

1）能在常用金属材料，如碳钢、低合金钢、铸铁等的表面上形成力学性能良好的镀层，镀层与基体的结合强度可达200MPa以上，硬度为45～60HRC，并具有较高的耐磨性。

2）沉积速度快，一次镀厚能力强。每小时可使工件直径加大0.40～0.90mm，比镀铬约快10倍，一次镀厚可达2～6mm。

3）成本低，经济效益显著。镀铁电流效率可达80%～85%，耗电量小，材料来源充足，价格低廉。

4）废气、废水毒性小，对操作人员的健康和环境影响不大。

2. 低温镀铁工艺

低温镀铁工艺过程大致分为镀前准备、表面活化处理、镀铁和镀后处理。

（1）镀前准备　主要包括工件的检查、除油、除锈、绝缘和装挂等工序。工件的除油、除锈是提高结合强度的重要环节。对镀铁的绝缘要求较高，绝缘稍有疏漏，就会因漏电而长出毛刺，使沉积速度大大降低。

（2）表面活化处理　表面活化处理是指将工件表面的氧化膜清除，使基体母材金属露出洁净的微观组织。铁离子在这种活化的表面上放电沉积，才能具有较高的结合强度。因此，表面活化质量是保证镀层与基体结合强度的关键。表面活化的方法有阳极刻蚀法，盐酸浸蚀法和交流活化法等。

阳极刻蚀是指在质量分数为30%的盐酸溶液中，以工件为阳极，铅板为阴极，通直流电进行刻蚀。这种活化方法是应用最多、结合强度最高的，其操作简单，但劳动强度大，易引起镀液污染。

盐酸浸蚀是指在室温下，将工件浸入工业盐酸（工业盐酸的质量分数为15% ~30%）中1 ~2min，把工件表面的氧化物溶解和剥离。此法操作简单，易于掌握，既可减轻劳动强度，又不污染电解液，但工件在冲洗时被钝化而吸附了氢气，从而使结合强度降低。

交流活化是指将工件先在盐酸（盐酸的质量分数为20%）中浸蚀1 ~ 3min，取出冲洗干净入槽，通以交流电处理2 ~6min即开始起镀。此法克服了盐酸浸蚀的缺点，也不会污染镀槽，结合强度较高。

（3）镀铁　不对称交流电镀铁的过程可分为起镀、过渡镀和直流镀三个阶段。小电流密度的不对称交流起镀可得到应力小、硬度低、韧性好、结合强度高的底层；过渡镀是指逐渐增大电流密度，使镀层的应力和硬度缓慢均匀地增加，可防止脱层现象；最后转入电流密度恒定的直流镀，达到所需的镀层厚度。

（4）镀后处理　当镀层厚度足够大时即取出工件，先用清水冲洗，然后用碱性溶液中和处理即可。

3. 低温镀铁的应用

镀铁层的细晶粒结构和高硬度，使得镀铁层具有较高的耐磨性。但镀铁层稳定性较差，当被加热到600℃并冷却后，其硬度则会下降。大量生产实践证明，经镀铁修复的曲轴等轴、销类工件，其耐磨性高于由45钢淬火处理的新件，而与镀铬层的耐磨性相近。由于低温镀铁的结合强度高、硬度高，因此能满足过盈配合件和一般部位工件的使用要求。

三、电刷镀技术

电刷镀是在工件表面快速电化沉积金属的技术，由于其突出的优点和较高的经济效益，发展十分迅速。

1. 刷镀的特点和应用

电刷镀的原理和工作过程如图5-22所示。使接于电源正极的刷镀笔周期性地浸蘸或浇注刷镀液，与接于电源负极的工件接触并作相对运动，镀液中的金属离子在直流电源的作用下，不断还原并沉积在工件表面而形成镀层。

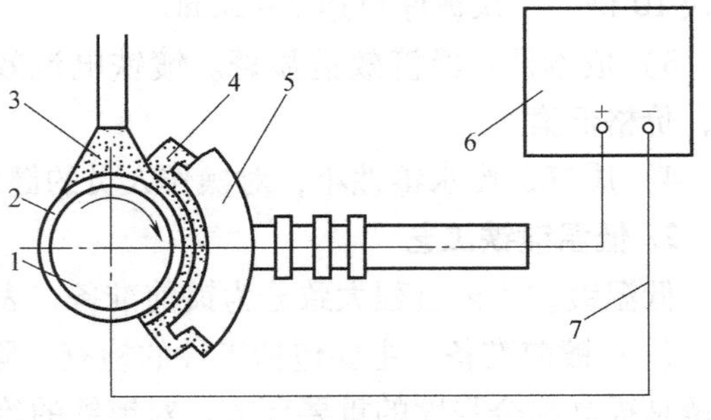

图5-22　电刷镀工作原理图

1—工件　2—镀层　3—刷镀液　4—阳极包套　5—刷镀笔　6—电源　7—电缆

电刷镀与槽镀相比有以下特点：

1）刷镀液多为有机络合物水溶液，其金属离子的含量比槽镀电解液高10 ~20倍，沉积速度比槽镀快5倍以上。刷镀采用不溶性阳极，允许用大的电流密度，镀液种类齐全，且维护极为简单，根据要求选用，即可获得各种不同性能和特点的镀层。

2）表面预处理快速严密。使用专门的电净液和活化液，对工件表面进行电化学除油和活化，提高了表面预处理质量，并使用专门的打底层镀液，能获得较高的结合强度。

3）不用镀槽，设备简单，工艺灵活，工件的尺寸不受限制，可在现场就地修理，减少了拆装、搬运的时间和费用，缩短了维修时间。

4）一套刷镀设备可刷镀多种金属、合金或复合镀层。凡是镀笔所能触及之处，均可刷镀，如不通孔、深的凹槽及刮伤、键槽等。

5）节约能源并可减少辅助时间。电刷镀耗电量较少，只有一般槽镀的几十分之一。刷镀层的尺寸控制较精确，对于要求不太高的工件，镀后不用切削加工，而且表面粗糙度值小。

6）电刷镀的镀液中不含有剧毒物质，刷镀中不会造成大量废液和废水的排放，对环境污染较小。

电刷镀是很有发展前景的工件修复方法，特别是对于那些在现场不易解体修理，或大型、复杂和贵重、精密的工件，以及局部小面积和高性能的薄覆盖层，采用电刷镀的方法均可收到良好的效果。但在镀覆大面积、大厚度的工件和大批量生产时，其效益就不如槽镀。因此，电刷镀的应用也有一定的局限性。其应用范围可归纳为以下几方面：

1）修复机械零件，特别是精密零件及量具等磨损量较小的表面，恢复其尺寸和几何形状。

2）修复大型、贵重工件在切削加工中产生的超差或修补其表面上的划伤、凹坑及斑蚀等。

3）修补槽镀产品的缺陷，或槽镀难以完成的作业。

4）修复印制电路板、电气触点和换向器等。

5）改善材料的表面性能，如改变钎焊性，工件局部防渗碳、渗氮等的保护层及喷涂层的过渡层等。

6）使用反向电流用于动平衡去重、去毛刺和刻模具等。

7）对建筑物、古文物、工艺美术品进行装饰或维修。

2. 电刷镀设备及刷镀液

（1）电刷镀设备　刷镀的主要设备是刷镀电源和刷镀笔，还有一些辅助工具等。

1）刷镀电源是电刷镀的主要设备之一。要求刷镀电源为平硬外特性，输出的电压、电流可进行无级调节。它由主回路和控制回路两大部分组成。刷镀电源也可以使用一般的直流电源，但宜稍加改装，并在工艺上采取一定措施。

2）刷镀笔是刷镀的重要工具，主要由导电手柄和阳极组成，其结构如图5-23所示。根据允许使用电流的大小，分大、中、小和回转镀笔四种。

导电手柄一般用不锈钢或铝制成，用于连接电源和阳极，可通过操作者握持或用机具夹持。为保证安全，与手接触的部位装有塑料绝缘套管。

阳极是刷镀笔的工作部分，一般用石墨制成，只有在其尺寸很小时，才用铂铱合金制造。为适应工件的不同形状，阳极有圆柱、半圆、月牙、平板和方条等形状。

刷镀时，阳极的表面要包裹一层脱脂棉和纱布或涤棉布，为的是储存镀液并防止阳极与工件直接接触产生电弧而烧伤工件，同时对从阳极脱落的石墨颗粒起过滤作用。为了保证刷镀质量，避免镀液的相互污染，阳极必须专用，即一个阳极只能用于一种镀液。

（2）电刷镀溶液　它是电刷镀技术的主要物质条件，对镀层质量具有重要影响。电刷镀溶液按用途分为表面准备溶液、沉积金属溶液和特殊用途溶液。用量最大的是表面准备溶液和沉积金属溶液。

1）表面准备溶液。镀层是否能良好地结合，工件表面的准备情况是关键。为此，电刷镀技术采用专用的溶液，通电进行电化学处理，再经擦拭机械的作用，可以得到近乎“化

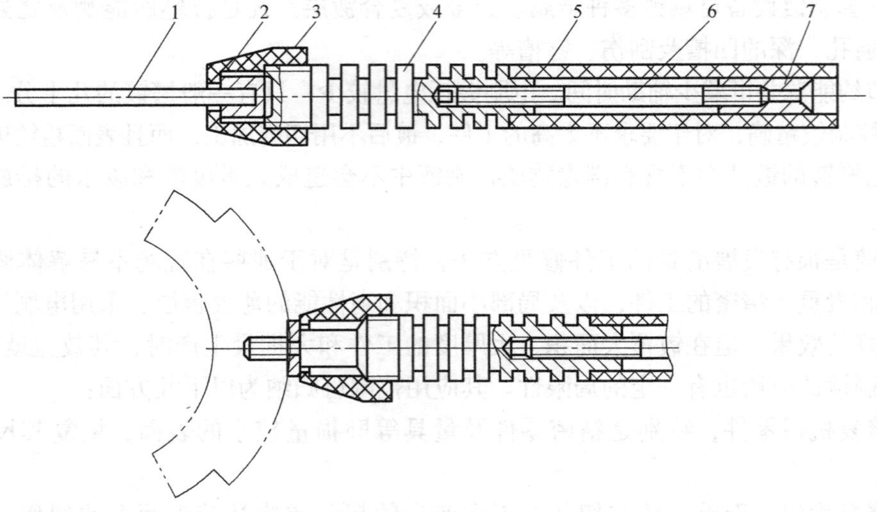

图 5-23 刷镀笔结构

1—阳极 2—O 形密封圈 3—螺母 4—手柄体 5—绝缘套 6—连接螺栓 7—电源插座

学净”的表面。

常用的表面准备溶液有五种，电净液、1 号活化液、2 号活化液、3 号活化液和 4 号活化液。它们的性能和用途见表 5-2。

表 5-2 常用表面准备溶液的性能和用途

溶液名称	代号	主要性能	主要用途
电净液	SGY-1	无色透明，碱性，pH = 12 ~ 13，手摸有滑感，-10℃时仍不结冰。经 -40℃的冰冻试验，回升到室温性能不变	具有较强的去油作用和轻度去铁锈能力，用于各种金属材料的电解除油
1 号活化液	SHY-1	酸性，无色透明，pH = 0.8 ~ 1。经 -40℃冰冻试验，回升到室温性能不变	适用于去除不锈钢、铬镍合金、铸铁、高碳钢等金属的表面氧化膜
2 号活化液	SHY-2	酸性，无色透明，pH = 0.6 ~ 0.8。经 -40℃冰冻试验，回升到室温后性能不变	适用于去除铝及低镁的铝合金、钢，铁、不锈钢等表面的氧化膜
3 号活化液	SHY-3	弱酸性，淡蓝色，pH = 3 ~ 5。经 -40℃冰冻试验，回升到室温后性能不变	适用于去除经 1 号或 2 号活化液活化的碳钢和铸铁表面残留的石墨、碳化物或者不锈钢表面的污物
4 号活化液	SHY-4	酸性，无色透明，pH > 1	适用于钝态的铬、镍或铁素体钢的活化

2）沉积金属溶液。又叫金属刷镀溶液或刷镀液，它与槽镀液不同。刷镀液的金属离子浓度高，镀层沉积速度快；它不是无机盐的简单混合液，而是络合物的水溶液。它稳定，不需要中间调节；刷镀液使用温度区域宽，可长期放置，且无液体碳氮共渗物。

常用刷镀液的性能和用途见表 5-3。

3. 电刷镀工艺

电刷镀工艺包括工件表面准备阶段、电刷镀阶段和镀后处理阶段。把机械准备、电净、活化称为工件表面准备阶段，把刷镀过渡层和工作层称为电刷镀阶段，把镀后清洗工件、去除阴极保护、切削加工等称为镀后处理阶段。

表 5-3　常用刷镀液的性能和用途

溶液名称	代号	主要性能	主要用途
特殊镍	SDY 101	深绿色，pH = 0.9 ~ 1，有较强烈的醋酸味。在 -5℃左右可能有结晶析出。加热后，结晶重新溶解，性能不变。使用时加热到 50℃	适用于铸铁、合金钢、镍、铬、铜、铝等材料的过渡层和耐磨表面层
快速镍	SDY 102	蓝绿色，中性，pH = 7.5 ~ 8，略有氨的气味	刷镀层具有多孔倾向和良好的耐磨性，在铁、铝、铜和不锈钢上都有良好的结合力，用来恢复尺寸和用作耐磨层
低应力镍	SDY 103	深绿色，酸性，pH = 3 ~ 3.5，有醋酸味。在 5℃左右可能有结晶析出，加热后结晶物溶解，溶液性能不变。使用时加热到 50℃	刷镀层组织致密孔隙少，镀层内具有压应力，可用作防护层和组合镀层的"夹心层"
镍钨合金	SDY 104	深绿色，酸性，pH = 1.8 ~ 2，有轻度醋酸味。在 -5℃左右可能有结晶析出，加热后结晶物溶解，溶液性能不变。使用时加热到 50℃	刷镀层较致密，耐磨性很好，具有一定的耐热性，可用作耐磨表面层。不能沉积过厚
镍钴合金	SDY 105	绿褐色，酸性，pH = 2，有醋酸味	刷镀层耐磨性好，致密，具有良好的导磁性
酸性钴	SDY 201	红褐色，酸性，pH = 2，有醋酸味	镀层致密，在铝、钢、铁等金属上具有良好的结合强度，主要用来作过渡层。具有良好的抗粘附磨损的性能和导磁性
快速铜	SDY 401	深蓝色，酸性，pH = 1.2 ~ 1.4，溶液的冰点在 -16℃左右。恢复到室温后性能不变	适用于镀厚及恢复尺寸。不能直接在钢铁工件上刷镀，需加过渡层，交变载荷的工况禁用
碱铜	SDY 403	紫色，碱性，pH = 9 ~ 10，溶液在 -21℃左右结冰，回升到室温后性能不变	刷镀层组织致密，孔隙率小，在钢、铸铁铝、铜等金属上有很好的结合强度。主要作过渡层和防渗碳、防渗氮层、改善钎焊性的镀层和抗粘附磨损的镀层等
厚沉积铜	SDY 404	蓝紫色，中性，pH = 7 ~ 8	镀层厚度增加时，不产生裂纹，用于恢复尺寸和修补擦伤
酸性锡	SDY 501	无色透明，酸性，pH = 1.2 ~ 1.3	沉积速度快，结合强度高，用于恢复尺寸和防渗氮层，减磨层，防护层等
酸性锌	SDY 521	无色透明，酸性，pH = 1.9 ~ 2.1	沉积速度快，耐蚀性好，用于恢复尺寸和作防腐蚀镀层
碱性铟	SDY 531	淡黄色，碱性，pH = 9 ~ 10，要求密封存放	沉积速度快，致密，结合力强。用于防海水腐蚀，抗粘附磨损密封，润滑等

（1）工件表面准备阶段　应去除工件表面的毛刺、飞边、疲劳层，如轴颈或孔已磨偏，则应磨圆修正。要求达到工件表面光洁平整，表面粗糙度值最大不得高于 $Ra6.3\mu m$ 对于工件表面的擦伤和划痕，应用油石拓宽清理。选用表面准备溶液和规范电参数进行电净、活化处理，去除工件表面的油膜、氧化膜，使工件表面露出纯净的金属基体，为镀层与基体的良好结合创造条件。

（2）电刷镀阶段　应先刷镀过渡层，再刷镀工作层，以提高金属与工件的结合强度及稳定性，减少刷镀层的内应力。当工件的工作层承受载荷较小时，刷镀过渡层后可直接刷镀工作层；如果工作层较厚，且承载较大时，则刷镀过渡层后，还要进行活化处理，才能刷镀工作层，这样可保证较高的结合强度。

（3）镀后处理阶段　清洗工件上的残留镀液，除去保护阴极的屏蔽物和非刷镀表面的绝缘及缓蚀处理等，按工件要求，有的还要进行切削加工。

4. 电刷镀技术的特点

（1）刷镀设备的特点　刷镀电源箱多为便携式或移动式设备，其体积小，质量轻，便于拿到现场施工，不用挂具，一套电源设备可完成多种镀层的刷镀。

镀笔材料采用高纯细石墨，为不溶性阳极。石墨的形状可制成各种样式来适应工件的表面形状，以便于刷镀工作为宜。

（2）电刷镀溶液的特点　电刷镀溶液大多数是金属有机络合物水溶液，这些溶液中金属离子有相当大的溶解度，其金属离子含量比槽镀高几倍到几十倍，且有很好的稳定性，工作范围宽，能在较宽的电流密度和温度范围内使用。在使用过程中，不必调整金属离子的浓度，镀层与基体金属结合强度高。

不同镀液有不同的颜色，透明清晰，没有浑浊和沉淀现象。不燃、不爆、无毒性，大多数镀液为中性或接近中性，腐蚀性小，能保证手工操作的安全性，也便于运输和储存。

（3）电刷镀工艺的特点　电刷镀的散热条件好，使用大电流密度刷镀，工件不易过热，镀笔与工件必须保持一定的相对运动速度。

由于镀笔与工件的相对运动，镀层的形成是一个断续的结晶过程。镀液中的金属离子是在镀笔与工件表面接触的那些部位依次放电结晶的，晶核形成后，还未来得及长大，镀笔已移走，只有当镀笔再次移到该处时，晶核才继续长大。这种刷镀方式和镀层形成的特点，使镀层中存在大量的层错和位错现象，从而提高了镀层的硬度和耐磨性。同时，氢气很容易析出，降低了工件发生氢脆的可能性。镀液中所含金属离子的质量分数高，又允许使用大电流密度，使刷镀层的沉积速度比槽镀快得多。

第六节　粘接修复法

利用胶粘剂把相同或不相同的材料或损坏的工件，连接成一个连续的牢固整体的方法称为粘接或胶接。从实质上看，粘接是一种表面现象，它靠胶粘剂与被连接件之间化学的、物理的和机械的力，将工件粘接起来，并使粘接接头具有一定的使用性能。

一、粘接修复法概述

粘结剂和粘接技术很早就被人们利用，早期使用的粘结剂来源于自然界，如淀粉、树胶、骨胶、血胶、硅酸盐等。直到20世纪30年代，由于现代工业的发展和高分子材料的研制，出现了以高分子为基本材料的合成粘结剂，粘接技术才逐步发展成现代技术的重要分支，在机械设备维修中得到了应用。

1. 粘接工艺的特点

粘接工艺具有许多独特的优点，它是依靠粘结剂的良好粘附作用完成连接任务的。其工艺过程不需要特殊设备，节省能源，操作方便，成本低廉，工、装、夹具简单，工期短。粘接接缝具有良好的密封性和化学稳定性，具有不泄漏、耐腐蚀、耐磨、绝缘等性能，有的还具有隔热、防潮、防振减振等性能。粘接不破坏原件的强度，接头的应力分布均匀，工艺过程中温度不高，因而可以粘补铸铁件、铝合金件和薄件、微小件，而不会出现烧损、应力集中、局部变形、裂纹、强度下降等现象。粘接工艺不受材质的限制，可实现金属和非金属，以及其他各种材料之间的粘合。用粘接工艺代替铆接和螺纹联接工艺，可省去铆钉和螺纹件，使结构重量减轻20%～25%。

粘接工艺的主要缺点是粘结剂不耐高温，一般的合成粘结剂只能在150℃以下温度的环境中长期工作；少数耐热性能好的粘结剂，其最高工作温度也只能达到300℃左右。粘接接头的耐冲击性较差，抗弯和抗不均匀扯离强度低。粘接接头在长期与空气、热和光接触的情况下，其胶层容易老化变质。由于粘接工艺的这些缺点，粘接技术的应用受到了一定限制。

2. 粘接方法

（1）热熔粘接法　该方法主要用于热塑性塑料之间的粘接。热熔粘接法是指利用电热、气热或摩擦热将粘合面加热熔融，然后叠合，加上足够的压力，直到冷却凝固。多数热塑性塑料在其表面加热到150～230℃时就可进行粘接。

（2）溶剂粘接法　溶剂粘接法是最普遍和最简单的方法。在热塑性塑料的粘接中，将相应的溶剂涂于或滴于粘接处，待其变软后，再合拢施加一定压力，溶剂挥发后便可牢固地粘在一起。为了便于控制，预先配制成一定浓度的溶液进行粘接会更方便，粘接强度较高。

（3）胶粘剂粘接法　利用胶粘剂将两种材料或两个制件粘合在一起，并在粘接接头上施以足够的粘接力，使之成为牢固接头的粘接法，称为胶粘剂粘接法。胶粘剂粘接法用得最广，可以粘接各种材料，如金属与非金属、非金属与非金属等。机械设备维修中用得最多、最普遍的方法就是胶粘剂粘接法。

3. 胶粘剂的种类

胶粘剂种类繁多，分类方法也较多，按粘料的化学性质可分为有机胶粘剂和无机胶粘剂。有机胶粘剂按其生产来源可分为合成胶粘剂和天然胶粘剂，天然胶粘剂组成简单；合成胶粘剂大都由多种成分配置而成，主要包括粘料、固化剂、增塑剂、增韧剂、稀释剂、填充剂、偶联剂、溶剂和防老化剂等。合成胶粘剂在机械工业中应用最广，品种也最多。

按粘接接头的强度特性分为结构胶粘剂和非结构胶粘剂。

胶粘剂的种类必须根据其所粘接对象的具体材料来选择。表5-4列出了粘接不同材料时可选择有机胶粘剂的范围。

表5-4　有机胶粘剂种类的选择

被粘材料	软质材料	木材	热固性塑料	热塑性塑料	橡胶制品	玻璃陶瓷	金属
金属	2,5,8,10	1,3,4	1,4,6,7	1,2,7,8	2,5,8,10	1,2,4,7	2,4,6,7
玻璃陶瓷	2,4,5,8	1,3,4	1,4,6,7	1,4,7,8	2,5,8	1,4,6,7	
橡胶制品	5,8	1,4,8	2,4,6,8	1,7,8	5,8		
热塑性塑料	5,8,9	1,3	1,7,9	1			
热固性塑料	2,4,5,8	1,3,4	1,4,6				
木材	1,3,4	1,3,4					
软质材料	5,8,9,10						

注：表中胶粘剂代号为：1—环氧树脂　2—环氧-丁腈树脂　3—酚醛树脂　4—酚醛-缩醛树脂　5—酚醛树脂-氯丁橡胶　6—酚醛-丁腈橡胶　7—聚丙烯酸酯　8—聚氨酯　9—热溶性树脂溶液　10—热熔胶

4. 粘接接头的形式

粘接接头的形式是保证粘接接头承载能力的主要因素之一。应尽可能使粘接接头承受剪切力，避免其承受剥离和不均匀扯离力；增大粘接面积，提高接头承载能力。尽量防止层压材料的层间剥离。应使其制备容易，简单实用，经济可靠。粘接接头的形式如图 5-24 所示。

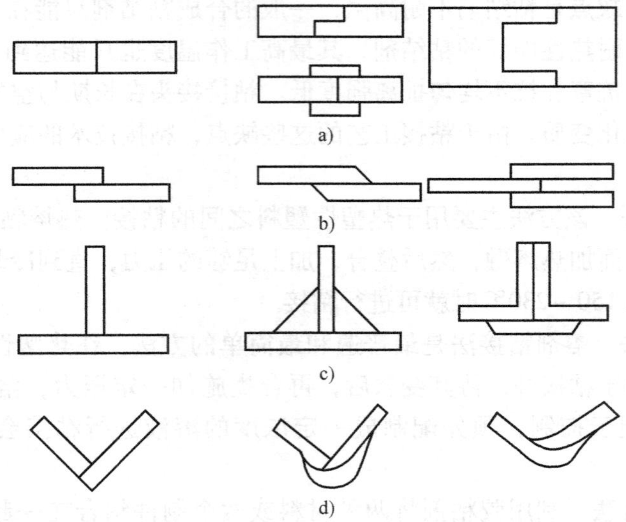

图 5-24　粘接接头的形式

a）对接　b）搭接　c）丁接　d）角接

5. 粘接工艺

（1）表面处理　目的是获得清洁、干燥、粗糙、活性的表面，以获得牢固的粘接接头。

（2）配胶　对于多组分或双组分的液态胶，使用前应按规定比例现用现配。

（3）涂胶　根据胶粘剂的形态，可采用刷胶、注胶、浸胶、刮胶等方式。

（4）晾置　无溶剂液态胶在涂胶后，晾置少许时间，有利于排气和增加其粘性。含溶剂的胶粘剂必须晾置片刻，以挥发溶剂。

（5）合拢　将晾置适宜的工作表面与被粘物表面对正位置，使其紧密地叠合在一起。

（6）清理　在合拢后固化前，将残胶及余胶及时清除掉。

（7）固化　施加一定压力，使胶粘剂通过溶剂挥发、熔体冷却或缩聚、交联等变为固体。

（8）检查　对粘接件进行检查，确定无裂纹、气孔、缺胶等缺陷。

（9）加工　有的粘接件粘接后还要进行切削加工。

二、粘接技术的应用

从机械产品的制造到设备的维修，几乎无处不在利用粘接技术来满足工艺需要。粘接技术的应用有以下几方面：

1）以环氧树脂胶代替锡焊、点焊，达到省锡节电的目的。

2）用硬质合金刀片的粘接代替黄铜钎焊，既减小了刀具的变形，又保证了刀具的性能。

3）用量具的以胶代固，代替过盈配合。

4）用结构胶粘接修复断裂件。

5）用粘结剂恢复磨损导轨的尺寸。

6）用密封胶密封液压缸、管路接头。

7）铸件的砂眼、孔洞等，可用胶填充堵塞。

8）现场粘接配作密封圈。

大型铸铁件若出现裂纹，可应用粘补的方法进行修复，此方法具有简便，无热变形，成本低等优点，应用日益广泛。

1. 裂纹的粘补

当铸铁工件上出现裂纹，采用粘补方法进行修复时，也需要钻止裂孔和开坡口，并进行去脂和活化处理。胶粘剂的种类可根据工件的工作温度进行选用。粘补时，将工件加热到100℃左右，并使加热有利于裂口张开，便于胶粘剂渗入；然后灌入调好的胶粘剂，用量以填满坡口并略高出工件表面为宜，如图5-25a所示。为提高裂纹处的粘补强度，还可在裂纹表面处加粘一层或几层玻璃布，如图5-25b所示。当裂纹处需承受较大载荷时，还可采用其他的加强措施，如图5-26所示，可用钢丝把钉加强铸铝件粘补裂纹，裂纹和把钉孔中均应填满胶粘剂。

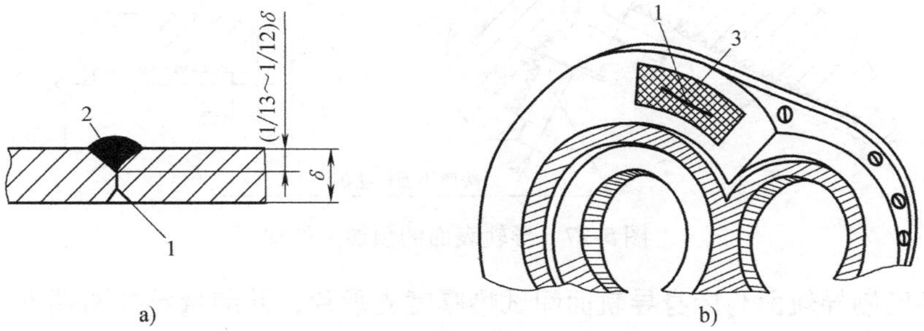

图5-25 裂纹的粘补

a）粘补裂纹的断面 b）加盖玻璃布

1—裂纹 2—填满胶粘剂的坡口 3—玻璃布

2. 机床导轨副磨损的修复

对于载荷均匀、工作条件较为理想的机床导轨副，当其磨损过大需修理时，可选用将聚四氟乙烯薄板、填充聚四氟乙烯自润滑复合材料的薄板粘贴在导轨面上的方法，或粘接耐磨HNT涂层的修复方法，来恢复尺寸精度。现以粘接耐磨HNT涂层的方法为例简介修理工艺。

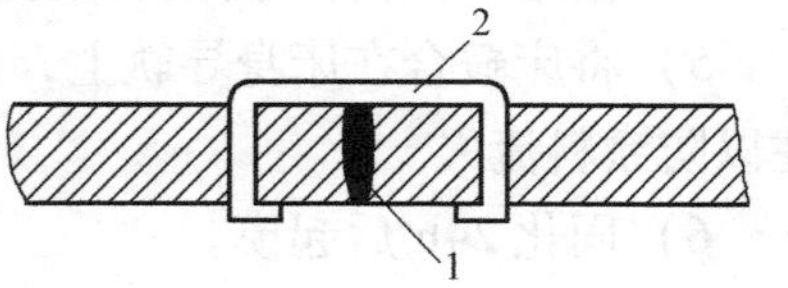

图5-26 用把钉加强的方法粘补裂纹

1—粘补后的裂纹 2—加强把钉

HNT耐磨涂料以环氧树脂为基体，加入了二硫化钼和胶体石墨等。它对金属有较强的附着力，不易脱落，摩擦因数小，可防止导轨的低速爬行，并具有良好的耐磨性、抗弯和抗老化性能。耐磨涂料的固化收缩率小，压印成形后能保证摩擦副的接触精度。但这种涂料涂层不耐高温，当摩擦温度升至70℃以上时，其力学性能开始下降。因此，这种工艺方法适用于低温、低速和精度不高的运动部件。

HNT耐磨涂料的组分与配比见表5-5。

采用HNT耐磨涂料涂层工艺，修复卧式车床床鞍下导轨面的工艺过程大致如下：

1）按图5-27所示要求将床鞍下导轨面刨成锯齿形。

表 5-5 HNT 耐磨涂料的组分与配比

组　分	名　称	规　格	质量/g
A 组分(涂料)	环氧树脂		100
	环氧丙烷丁基醚	501	10~20
	邻苯二甲酸二丁酯	工业	10
	二硫化钼	0 号	80
	石墨	F-1	20
	二氧化铁	金红石	30
B 组分(固化剂)	气相二氧化硅	工业	1
	ING-1 缩胺		112/1000~132/1000

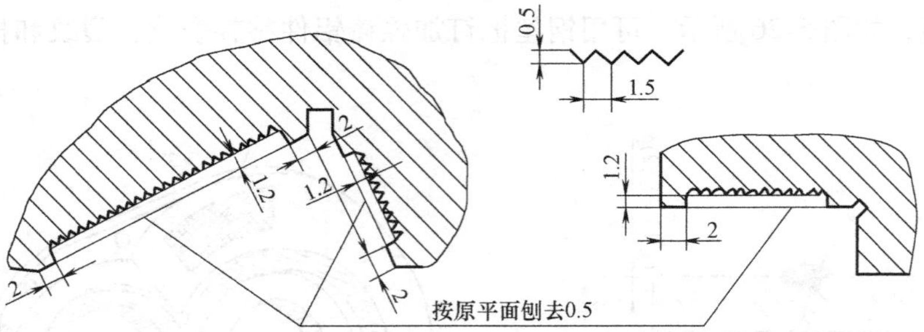

图 5-27 导轨表面的预加工处理

2）在各已刨导轨面与床身导轨面间试垫厚度支承片，并测量丝杠两端支撑孔轴线和溜板箱开合螺母轴线间的同轴度、床鞍上燕尾导轨和床身导轨间的垂直度；然后确定床鞍各导轨面与床身导轨面支承片的厚度，并用 502 胶将支承片固定在床鞍导轨面上：再复验修正支承片厚度，保证上述两项测量精度符合要求。

3）用丙酮清洗待涂敷表面和床身导轨面，然后在床身导轨面上涂 1/50 有机玻璃丙酮溶液作脱模剂。

4）按用量调料。采用分层涂敷法，第一层宜薄，以后逐次加厚至要求。

5）将床鞍合在床身导轨上，在其上加压重物，以压力达 0.01MPa 为宜。两端用夹板夹住以防涂料流失。

6）固化 24h 后起模。

7）检查涂层质量，对未填满处和气孔等缺陷进行修补。清理涂层飞边，作最后整形。

习题与思考题

5-1 目前常用的零件修复技术有哪些？

5-2 简述机械修复法。

5-3 何为零件的修理尺寸法？如何确定修理尺寸？

5-4 什么是零件的局部修换法？哪种零件适合局部修换？

5-5 简述金属扣合法的优点。

5-6 波形键的各部分尺寸如何确定？

5-7 简述波形键和缀缝栓的常用材料。

5-8 简述扣合法的工艺过程。

5-9 简述钢铁工件的焊修特点。

5-10 简述振动堆焊的工作原理及工艺过程。

5-11 简述喷涂与喷焊的特点。

5-12 电刷镀与槽镀相比有何特点？

5-13 简述粘接工艺的特点。

第六章　修理尺寸链

众所周知，机器的运转不可避免地会使很多零件因磨损、变形、腐蚀和位移等而失去其原有的精度，引起零件尺寸的改变和位置的偏移。修理的目的就是要消除这些偏差，恢复零件的精度和工作性能。在机器设计、装配及零件加工过程中，一组互相联系且按一定顺序排列的封闭尺寸组合，称尺寸链。用解修理尺寸链的方法来设计修理方案，是一种简便有效的方法。按照机械设备工作精度的具体要求，确定有关修理尺寸链封闭环的合理精度，正确分配各组成环的公差，从而采取最经济简便的方法对设备进行调整和修理。怎样应用尺寸链原理合理地解修理尺寸链，就是本章要讨论的问题。

第一节　修理尺寸链及其解法

一、修理尺寸链的形式

一般说来，修理尺寸链分为简单尺寸链、并联尺寸链、串联尺寸链和混联尺寸链。

1. 简单尺寸链

构成尺寸链的各环按一定的顺序排列，只有一个封闭外形的尺寸链，叫做简单尺寸链，如图 6-1 所示。其尺寸链方程式为

$$\sum A = A_1 - A_2 - A_0 = 0$$

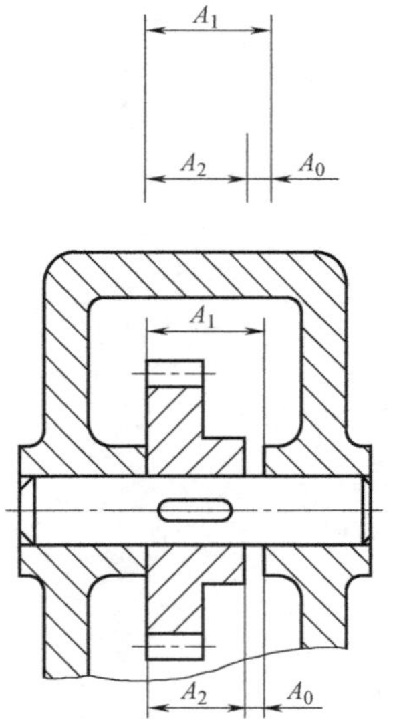

图 6-1　简单尺寸链

2. 并联尺寸链

以一个或几个公共环，把两串或几串尺寸链联系在一起而组成的尺寸链，叫做并联尺寸链。图 6-2 所示为牛头刨床摇杆机构，图中的尺寸链即为两组尺寸链 A 与 B 以 $A_3 = B_3$ 为公共环的并联尺寸链。其尺寸链方程为

$$A\text{ 组}\quad \sum A = A_1 + A_2 - A_3 - A_0 = 0$$

$$B\text{ 组}\quad \sum B = B_1 + B_2 - B_3 - B_4 - B_0 = 0$$

并联尺寸链中的公共环如果发生变动，则与它有关的各尺寸链都发生变动。因此，排列并联尺寸链时，应先从公共环开始。

3. 串联尺寸链

在串联尺寸链中，每一后继尺寸链都以前一尺寸链为开始，前后尺寸链有一个公共基面，而各尺寸链向公共基面的不同方向伸展。串联尺寸链也可以由若干尺寸链连续串联而成。图 6-3 所示为滚齿机床身与差动机构的尺寸链，A 组和 B 组尺寸链由差动轮系的中心线为公共基面联系在一起，而构成串联尺寸链。其方程式为

$$A\text{ 组}\quad \sum A = A_1 - A_2 - A_3 - A_0 = 0$$

$$B\text{组}\quad \sum B = B_1 - B_2 - B_3 - B_4 - B_0 = 0$$

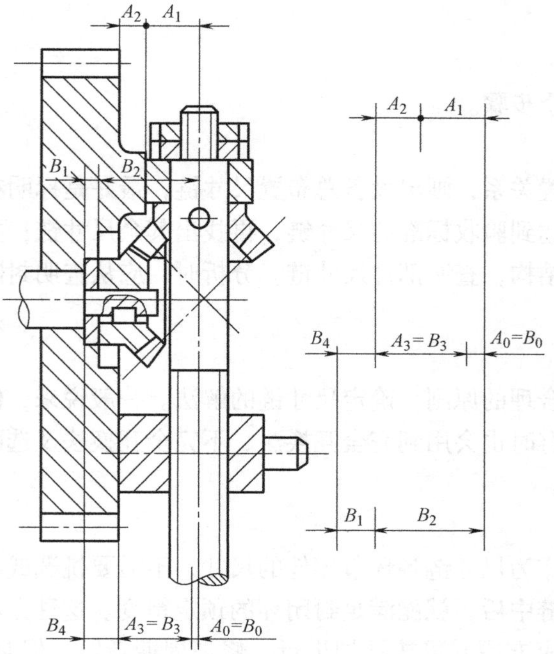

图 6-2 牛头刨床摇杆机构尺寸链

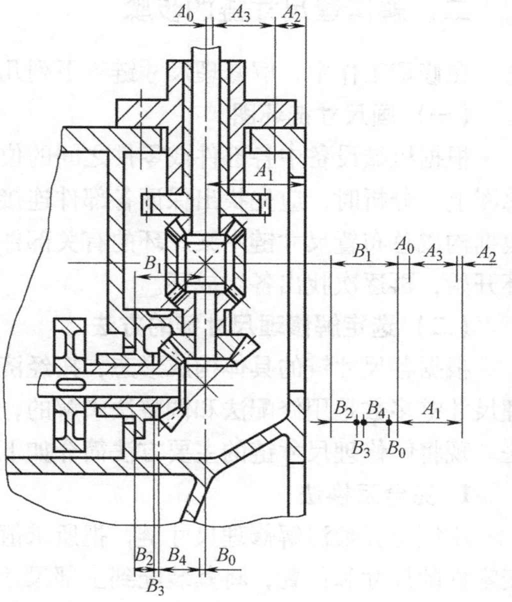

图 6-3 滚齿机床身与差动机构尺寸链

串联尺寸链的特点是：当公共基面发生变动时，与它有关的尺寸链也发生变动。同样，当串联尺寸链中一支尺寸链的一环发生变动，并且不能从同支其他环得到补偿时，这种变动就会累积给串联尺寸链中的其他尺寸链。

4. 混联尺寸链

混联尺寸链是由并联形态和串联形态的尺寸链混合组成的一种复杂的尺寸链。图 6-4 所示为滚齿机刀架部分的结构图，A 组、B 组和 C 组尺寸链构成混联尺寸链。其尺寸链方程式为

$$\sum A = A_1 + A_0 + A_3 - A_2 = 0$$

$$\sum B = B_2 + B_3 - B_4 - B_1 - B_0 = 0$$

$$\sum C = C_1 + C_2 + C_0 + C_3 - C_4 - C_5 - C_6 - C_7 = 0$$

由以上各种形态尺寸链的特点可知，在分析尺寸链时，应首先找出各个简单尺寸链的封闭外形，然后研究各个封闭尺寸链的关系。注意查明构成串联尺寸链的公共基面和构成并联尺寸链的公共环。分析要全面、仔细，最后确定各尺

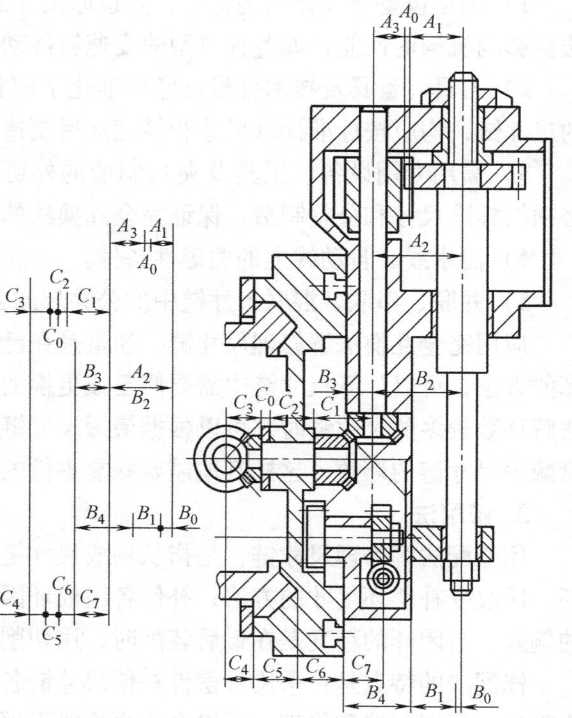

图 6-4 滚齿机刀架混联尺寸链

寸链封闭环的公差。

二、解修理尺寸链的步骤

在修理工作中，解修理尺寸链有下列几个步骤。

（一）画尺寸链环图

根据机械设备中各部件或零件之间的位置关系，画出设备总布置尺寸链，最好是标明在总图上。分析时，应先找出保证各部件连接达到验收标准的尺寸链，再找出其余尺寸链；并根据构成总布置尺寸链中某一环的有关部件结构，查明部件尺寸链。分析时，应从查明封闭环开始，再逐次找出各组成环。

（二）选定解修理尺寸链的方法

根据各尺寸链的具体构成形态，按经济合理的原则，确定尺寸链的解法。一般说来，修理尺寸链多数是用修配法和调整法来解的，有时也会用到完全互换法、不完全互换法及选配法。现将解修理尺寸链的主要方法简介如下。

1. 完全互换法

用完全互换法解修理尺寸链，把所求值作为尺寸链各环节零件的尺寸，不需要挑选或改变零件的尺寸和位置，将其装配到全部尺寸链中后，就能满足封闭环的预定精度。这种方法的优点是装配简单，工人劳动量小，备件供应方便并可按计划进行，修理周期最短。但是，应用完全互换法往往要求构成尺寸链各环节的零件同时更换，这样就使很多尚可继续使用的零件报废，并且各环的零部件都必须有较严格的制造公差，成本将会很高。在修理工作中，当符合下列情况时建议采用完全互换法解修理尺寸链。

1）根据设备原设计结构特点，知道原尺寸链是用完全互换法生产的零件，如果改变解法会影响机构的性能，如各种典型的变速箱传动件。

2）刀具、量具及技术计量已经标准化了的备件，如由齿轮、蜗轮、花键、螺纹等构成的尺寸链，均应按标准计算尺寸和精度然后制造生产。

3）需用专用设备、工具及夹具制造的外协件、标准件，或影响易损备件计划供应的，必须按标准尺寸和公差制造，保证完全互换法的特点。

4）流水线、自动线上的关键性备件。

5）并联、串联、混联尺寸链中的公共环或公共基面的修理，宜用完全互换法。

应用完全互换法解修理尺寸链，通常是在已经确定封闭环精度的情况下进行的。用反计算的方法，可以计算尺寸链中需要修复或更换的几个组成环的基本尺寸和公差。用完全互换法解环数较多的尺寸链时，可以根据最短尺寸链原则，把不需要修复的组成环合并起来，尽量减少尺寸链的环数，这样其他需要修复零件的公差就可相应地放大。

2. 修配法

用修配法解修理尺寸链，是指从构成尺寸链的各环中选择一个补偿件作为尺寸链的补偿环，用改变补偿环尺寸的方法；补偿各组成环因制造、装配、磨损、修理及相对位移等引起的偏差。封闭环的精度是在最后装配时，用切削加工或刮研修配的方法除去余量而得到的。

修配法的特点是：采用补偿件补偿尺寸链各环的过大偏差，可使各组成环的制造精度大为降低，便于制造和修理，可以在少更换或不更换组成环的情况下，修复封闭环并使其达到预定精度，以便保留大型、复杂、贵重的零件，使修理工作简便经济。

运用修配法解修理尺寸链，是用改变补偿件实际尺寸的方法，使封闭环达到其精度要求的。下面就是运用修配法的实例。

1）如图 6-5 所示，当机床尾座磨损时，为了达到封闭环 A_0 的精度要求，可用切削加工或刮研的方法，将主轴箱底面除去一层金属。

2）更换补偿件，从而加大补偿环的尺寸。图 6-6 所示为更换新键，从而加大补偿环 A_2。

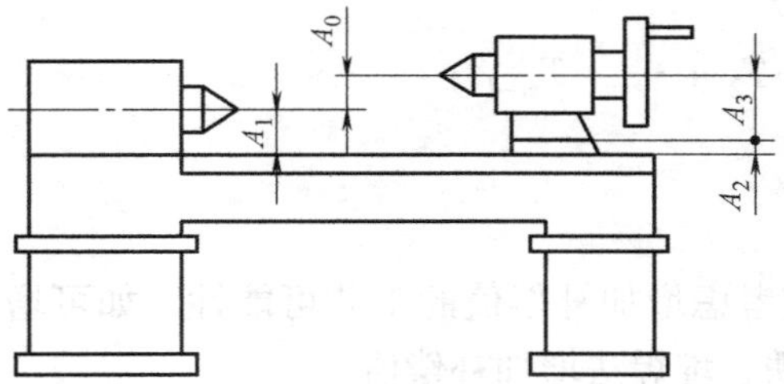

图 6-5　用去除金属的方法改变补偿件的实际尺寸

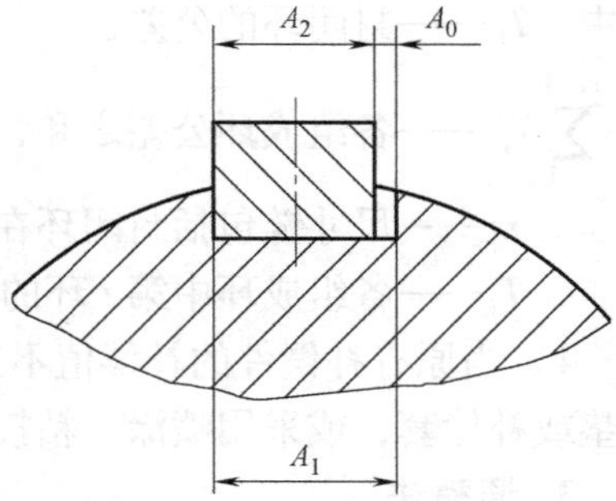

图 6-6　用新补偿件加大 A_2

3）移动补偿件，使其重新定位。图 6-7 所示为铣床升降丝杠与螺母同轴度的尺寸链，当 a、b 面磨损后，可按丝杠中心位置确定螺母座位置，重新配作定位销孔。

4）当各组成环尺寸都不易修复时，可在尺寸链中增加一个简单零件作为补偿件或用修复的方法（如镀铬、喷涂、堆焊等）增加补偿环的尺寸，图 6-8 所示为轴承内外圈配合的补偿方法。

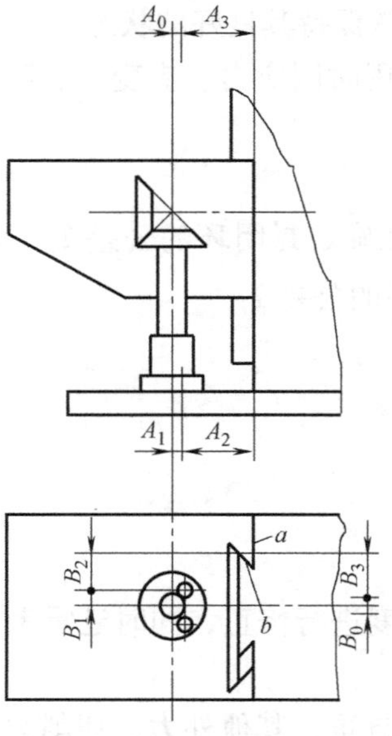

图 6-7　铣床升降丝杠与螺母的装配尺寸链

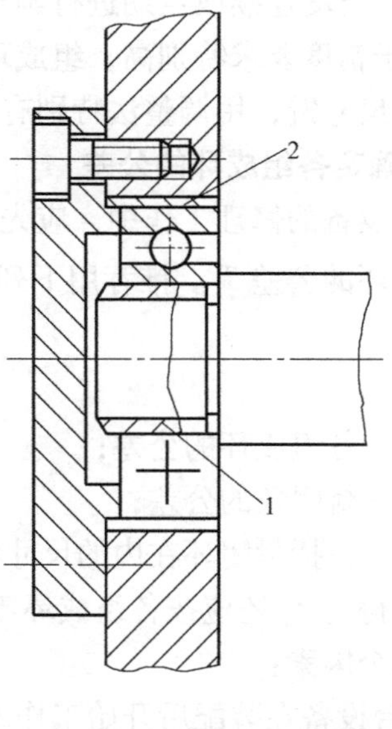

图 6-8　轴承内外圈配合的补偿
1—镀铬层　2—镶套

在运用修配法解修理尺寸链时，可参考下述条件选择作为补偿环的补偿件。

1）尽量选择尺寸链的单一环作为补偿环。不要选择几个尺寸链的公共环作为补偿环，以免改变它的尺寸时，影响其他尺寸链的精度。

2）尽量选择容易制造、简单、价格便宜的零件作为补偿件，以降低修理费和减轻劳动量。

3）选定补偿环后，要检查补偿环的余量。补偿环的余量 K 可按下式计算

$$K = \sum_{i=1}^{m-1} T_i - T_0$$

式中 T_0——封闭环的公差；

$\sum_{i=1}^{m-1} T_i$——各组成环公差之和，$\sum_{i=1}^{m-1} T_i = T_1 + T_2 + \cdots + T_{m-1}$；

m——尺寸链包括封闭环在内的总环数；

T_i——各组成环中第 i 环的公差。

4）当原有补偿件的补偿值不足时，首先应考虑增加补偿值的工艺可能性，如可增加补偿垫或补偿套，或采用喷涂、粘接、镀铬、镀铁、堆焊法增加补偿值。

3. 调整法

用调整法解修理尺寸链，是指用调整的方法来改变调整环的实际尺寸和位置，从而使封闭环达到其预定的精度。实际上，现代机械设备，尤其是机床的机构设计，在结构上给维修工作创造了运用调整法解修理尺寸链的条件，维修时可充分利用此方法。用调整法解修理尺寸链的优点很多，现简述如下：

1）对尺寸链中组成环的精度不必严格控制，封闭环的精度可以方便地利用调整环位置的调整来达到，经济方便。

2）不需更换复杂、昂贵的零件，只要调整或配换简单、便宜的补偿件即可。

3）可以自动连续或定期进行调整，使配合精度经常保持其良好的状态。

4）对于精度要求特别高，组成环比较多以及在使用时因应力、应变、温度、磨损等原因而变化的尺寸链，用调整法特别有利。

（三）确定各组成环的公差

在机械设备的修理工作中，应先按预定的验收标准确定封闭环的公差 T_0，再用反计算法求各组成环的公差 T_i。推荐用下列公式计算各组成环的公差 T_i

$$T_i = \frac{T_0}{\sqrt{m-1}}$$

式中 T_i——各组成环的公差；

T_0——封闭环的公差；

m——包括封闭环在内的尺寸链的总环数。

计算求得的 T_i 还应按各组成环零件加工的难易程度进行修正，同时还需考虑影响封闭环精度的几个因素：

1）整台设备在装配后开始工作时，因装配误差，自重、其他外力、切削力等作用，加上自身刚性不足，会发生弹性变形或产生配合间隙而造成位移，如摇臂钻床摇臂的偏沉。

2）工作温度变化会影响封闭环精度，如精加工设备磨床主轴与轴承的间隙会因温升而改变，因此允许的最小间隙应在允许的最高工作温度下调整。

3）尺寸链所有的作用面都应给出相应的几何精度，以保证各环的作用面在作相对运动

时不超过各环的公差。对于没有相对运动的作用面，可不必规定严格的相对位置精度。

(四) 选择修理基准和确定修理程序

合理地选择修理基准面和修理程序，对保证修理精度和提高修理效率有很大的意义，其最基本的原则是保证质量和节省时间。

1. 修理基准面的选择

尽量选择同一个基准面。尺寸链中所有作用面的修理，都以此基准面为修理基准，这样可以减少基准误差，各组成环的公差可放大到接近或等于封闭环的公差。此时，必须按尺寸链排列顺序依次进行修理，用上环的实际偏差修正下环的公差带和中心坐标，不能任意颠倒顺序。

当用一个基准面进行修理感到不方便时，可选择多个基面进行修理。这时，各组成环的平均公差可按下式计算

$$T_v=\frac{T_0}{n}$$

式中　T_v——各组成环的平均公差；

　　　T_0——封闭环的公差；

　　　n——修理基准的总数。

由公式可知，应尽量减少修理基准的数目，才可放大组成环的修理公差。修理基准应尽量选择下述几种表面：

1）选择尺寸链中没有磨损或磨损少和变化小、精度高、不需要修理的主要作用面作为基准面。例如，铣床工作台对主轴中心线平行度的尺寸链，修理时应以主轴支承孔为基准，如图 6-9 所示。

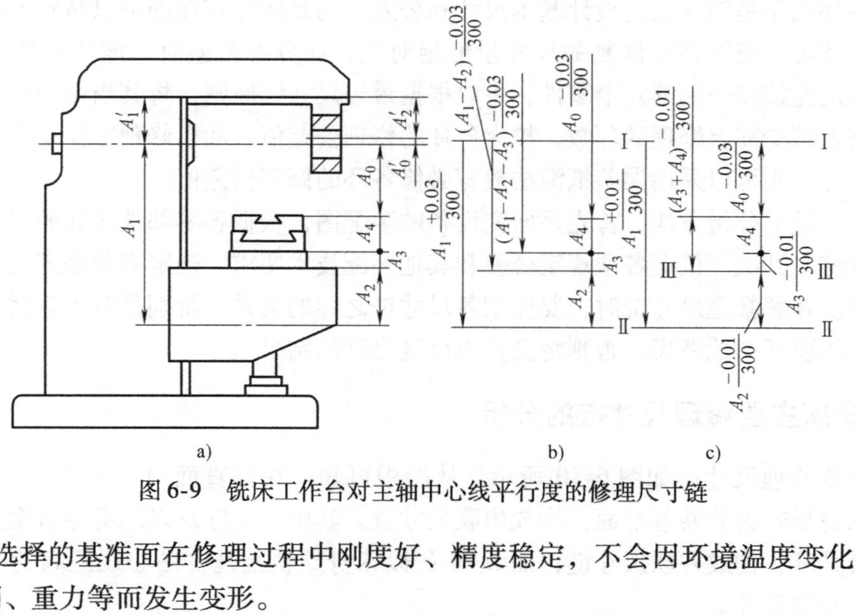

图 6-9　铣床工作台对主轴中心线平行度的修理尺寸链

2）所选择的基准面在修理过程中刚度好、精度稳定，不会因环境温度变化、内应力、零件的作用、重力等而发生变形。

3）选择尺寸链中精度高又便于修理时检验测量的作用面作为修理基准面。

4）并联或串联修理尺寸链的修理基准面，应选在几个尺寸链的公共面上，这样容易保证尺寸链间的相对精度。

5）选择修理工作量最大的作用面作为修理基准面，用修复其他作用面的方法，达到相

对精度要求。

6）根据修理程序与装配程序一致的原则，修理基准面应选在开始装配的作用面上，这样便于随时测量，以校正装配误差和累积误差。

7）对于装配关系较多的零件，应选用原来的加工基准作为修理基准，这样容易保持原有的装配关系。

2. 修理程序的确定

经分析和计算，在确定修理尺寸链的关系和精度之后，正确地安排修理程序，对于保证尺寸链所要求的精度，有很大作用。编制修理程序应注意以下几点：

1）当并联尺寸链中的公共环必须修理时，应首先修理公共环，然后修理各组尺寸链的各组成环；否则，会因补偿环无法确定，而造成反复的修理。

2）当串联尺寸链中的公共基面必须修理时，应首先修复公共基面，然后由公共基面开始，按尺寸链的排列顺序逐次修理其他环。

3）简单尺寸链可以按照先修较大的、复杂的、难加工的、精度高的作用面，后修小的、简单的、易加工的、精度低的作用面的顺序进行修理。

4）先修便于用标准工具加工的作用面。例如，主轴与轴瓦的修配，应先磨主轴轴颈，后刮研轴瓦。

第二节　修理尺寸链的分析

机械设备的修理尺寸链与设计、制造尺寸链不同，其解法基本上按单件生产性质进行。尺寸链的各环已不是图样上的设计基本尺寸和公差，而是实际存在的可以精确测量的实际尺寸。这样，就可以把不需要修复的尺寸量值绝对化，在分配公差时，该环的公差值可以为零。对于固定连接在一起的几个零件，可以根据最短尺寸链原则，将其当作一环来处理，从而最大限度地减少需要修理的环数，扩大各环的修理公差值。如果修理工作是按尺寸链的排列顺序进行的，则可以采用误差抵消法放宽必修各环的修理公差值。

修理尺寸链的分析方法，首先是研究设备的装配图，根据各零部件之间的尺寸关系，查明全部尺寸链。其次，根据各项规定公差和其他装配技术要求，确定有关修理尺寸链的封闭环及其公差。在解修理尺寸链时，要注意各尺寸链之间的关系，特别是对于并联、串联和混联尺寸链，不要孤立地考虑，否则将会造成反复修理的结果。

一、车床主要修理尺寸链的分析

车床主要修理尺寸链如图 6-10 所示。从图中可知，在垂直面内（主视图上），此修理尺寸链以床身导轨为公共基准面，构成串联尺寸链。其中，A 与 D 以床身导轨至主轴中心线的距离为公共环，构成并联尺寸链；而 B 与 B' 以床身导轨至丝杠中心线距离的几环为公共环，也构成并联尺寸链。

在水平面内（俯视图上），修理尺寸链以主轴中心线和左导轨为公共基准面，构成串联尺寸链。现将对车床几条主要尺寸链的分析列于表 6-1。其他几组尺寸链的关系，请读者自己分析一下。

由表 6-1 可知，车床的主要修理尺寸链多采用修配法和调整法进行修复，其封闭环的尺寸精度，可根据检验标准所规定的各项公差和装配技术要求来确定。

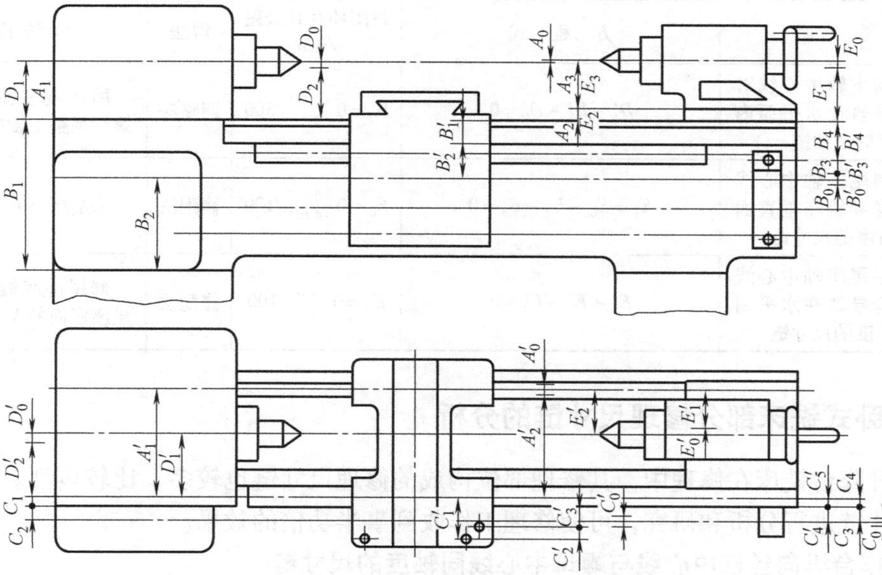

图 6-10 车床主要修理尺寸链

表 6-1 车床主要修理尺寸链分析

代号	说 明	方 程 式	封闭环及其公差 /mm	解法	解 法 说 明
A	保证前后顶尖等高性的尺寸链	$A_1-\boxed{A_2}-A_3+A_0=0$	$A_0=0^{+0.06}_{0}$	修配法	用加垫板加大$\boxed{A_2}$的方法，增加补偿量，最后刮尾座板顶面
A'	保证床鞍导轨对尾座导轨在水平面内平行度的尺寸链	$A_1'-\boxed{A_2'}\pm A_0'=0$	$A_0'=(0\pm0.015)/1000$	修配法	补偿环是$\boxed{A_2'}$，刮研尾座用山形导轨
B	保证丝杠中心线与床身导轨在垂直平面内平行度的尺寸链	$B_1-\boxed{B_2}\pm B_0-B_3-\boxed{B_4}=0$	$B_0=0\pm0.1$	修配法	修改丝杠支架定位销孔，补偿环是$\boxed{B_4}$；或刮研溜板箱T支承面，补偿环是$\boxed{B_2}$
B'	保证丝杠中心线与开合螺母中心线在垂直平面内同轴度的尺寸链	$\boxed{B_1'}+B_2'\pm B_0'-B_3'-B_4'=0$	$B_0'=0\pm0.1$	修配法	修配床鞍下平面（与溜板箱的结合面）或在床鞍导轨面上喷涂塑料
C	保证丝杠中心线与床身导轨在水平面内平行度的尺寸链	$C_1+\boxed{C_2}\pm C_0-\boxed{C_3}-C_4=0$	$C_0=0\pm0.1$	修配法	修配后支架底面，改变$\boxed{C_3}$；或修配溜板箱底面，改变$\boxed{C_2}$
C'	保证丝杠中心线与开合螺母中心线在水平面内同轴度的尺寸链	$\boxed{C_1'}-\boxed{C_2'}-C_3'\pm C_0'-C_4'-C_5'=0$	$C_0'=0\pm0.1$	修配法	修改床鞍与溜板箱的定位销孔，补偿环是$\boxed{C_1'}$和$\boxed{C_2'}$
D	控制主轴中心线对床身导轨在垂直平面内平行度的尺寸链	$\boxed{D_1}-D_2-D_0=0$	$D_0=0^{+0.02}_{0}/300$	修配法	以$\boxed{D_1}$为补偿环，刮研主轴箱底面

（续）

代号	说　明	方 程 式	封闭环及其公差/mm	解法	解 法 说 明
D'	控制主轴中心线对床身导轨在水平面内平行度的尺寸链	$D'_1-D'_2-D'_0=0$	$D'_0=0^{+0.015}_{0}/300$	调整法	用调整主轴箱底面的螺栓调整主轴中心线
E	控制尾座轴中心线对床身导轨在垂直面内平行度的尺寸链	$E_1+E_0-E_2-E_3=0$	$E_0=0^{0}_{-0.015}/100$	修配法	修刮尾座底面
E'	控制尾座轴中心线对床身导轨在水平面内平行度的尺寸链	$E'_1+E'_0-E'_2=0$	$E'_0=0^{+0.01}_{0}/100$	修配法	修尾座底板的 V 形或尾座底面的 V 形

二、卧式铣床部分修理尺寸链的分析

卧式升降台铣床在修理中，其修理部位构成的修理尺寸链也较多，比较典型。提前对这些修理尺寸链进行分析和研究，可使修理工作收到事半功倍的效果。

1. 工作台纵向丝杠中心线与螺母中心线同轴度的尺寸链

如图 6-11 所示，A 组和 B 组的尺寸链方程式为

$$A_1-A_2-A_3\pm A_0=0$$

$$B_1-B_2-B_3+B_4\pm B_0=0$$

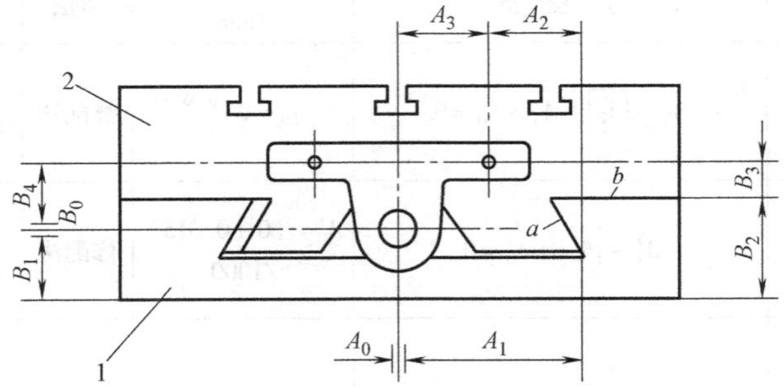

图 6-11　纵向丝杠与螺母的尺寸链

1—转盘　2—工作台

选用修配法，如果修刮 a 结合面，则组成环 A_1 增大，A_2 减小，封闭环 A_0 增大。当修刮 b 结合面时，组成环 B_2、B_3 减小，封闭环 B_0 增大。为保证封闭环 A_0、B_0 的预定精度，当修刮量较小时，可选择 A_2、B_4 为补偿环，移动丝杠支架位置，配作定位销孔；当修刮量较大时，可选 A_3、B_4 作为补偿环，按螺母中心划线，镗大丝杠支承孔，并更换支承套。

2. 床鞍横向丝杠中心线与螺母中心线同轴度的尺寸链

如图 6-12 所示，A 组和 B 组尺寸链的方程为

$$A_1-A_2-A_3\pm A_0=0$$

$$B_1+B_2-B_3\pm B_0=0$$

选用修配法，在修刮结合面 a 后，组成环 A_1 减小，A_2 增大。在 A 组尺寸链中，当取 $+A_0$ 时，封闭环 A_0 增大；当取 $-A_0$ 时，封闭环 A_0 减小。在修刮组合面 b 后，组成环 B_1 减小，B_2 增大，封闭环 B_0 增大。为保证封闭环 B_0、A_0 的预定精度，可选 A_3 作为 A 组尺寸链

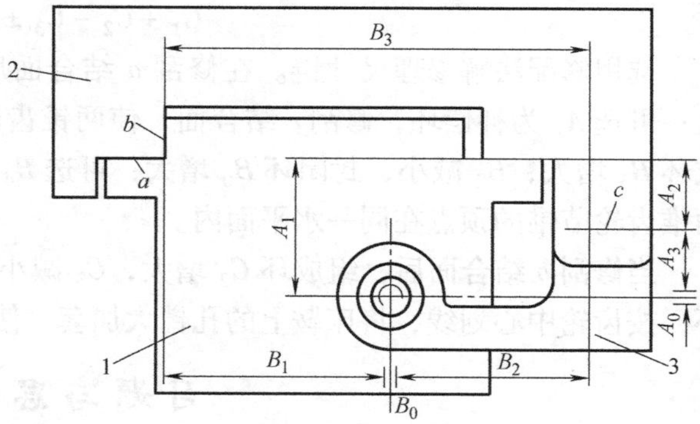

图 6-12　床鞍丝杠与螺母的尺寸链

1—升降台　2—床鞍　3—螺母支架

的补偿环，刮研螺母架定位面 c，使丝杠与螺母中心在同一水平面内。在 B 组尺寸链中，可选 B_2 为补偿环，移动螺母架，配作定位销孔，使丝杠与螺母中心线在垂直面内同轴。或者选 A_3、B_3 作为补偿环，按丝杠中心划线，镗大螺母固定孔，并更换新螺母。

3. 升降丝杠与螺母同轴度的尺寸链

如图 6-7 所示，A 组和 B 组尺寸链方程为

$$A_1 + A_2 - A_3 - A_0 = 0$$

$$B_1 + B_2 - B_3 \pm B_0 = 0$$

选用修配法，在修刮 a 结合面后，A_3 减小，A_2 增大，封闭环 A_0 增大；在修刮 b 结合面后，B_2 增大，B_3 减小，封闭环 B_0 增大。为保证封闭环 A_0、B_0 的预定精度，可选 A_1 和 B_1 作为补偿环，按丝杠中心位置划线并配作螺母定位销孔。

4. 悬梁支架孔中心线与主轴中心线同轴度的尺寸链

如图 6-13 所示，A 组和 B 组尺寸链方程为

$$A_1 - A_2 - A_0 = 0$$

$$B_1 - B_2 \pm B_0 = 0$$

选用修配法解修理尺寸链。在修刮导轨面后，组成环 A_1 增大，A_2 减小，封闭环 A_0 增大；组成环 B_1 增大，B_2 减小，封闭环 B_0 增大。为保证封闭环 A_0、B_0 的预定精度，选 A_2、B_2 为补偿环，更换铜套，用铣床主轴安装的镗孔刀精镗铜套内孔。

5. 传动纵向工作台的两对锥齿轮啮合间隙的尺寸链

如图 6-14 所示，A 组、B 组和 C 组尺寸链方程式为

$$A_1 - A_2 - A_3 \pm A_0 = 0$$

$$B_1 + B_2 - B_3 - B_4 - B_5 \pm B_0 = 0$$

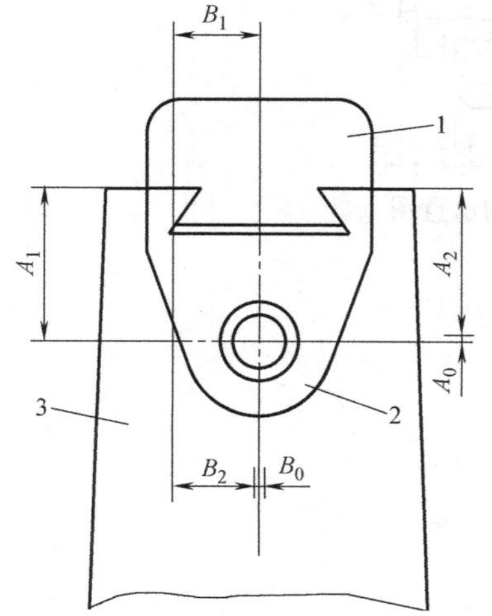

图 6-13　支架孔中心线与主轴中心线同轴度的尺寸链

1—悬梁　2—刀杆支架　3—床身

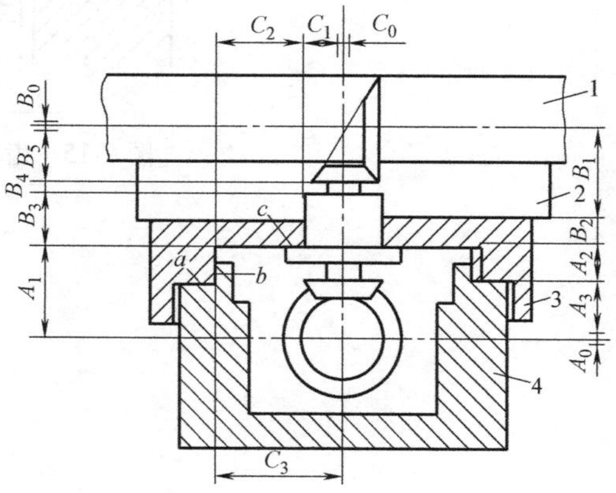

图 6-14　锥齿轮啮合间隙的尺寸链

1—工作台　2—转盘　3—床鞍　4—升降台

$$C_1 + C_2 - C_3 \pm C_0 = 0$$

选用修配法解修理尺寸链。在修刮 a 结合面后，组成环 A_2、A_3 均减小，封闭环 A_0 增大；可选 A_1 为补偿环，修刮 c 结合面，使两锥齿轮节锥的顶点在同一水平面内。同时，组成环 B_3 增大，B_2 减小，封闭环 B_0 增大；可选 B_4 作为补偿环，磨薄锥齿轮的垫圈，使上面两锥齿轮节锥的顶点在同一水平面内。

当修刮 b 结合面后，组成环 C_2 增大，C_3 减小，封闭环 C_0 增大。这时，可选 C_1 为补偿环，按齿轮中心划线，将床鞍上的孔镗大加套，使两齿轮节锥的顶点在同一垂直面内。

习题与思考题

6-1　修理尺寸链有几种基本形式？各有何特点？

6-2　解修理尺寸链常用的方法有几种？

6-3　修理尺寸链各组成环的公差如何确定？

6-4　如图 6-5 所示，要求 $A_0 = 0^{+0.06}_{0}$mm，试确定 $A_1 = 200$mm，$A_2 = 150$mm，$A_3 = 50$mm 的尺寸公差。

6-5　如图 6-6 所示，轴上键槽宽度 $A_2 = 10^{+0.004}_{-0.002}$mm，键宽度 $A_1 = 10^{+0.007}_{0}$mm，试求 A_0 的尺寸及其公差。($A_0 = 0^{+0.009}_{-0.004}$mm)

6-6　孔轴配合 $\phi 50\dfrac{\text{H8}}{\text{f7}}\left(\dfrac{^{+0.039}_{\ \ 0}}{^{-0.025}_{-0.050}}\right)$装配前，轴镀铬层的厚度为 $(10 \pm 2)\mu$m，试确定轴在镀铬前应按什么尺寸加工制造。($\phi 50^{-0.049}_{-0.066}$mm)

6-7　如图 6-15 所示的齿轮结构，已知 $A_1 = 30^{\ 0}_{-0.06}$mm，$A_2 = 5^{\ 0}_{-0.04}$mm，$A_3 = 43^{+0.16}_{+0.10}$mm，$A_4 = 3^{\ 0}_{-0.05}$mm，$A_5 = 5^{\ 0}_{-0.04}$mm，实地测得 $A_0 = 0.41$mm。试确定 A_0 是否符合设计要求，如果不符合该如何修复？($A_0 = 0^{+0.35}_{+0.10}$mm，不符合要求。重做 $A_5 = 5^{+0.05}_{+0.04}$mm)

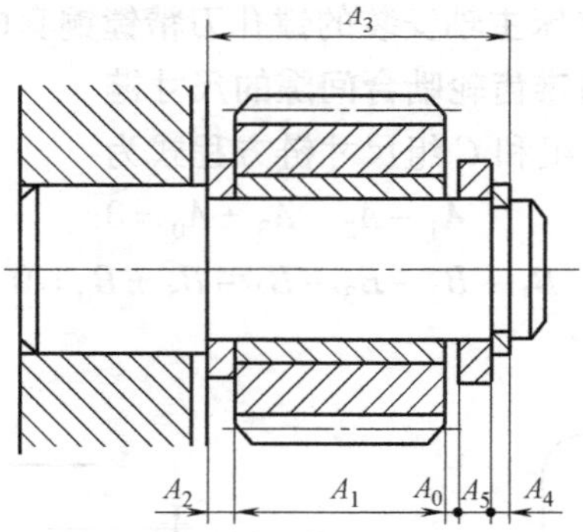

图 6-15　齿轮安装结构示意图

第七章　刮研技术与导轨的修理

第一节　刮研技术概述

一、刮研的概念

利用刮刀、基准表面、测量工具和显示剂，以手工操作的方式，边刮削加工，边研点测量，使工件达到工艺上规定的尺寸、几何形状、表面粗糙度和密合性等要求的精密加工工艺，叫做刮研。刮研是由工人以手压身推、胯部顶动的方式操作的，其使用的工具简单、万能性比较强、加工余量少；刮刀在刮去一层薄金属层的同时，还起到了挤光表面的作用，工件可达到非常高的精度，因此广泛地应用于机床导轨、配合面、接合面、修饰面、轴瓦、衬套、内弧面和平板、平尺等表面的加工。刮研技术是在机械、机床、仪器的制造与维修中经常使用的精加工工艺技术。

1. 刮研的特点

1）可以把机床导轨有意地刮成中凸或中凹等各种满足特殊要求的形状。

2）刮研是手工操作，不受任何工作位置的限制，也不受工件大小的约束。

3）刮研施于工件上的力较小，产生的热量很少，不会引起工件的受热变形，因此可作精密加工。

4）在装配中，可用刮研来修配封闭尺寸链的精度。

5）刮研表面的接触点分布均匀，接触刚度比较高，磨损也比较少。

6）刮研的加工余量较一般切削加工要少。

2. 平面刮刀

平面刮刀有普通手推平刮刀、手推双头刮刀、弯头刮刀、挺刮式平刮刀、拉刮刀和双刃刮花刀等几种，如图 7-1 所示。刮刀是刮研过程中所使用的重要工具，它的形状、尺寸、材料、淬火硬度、切削刃的锋利程度等将直接影响刮研刀花的形状、点数的多少、效率的高低、寿命的长短。因此，务必要认真制作和刃磨刮刀。

3. 显示剂

为检查接触点的分布情况，须将标准工具与工件叠合在一起进行研磨，并在这两表面之间涂敷一层涂料，所用的有色涂料称为显示剂。

（1）红丹粉　红丹粉有两种，即呈桔红色的铅丹和呈紫红色的铁丹。使用时，可用全损耗系统用油调和，涂抹于刮削表面用于研点显示。

（2）普鲁士蓝油　它由普鲁士蓝粉与蓖麻子油调和而成，用于有色金属的研点显示。

（3）油彩、油墨或原子笔油　它们常用于精密滑动轴承的精刮研点显示。

（4）松节油　它用于平板刮研的精刮，使接触点呈白色发光显示。

（5）烟墨油　烟墨油与全损耗系统用油调和后使用，用于铝等有色金属的研点显示。

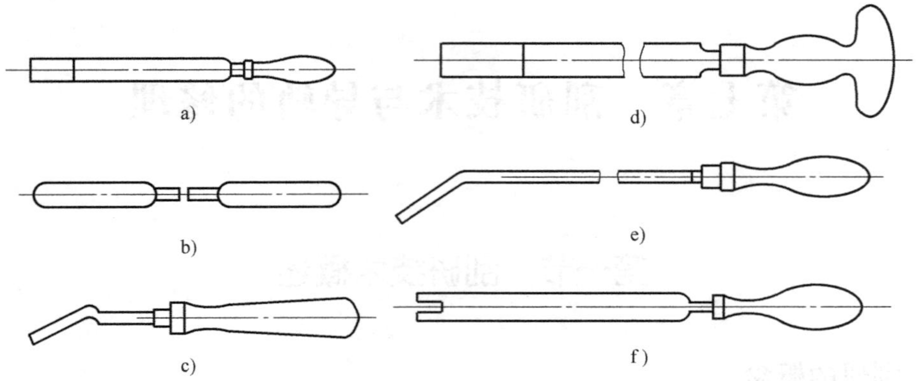

图 7-1 平面刮刀
a）普通手推平刮刀 b）手推双头刮刀 c）弯头刮刀 d）挺刮式平刮刀 e）拉刮刀 f）双刃刮花刀

（6）酒精 酒精用来校对平板。将其涂于超级平板平面上，研点显示精细而发光。

二、平面刮研

1. 平面刮研的操作方式

平面刮研最常用的操作方式是手推式刮研、挺刮式刮研、拉刮和肩挺式刮研等。

（1）手推式刮研 右手握刀柄，左手握刀体离刃口约 50 ~ 75mm 处，身体直立或微弯，使刮刀与工件表面成 15° ~ 25°夹角，左手向下压并控制刮刀的方向，右手向前推刮。刮出一段刀花后，左手立即将刮刀提起，这样可使刀花光滑。手推式刮研的适应性强，但要求操作者臂力大，两手动作的配合要灵活。

（2）挺刮式刮研 将刮刀柄放到小腹右侧，双手握住刀体，左手在离刃口 80mm 处，双手将刮刀下压并控制刮研方向，利用腿和腰部的力量向前推挤。挺刮式刮研力量较大，效率也较高。此法具有刮点准，刀花光滑、整齐，接触点多等优点，但操作者需弯腰，劳动强度较大。此法是生产中用得最为普遍的一种刮研方法。

（3）拉刮 拉刮时使用拉刮刀，右手握住刀柄用力向后拉，左手紧握刀杆部分往下压，可在工件表面拉刮出方块形花。拉刮可在铸铁上刮出花纹齐整而且表面粗糙度值较小的表面。此法比推刮容易，刮削阻力也较小。

（4）肩挺式刮研 将刀柄顶在右肩，双手握住刀杆距刃口 40 ~ 70mm 处，用右肩和上身的力量向前挺刮，两手下压刀杆并立即提刀。当工件位置较高且工件面积不是太大时，适宜采用肩挺式刮研。

2. 平面刮研的步骤

平面刮研的步骤为粗刮、细刮、精刮和刮花。

（1）粗刮 对于切削加工后的工件表面，或者磨损拉毛严重的机床导轨面，先要进行粗刮。第一遍粗刮按刨刀刀纹或沿导轨纵向的 45°方向进行；第二遍则按上一次刮削的垂直方向进行。粗刮刮去的余量较多，宜采用 20mm 以上磨成平口的宽刮刀，大刀阔斧地刮削。刮削深度至少在 0.03mm 以上，刀花长 30 ~ 60mm，宽在 8mm 以上，并应连成一片。如图 7-2和图 7-3 所示，第一遍采用左向或右向的刮削刀痕；如图 7-4 所示，第二遍的刮削方向垂直于第一遍的刮痕成交叉刀花。然后刷去铁屑，涂抹显示剂，移动研具显点，并不断变换刮点方向，使表面精度接近要求，接触点分布均匀，在 25mm×25mm 面积内为 6 点左右，此时粗刮即可结束。

图 7-2　左向刮削刀痕

图 7-3　右向刮削刀痕

图 7-4　交叉刮削的刀花

（2）细刮　细刮在粗刮的基础上进一步增加接触点，并进一步纠正平行度和垂直度误差。细刮的刮刀刀头宽 15mm，刮出的刀花宽度应为 6～8mm，长 10～25mm，刮深 0.01～0.02mm。应按一定的方向照准接触点刮削，一直向前顺序刮去。细刮后的接触点在 25mm×25mm 范围内应达到 12～15 点。

（3）精刮　精刮的目的在于进一步提高工件表面质量，对尺寸的影响极其微小。应使用小型刮刀或将刃口磨成弧形，并必须在油石上磨出表面粗糙度值小而平整锐利的刃口。精刮刀花宽约 3～5mm，长约 3～6mm，每刀均应刮在接触点上，起落刀时，要防止刃口深入。显示剂应涂于基准平板表面，并应涂抹得薄而均匀。在达到 25mm×25mm 范围内有 20～25 个接触点时，精刮即可结束。

（4）刮花　对于工件外部的加工表面，为使其美观，在刮研或精刨后，要进行刮花。刮花去除的金属层极细微，一般不影响工件表面的精度。刮花时，使用不同形状、不同尺寸的刮刀，运用直推、直顶、直立和附加动作，刮出不同宽度、长度、形状的刀花，并以一定的方向、角度、格式、重叠层次来形成明暗相间的花纹图案。常见的花纹有波纹花、斜花纹、斜地直花纹、鱼鳞花纹、半月形花纹、钻石花纹和交叉花纹等。图 7-5 和图 7-6 所示为斜花纹和斜地直花纹。

图 7-5　斜花纹

图 7-6　斜地直花纹

3. 平面刮研的质量检查

平面刮研的质量有两个指标：一是相关的几何形状，如与刮研表面相关的平行度、垂直度和厚度尺寸等；二是表面质量。刮研后，用研点检查法检查接触点的数目和分布情况。在硬纸片上挖出 25mm×25mm 的方孔，覆在被检查的平面上，数孔内的点数，如图 7-7 所示。

在整个平面内的任何位置处进行检查，均应达到规定的点数。

图 7-7 检查研点的点数

4. 平面刮研的余量

刮研工作是完全由工人通过体力劳动完成的作业，过大的余量不仅增加了工时，还加大了工人的劳动强度；而余量过小，则会影响刮研质量。不论刮研表面形状精度、位置精度还有尺寸精度的要求如何，都应有合理的刮研余量。表 7-1 所示为平面刮研余量，可根据具体情况进行选用。

表 7-1 平面刮研余量 （单位：mm）

平面宽度	平面长度				
	100 ~ 500	500 ~ 1000	1000 ~ 2000	2000 ~ 4000	4000 ~ 6000
<100	0.10	0.15	0.20	0.25	0.30
100 ~ 500	0.15	0.20	0.25	0.30	0.40

三、内孔刮研

内孔刮研是指以轴为基准，利用内孔刮刀对内孔进行圆周刮削。通过刮研轴承内孔，可使轴与轴承受压均匀，纠正轴承内孔的圆度或同轴度，使轴运转平稳，不易发热。

1. 内孔刮研时使用的刮刀

内孔刮研时使用的刮刀有许多种，常用的有三角内孔刮刀、圆头内孔刮刀、半圆内孔刮刀、钩式内孔刮刀和三角片式内孔刮刀等。

三角内孔刮刀如图 7-8a 所示，可利用旧三角锉刀改制而成，其柄部较长，适宜于刮研深孔。这种刮刀刮研内孔时容易产生振痕。

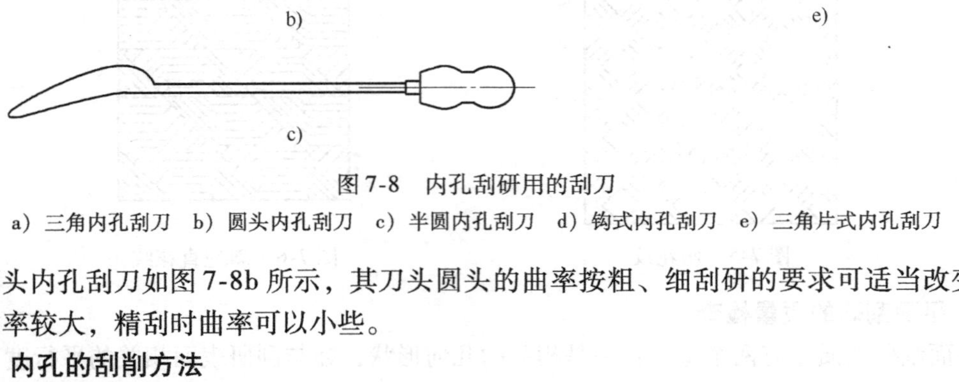

图 7-8 内孔刮研用的刮刀

a）三角内孔刮刀 b）圆头内孔刮刀 c）半圆内孔刮刀 d）钩式内孔刮刀 e）三角片式内孔刮刀

圆头内孔刮刀如图 7-8b 所示，其刀头圆头的曲率按粗、细刮研的要求可适当改变，粗刮时曲率较大，精刮时曲率可以小些。

2. 内孔的刮削方法

对于内孔，不管是用三角刮刀，还是圆头刮刀，均以类似手推式的方式进行刮削。刮削时，右手握刀柄，左手握紧刀体，前端紧压，向左右两侧或附加向前转动刀体刮点。由于切削刃的前角可随手的握法而变化，因此，正确掌握刮刀前切削刃位置对于使用不同的刮削方法具有重要意义。以用三角刮刀刮内孔为例，粗刮内孔时，采用如图 7-9a 所示的正确前角刮削，可刮去较厚的切屑，但容易刮出较深的凹坑；细刮内孔时，采用如图 7-9b 所示的小前角刮削，刮下的金属层较薄，能把研出的点很好地刮去；精刮内孔时，采用如图 7-9c 所示的负前角刮削，刮去极微少的金属层，对表面起修光作用，不会产生凹坑。

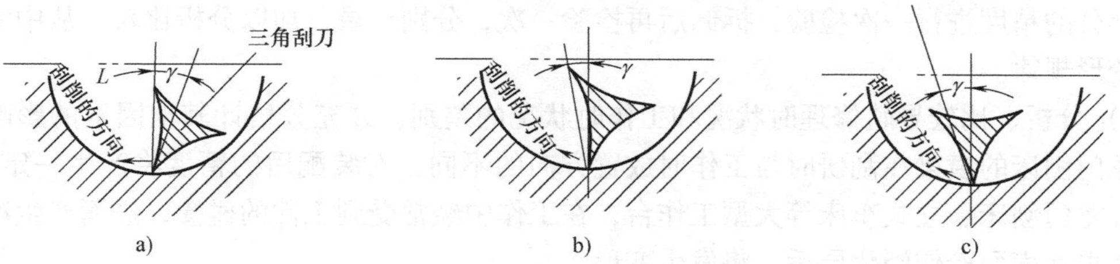

图 7-9　用三角刮刀刮内孔
a）正前角刮削　b）小前角刮削　c）负前角刮削

目前刮内孔大多采用圆头刮刀，与手推式刮平面相似，利用刮刀圆头部分的刃口刮削内孔。刀花互成 45°交叉。

3. 内孔的刮削余量

内孔的刮削余量应根据加工的精度尽量加以控制，以减少刮研工时。内孔的刮削加工余量，可参考表 7-2 进行选用。

表 7-2　内孔的刮削加工余量　（mm）

内孔直径	内孔长度		
	<100	100~200	200~300
<80	0.05	0.08	0.12
80~180	0.10	0.15	0.20
180~360	0.15	0.20	0.30

综上所述，这种不要任何设备，只需简单工具，不计加工场地，通过人工操作就能进行超精加工的刮研技术，除了存在操作工人劳动强度大，加工效率低，耗费工时多的缺点外，还有诸如只讲接触点数多少，不讲接触点高低、深浅和表面形貌的问题。另外，还存在摩擦力大、起动重和微进不够准确的弊端，而这些问题至今仍未得到很好的解决，已成为机械维修中的一个难题。

第二节　机床导轨的刮研修复

机床导轨的磨损，如拉毛、研沟、蚀损等，用刮研技术进行修复，既简便又可靠。虽然工人的劳动强度较大，但刮研修复工艺灵活、适应性强、精度高、去除金属少，目前仍是一种常用而又可行的修理方法。

一、机床导轨刮研前的准备工作

1）在导轨刮研前，除应仔细听取操作者对机床使用情况的叙述和使用中有何毛病等情况外，还应仔细检查，确实掌握实际磨损部位及磨损程度。这对选择刮研基准和预测刮研量都是十分必要的。

2）掌握导轨的变形规律十分必要。由于机床导轨一般在床身、立柱、横梁、箱体等大型工件上，而这些工件不但结构复杂，而且变形情况也复杂。导轨对移动部件起导向和支承作用，在移动部件装上去的前后，导轨的变形情况会不相同。因此，应在机床拆卸前，对导轨各部分的精度进行一次检验，拆卸后再检验一次，分别记录，加以分析比较，从中掌握导轨的变形规律。

3）分析、比较导轨修理时状况和工作时状况的差别，并充分估计其他因素的影响。例如，龙门刨床的横梁在刮研时与工作时放置方向的不同，对装配后的精度将产生一定影响。又如，龙门刨床、立式车床等大型工作台，在工作中经常受到工件的碰撞，进而产生冷作硬化，在去除表面冷作硬化层后，将发生变形。

4）准备好刮研用的刮刀、研具、量具、精度检验设备及相关技术资料。

二、导轨的修理基准和刮研顺序

1. 导轨的修理基准

在选择导轨的修理基准时，应在具体分析机床精度要求和尺寸链关系的前提下，结合修前检验的原始数据资料，选择机床制造时未失效的原始基准作为导轨的修理基准，如以未磨损的接合面或轴孔为基准。在不影响传动性能的原则下，亦可选择测量方便、使用修理工具简单的表面作为修理基准。一般情况下，可按第五章中叙述的原则选择修理基准。

2. 刮研顺序

机床的导轨根据各运动部件的数量，构成几个相互关联的导轨副，它们之间的平行度或垂直度又各有要求，修理时就要有正确的刮研顺序。一般可按下述原则安排刮研顺序：

1）先刮与传动部件有关联的导轨，后刮无关联的导轨。

2）先刮形状复杂、控制自由度多的导轨，后刮简单的导轨。

3）先刮长的或面积大的导轨，后刮短的或面积小的导轨。

4）先刮施工困难的导轨，后刮容易施工的导轨。

5）当两工件需要配刮时，一般先刮大工件，再配刮小工件；先刮刚度好的工件，后刮刚度较差的工件。先刮者即为修理基准。

三、单导轨的刮研

进行直线运动的滑动导轨大多是由几个平面构成的多边形。为了制造、调整和维修的方便，通常将导轨接触面的数目减少到最低限度，即三个。由多个面组成的导轨，可以构成凸形和凹形相配合。凸形导轨不易积存切屑，但也不易储油，因此多用于低速；而凹形导轨则相反，因此多用于高速。

1. 矩形导轨的刮研

图7-10所示为单条矩形导轨，它的作用面有四个或三个。表面Ⅱ和Ⅳ保证垂直平面内的直线移动，而表面Ⅰ和Ⅲ保证水平面内的直线移动。在刮研时，一般先刮表面Ⅱ。如果是短导轨，则可选用大于导轨全长2/3的平尺直接研点刮削；若导轨较长，则可用水平仪或自准直仪进行检测。根据导轨的运动曲线进行研点后，先刮去凸起部分，经反复检验刮研数

次，使表面Ⅱ逐步达到精度要求。

在刮研表面Ⅰ时，若为中、小型机床，则可将导轨表面Ⅰ调转为水平位置，采用上述方法刮研至合格；若床身较笨重翻转不便，则可用光学平直仪检测表面Ⅰ在水平面内的直线度。根据检测结果作出误差曲线，再按误差曲线找出导轨的最低处作为起点，每隔一定距离作出标记并计算标记处应刮去金属层的厚度。在每个标记处，以刮到同坐标为基准，以平尺研点粗刮整条导轨面，粗刮合格后再细刮、精刮。注意表面Ⅰ与表面Ⅱ应满足垂直度要求。上述即为用预选基准刮研法刮研表面Ⅰ的过程。

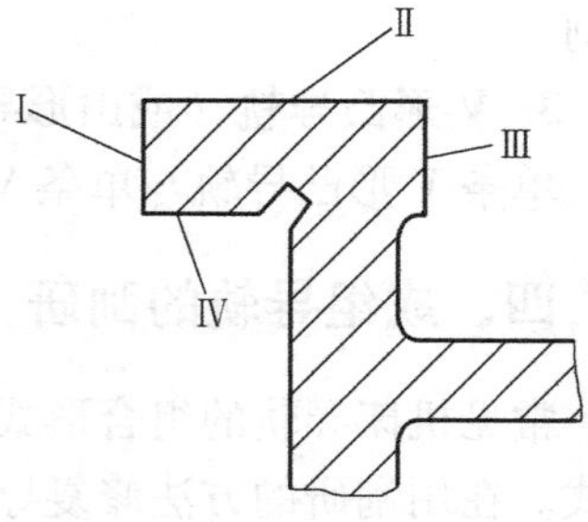

图 7-10　单条矩形导轨

对表面Ⅲ，可用平行导轨三点刮研法进行刮研，即在表面Ⅲ的两端及中间刮出三个基准点，使其与表面Ⅰ等距，然后按这三个基准点，用平尺研点刮削整条导轨至合格。

表面Ⅳ为与压板配合的滑动面，应与表面Ⅱ平行。若为中、小型机床床身导轨，可用翻转刮研法进行刮研；若床身较重不便翻转，则可采用“自修自”的方法进行拉刨或磨削。

2. V 形导轨的刮研

对 V 形导轨的刮研有三项精度要求，分别是垂直平面内的直线度、水平面内的直线度和单导轨的水平倾斜度。为满足要求，常用的刮研方法有以下几种：

1）对于中、小型机床导轨，在其磨损不太大，床身刚度较高时，可用专门的支架支承床身，把 V 形导轨的一个斜面放置成水平位置，如图 7-11a 所示。像刮矩形导轨一样用平尺研点，用水平仪测量，刮研至要求；再用同样办法刮研另一个斜面至要求。或利用 V 形平尺，以一个斜面为基准，刮另一斜面；然后用 V 形水平仪座和水平仪检测导轨在垂直平面内的直线度，如图 7-11b 所示。当采用此法刮研 V 形导轨时，由于导轨两个斜面的直线度均可达到要求，故它在水平面内的直线度及单导轨的水平倾斜度也可以得到保证。

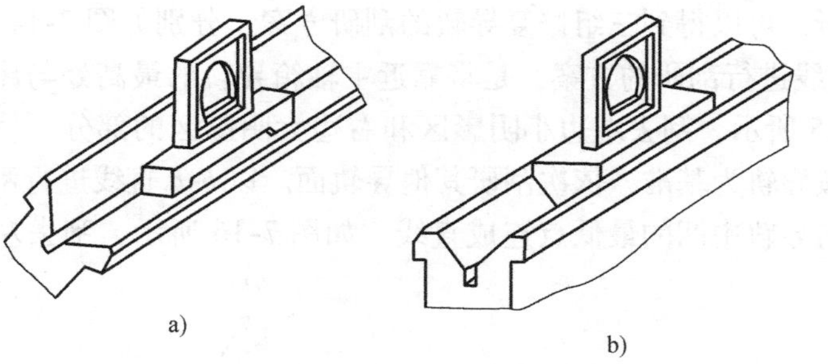

图 7-11　V 形导轨的刮削检测
a）一面呈水平状态刮研检测　b）检测垂直面内的直线度

2）刚度较差的床身不能翻转刮研，可用平尺分别刮研两个斜面，再用 V 形水平仪座和水平仪，测量导轨在垂直平面内的直线度和单导轨的水平倾斜度。对水平面内的直线度，可用平行平尺和百分表进行检测，较长的导轨可用拉钢丝和显微镜检查或利用光学平直仪检查。

3）刮研 V 形导轨最有效的方法是采用 V 形导轨方形平尺作为研具，利用光学平直仪分别测量水平面内和垂直面内的直线度，从而绘制运动曲线。根据该曲线，利用 V 形导轨方形平尺研点粗刮；当作出的曲线已基本合格后，即可进行细刮；最后复检一次，再进行精刮。

3. V形凸导轨（或山形导轨）的刮研

单条V形凸导轨与单条V形导轨是一对导轨副，两者的刮研方法基本相同。

四、成组导轨的刮研

常见机床导轨的组合形式很多，有双矩形、一V一矩形、双V形、燕尾和圆形等组合形式。在用刮研的方法修复导轨时，应以不破坏机床原来的传动基准为原则。

1. 刮研方案的确定

图7-12所示为一山一矩形组合形式的导轨断面。其中，Ⅰ、Ⅱ、Ⅵ为支承床鞍的两条导轨，Ⅲ、Ⅳ、Ⅴ为支承尾座的两条导轨。经检测，得到两组导轨在垂直平面内的直线度曲线。如图7-13所示，曲线1为床身床鞍导轨的磨损曲线，曲线2为床身尾座导轨的磨损曲线。

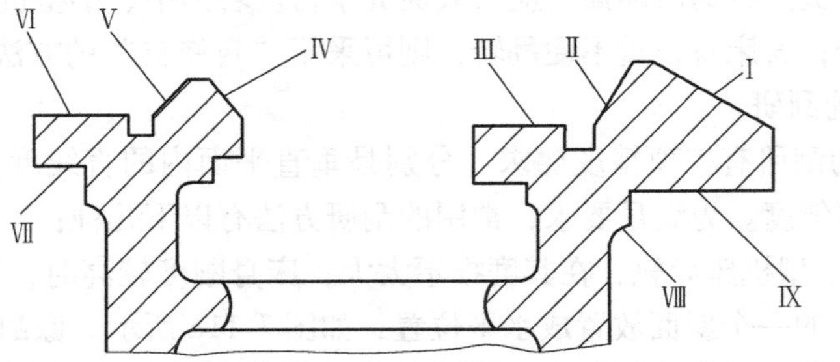

图7-12 床身导轨端面图

Ⅰ—25°导轨面 Ⅱ—65°导轨面 Ⅲ、Ⅵ—矩形导轨面 Ⅳ、Ⅴ—45°导轨面

Ⅶ、Ⅸ—压板接触导轨面 Ⅷ—齿条安装面

由于床鞍导轨使用率高，磨损大，且易形成中凹，因此需按床鞍导轨的磨损曲线考虑刮研方案。通过分析，可以得到三组修复导轨的刮研方案，分别如图7-14中的*a*-*a*、*b*-*b*和*c*-*c*所示。以*a*-*a*直线进行刮研的方案，是将靠近主轴箱导轨的最高处与床身中凹的最低处连成直线，如图7-15所示，刮去左边小阴影区和右边大阴影区的部分，使床鞍导轨达到精度要求；然后以床鞍导轨为基准，依次刮研其他导轨面。以*b*-*b*直线进行刮研的方案，是将导轨尾端的最高点与导轨中凹的最低点连成直线，如图7-16所示，刮去左边大阴影和右边小

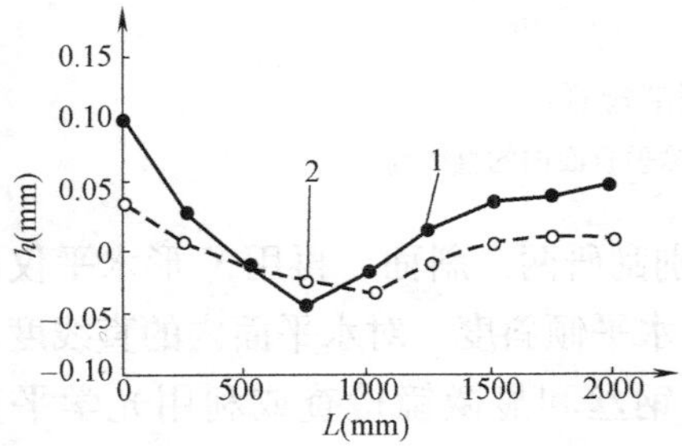

图7-13 床身导轨磨损曲线

1—床鞍导轨磨损曲线 2—尾座导轨磨损曲线

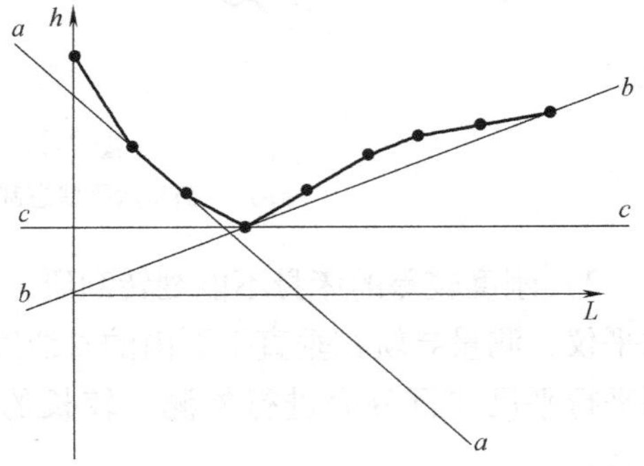

图7-14 三组刮研方案

阴影的部分，即可使床鞍导轨达到精度要求；再依此导轨为基准刮研其他导轨面。以 *c-c* 直线进行刮研的方案是一种传统的刮研方案，它将导轨的原始基准和导轨磨损中凹的较低点连成直线，如图 7-17 所示，刮去 *c-c* 直线上部左右两个阴影部分，使床鞍导轨达到精度要求；再以此为基准，刮研其他导轨面。

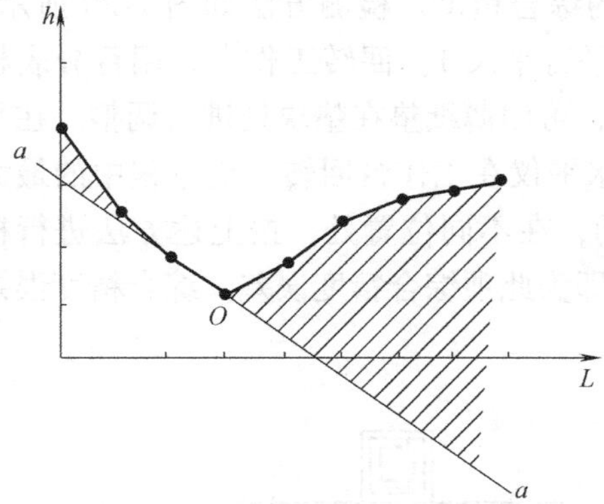

图 7-15　以 *a-a* 直线刮研

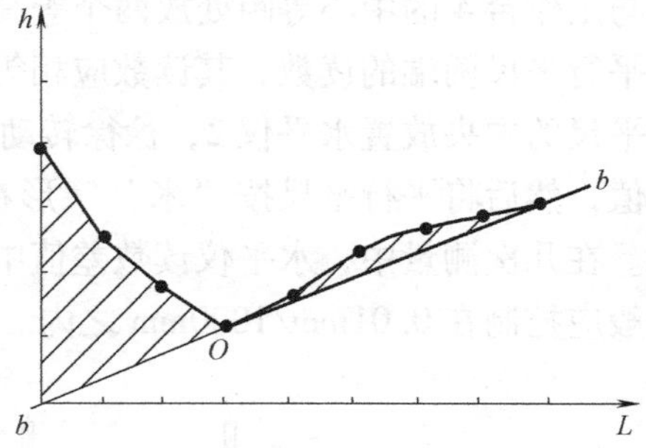

图 7-16　以 *b-b* 直线刮研

比较三种刮研方案，*a-a* 直线刮研方案由于刮研工作量较大，且没按导轨的原始基准进行刮研，给其他导轨带来与原始基准不重合的误差，故极少采用。*b-b* 直线刮研方案虽然刮研工作量小，但从整个刮研工作量考虑，其他面的刮研工作量将增加，而且同样有与原始基准不重合的问题。因此，应在全面权衡工作量的前提下应用。以 *c-c* 直线刮研方案进行刮研，按原始基准平行刮削，对主轴轴线平行度影响小，故修理中经常采用。

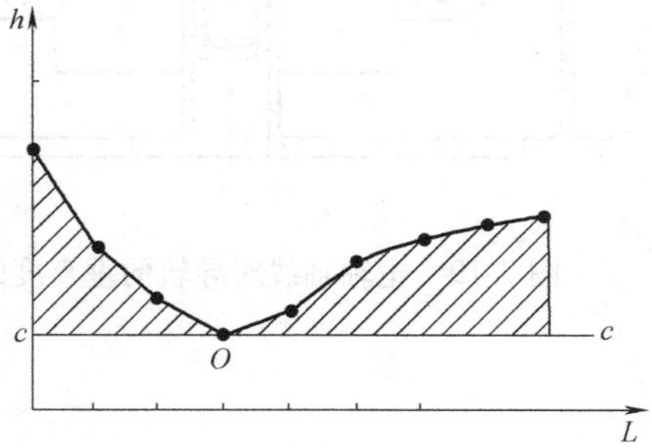

图 7-17　以 *c-c* 直线刮研

在刮研成组导轨时，先刮研限制自由度较多的导轨，再以它为基准刮研其他导轨。后刮者除了要保证其本身精度外，还要保证与基准导轨相对位置的精度。

2. 山-矩形或 V-矩形导轨的刮研

这类导轨是常见于床身上的导轨。刮研时，按刮研单导轨的方法先将山形或 V 形导轨刮研好，同时检测山形或 V 形导轨与传动件安装平面或轴承孔的平行度或垂直度，避免破坏床身与传动件之间的相对位置精度。在刮研矩形导轨时，可用平尺研点，用平行平尺或桥板和水平仪检测两导轨间的平行度，如图 7-18 所示。经多次反复刮研，达到规定的精度标准后即可结束。

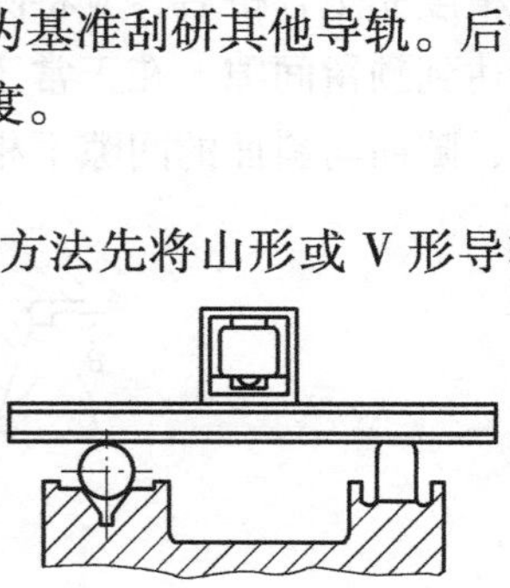

图 7-18　V-矩形导轨的刮研

3. 圆形导轨的刮研

机床上的圆形导轨有平导轨、锥形导轨、V 形导轨等。圆形导轨一般磨损较均匀，刮研时多采用将工作台导轨和底座导轨配研后刮削的方法。其刮研的具体步骤如下；

1）按图 7-19 所示的方法，检测主轴轴线对导轨的垂直度并将其控制在 0.02mm/1000mm 之内。如果导轨已研坏或垂直度超差，则应采用切削加工的方法使其达到控制精度。

2）将工作台连带主轴一同吊入底座并与底座导轨配研。配研时，工作台的转动角度为30°~45°，最好使工作台在相对于底座120°的三个不同位置处对研，并进行刮削，直至底座导轨上的接触点符合要求为止。

3）以刮研好的底座导轨为基准，配研工作台导轨并刮削，以提高导轨副的接触精度。

4）检测导轨的平面度和导轨对主轴轴线垂直度的综合精度。检测方法如图7-20所示，在与工作台4的中心等距处放两个等高垫块3，上置平行平尺1。回转工作台，用百分表检测平行平尺两端的读数，其读数应相等，如果不相等，可用薄纸垫在垫块处进行调整。在平行平尺的中央放置水平仪2，徐徐转动工作台，记录水平仪在工作台回转一周过程中的最大差值，然后将平行平尺按“米”字形在工作台上移动，在不同位置处，按上述方法进行检测。在几次测量中，水平仪读数差值中最大的一个，即为此项综合精度误差。综合精度误差一般应控制在0.01mm/1000mm之内。

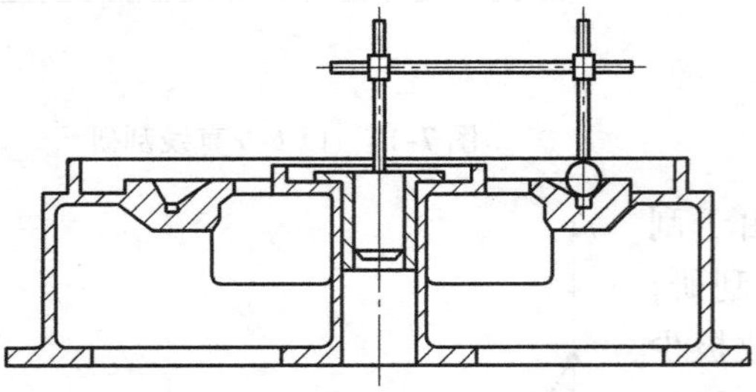

图7-19　主轴轴线对导轨的垂直度的检测

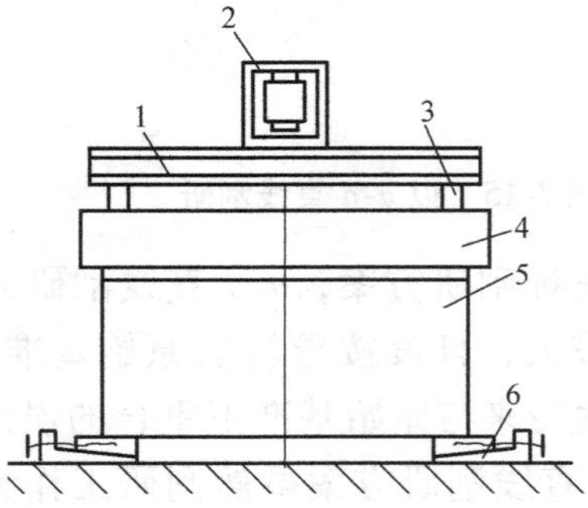

图7-20　工作台综合精度检测

1—平行平尺　2—水平仪　3—等高垫块　4—工作台　5—工作台底座　6—垫铁

5）对于V形不对称圆导轨，其斜面应保持良好接触，而其陡面应有间隙。因此，在刮研精度完全合格后，应将陡面的全部接触点刮削掉，并用研具进行研点刮研，以保证陡面之间达到预留间隙。在正常工作过程中，导轨面间隙会被润滑油填充，当工作台升起高度 h 时，陡面与斜面的间隙不相等，如图7-21所示。陡面间隙为 s_1，斜面间隙为 s_2，α、β 分别

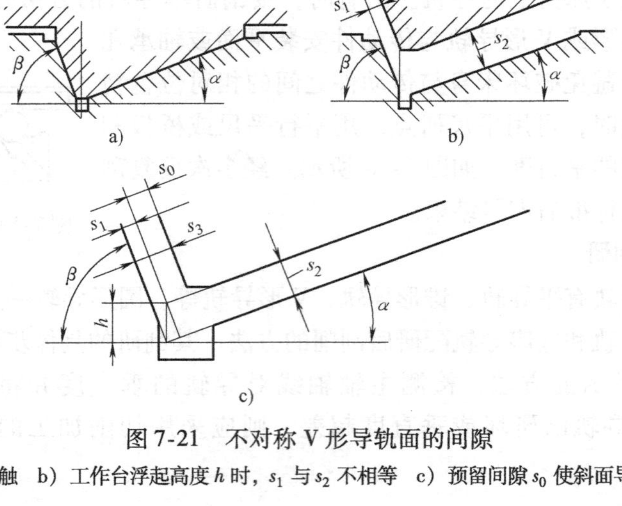

图7-21　不对称V形导轨面的间隙

a）斜面导轨和陡面导轨均接触　b）工作台浮起高度 h 时，s_1 与 s_2 不相等　c）预留间隙 s_0 使斜面导轨和陡面导轨油膜厚度相等

为斜面和陡面与水平面的夹角，而斜面与陡面之间的夹角为90°。由图可知

$$s_1/s_2 = \tan\alpha \quad 或 \quad s_1 = s_2\tan\alpha$$

常用不对称V形圆导轨的$\alpha = 20°$，$\beta = 70°$，故

$$s_1 = s_2\tan 20° = 0.36397s_2 \approx 0.36s_2$$

要求斜面导轨与陡面导轨油膜的厚度相等，并取陡面预留间隙为s_0，则

$$s_0 = s_2 - s_1 = s_2 - 0.36s_2 = 0.64s_2$$

第三节　机床导轨的磨削和配磨

在机床的修理中，导轨的刮研工作量相当大，占整个大修工时的40%以上。因此，降低劳动强度，缩短停机台时，是机床大修工作中一个较为重要的问题。“以磨代刮”，是目前在机床导轨面的精加工中应用较普遍的工艺方法。

一、导轨磨床床身导轨的精度

提高导轨磨床床身导轨的精度是提高磨削精度的关键之一。导轨磨床的床身导轨较长，其精度随环境温度的变化而变化，因此，定期检测床身导轨的精度并予以调整是十分必要的。在调整导轨磨床的床身导轨时，应注意下列事项：

1）在调整导轨磨床的精度时，应以调整床身导轨的精度为重点，同时检测和调整其他部位的精度项目。

2）床身、垫铁和基础三者之间应有良好的接触刚度。如果三者接触刚度不足，则精度易发生变化，难以保证精度的稳定性。

3）各垫铁的松紧程度应尽量一致。在调整某一部位的精度时，不宜只调整该处的垫铁，对附近的相关垫铁也应作相应调整，以使导轨面呈平滑曲线状。

4）调整螺钉的夹紧或压紧力要适当。力量过大会产生内应力，使用中容易变形；力量太小，床身容易失去其应有的精度。

5）调整床身导轨在垂直面内的直线度时，应考虑气温的变化趋势。自春入夏，室温高于地基温度，会使床身中凸量增大；自秋入冬，地基温度高于室温，会使床身中凸量减少。假定床身为结构均匀的长方体，当床身上下温差为Δt（℃）时，床身的变化量δ按下式计算

$$\delta = \frac{L^2}{8H}\alpha_l \Delta t$$

式中　α_l——材料的线膨胀系数，铸铁为$11 \times 10^{-6}℃^{-1}$；

L——床身全长（m）；

H——床身高（m）。

二、工件的装夹与找正

磨削时，工件的装夹方向应尽量接近其使用时的实际状态，以避免因工件自身质量造成精度的变化。装夹时，原则上应使工件处于自由状态，避免因装夹压力而使工件变形。对刚性差的细长床身，应采用多点支承，垫铁的位置应与机床说明书上规定的安装垫铁的位置一

致，以保证支承力均匀，并且应将相关工件装配好或者在相应的位置上加适当配重。对于刚度好的小型工件，可采用三点支承进行装夹。

找正时，应以传动部件的安装面或选定的基准面、基准孔为基准，以保证磨削后的形位精度符合要求。以此为前提，才能考虑最小的磨削量，同时还要考虑不破坏传动基准。例如，在磨削车床床鞍导轨时，既要保证上、下导轨面的平行度，又要保证燕尾导轨与横向丝杠孔的平行度，否则将给装配带来麻烦。

在磨削过程中，还要注意工件装夹找正后的状态有无变化，以避免出现差错。

三、导轨副的配磨

在机床导轨的精加工中，对“以磨代刮”技术的使用已有了较成熟的经验；而对与其相配合工件的导轨的加工，也已成功地用配磨代替了配刮。在修理工作中，广大维修人员经过实践，创造了各种工具简单、万能性强、操作方便的配磨方法。

采用配磨工艺时，配磨导轨副除应达到形状、位置精度外，其接触面积也应达到规定标准。

在导轨副的配磨中，V-矩形导轨副的配磨比较复杂，配磨方法也比较多，如基本互换性配磨、单配性配磨、相配件成串联式一次装夹配磨合互换性配磨等方法。几种配磨方法各有其优缺点，可根据具体条件进行选择。现仅以用基本互换性配磨法配磨V-矩形导轨副为例，简介导轨的配磨方法。

1. 相配导轨必须满足的条件

图7-22所示为V-矩形导轨副，为使它们能良好地相配接触，必须满足三个条件：

1）相配的两矩形导轨面必须与测量基准面平行。

2）V形导轨的形状相同，半角相等，即

$$\alpha_1=\alpha_2 \quad \beta_1=\beta_2$$

3）V形导轨的理论顶尖与矩形导轨面的距离必须相等，即

$$h_1=h_2$$

2. 床身导轨的磨削步骤

1）将磨头移至选定的修理基准处，调整磨头的角度与该基准面对刀，即使端面砂轮的端面与基准表面平行，如图7-23所示。

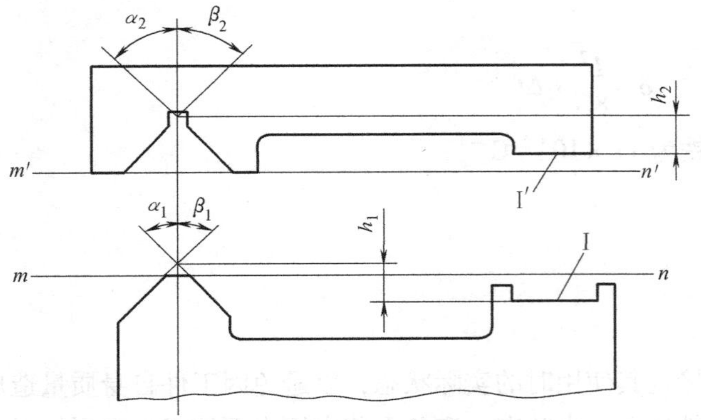

图7-22 V-矩形导轨的配磨

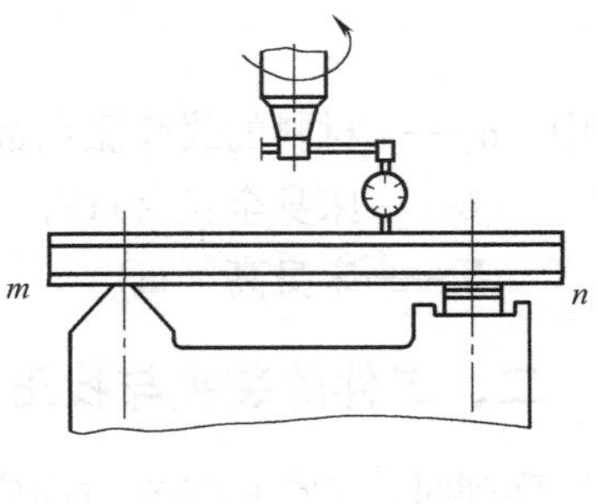

图7-23 调整平行平尺使平尺表面垂直于主轴轴线

2）将磨头移至凸V形导轨的中心，磨出凸V形导轨的顶面，作为辅助基准使用。

3）磨削矩形导轨面Ⅰ。

4）将平行平尺的一端放在凸V形导轨的平顶上，另一端用调整垫铁垫平，如图7-23所示，使主轴在平尺上回转校表时的两个读数相等。

5）如图7-24所示，将游标万能角度尺置于平尺上，调整磨头角度，在游标万能角度尺的斜面上回转校表，并使百分表在相对180°的两个位置上的读数相等，然后磨削凸V形导轨的斜表面Ⅱ。

6）将游标万能角度尺转180°，按图7-24所示的方法回转校表，调整磨头角度，磨削凸V形导轨的斜表面Ⅲ。

7）按图7-23所示方法调整磨头，使主轴恢复到与平行平尺垂直的位置。

8）如图7-25所示，利用百分表调整桥板，使其上平面与主轴轴线垂直，并回转校表。

9）检测桥板上平面与矩形导轨平面之间的距离 H。

10）根据测得的 H 和桥板的设计参数 G，计算垫块厚度 δ。

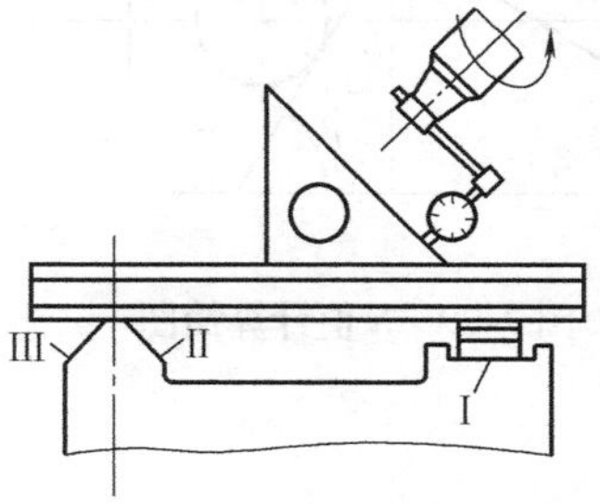

图7-24　调整磨头角度

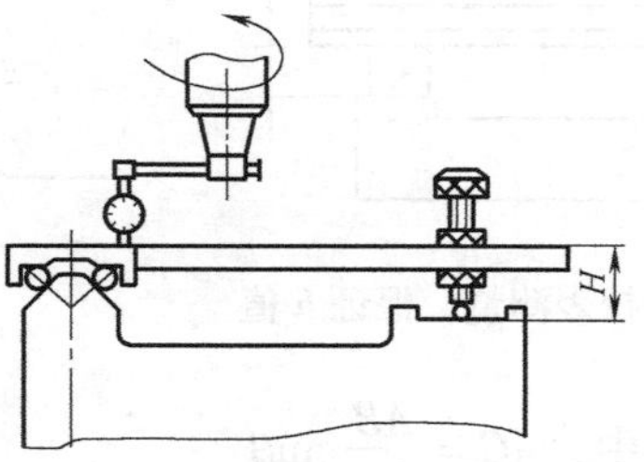

图7-25　调整桥板

3. 床鞍导轨的配磨步骤

1）调整工件，并在自由状态下夹持工件。

2）完成砂轮与选定基准表面的对刀，调整磨头角度，使主轴与基准面垂直，如图7-26所示。

3）磨削表面Ⅰ′及辅助基准面 $m'n'$。

4）如图7-27所示，调整磨头角度，用游标万能角度尺“回转校表”进行对刀，磨削表面Ⅱ′和Ⅲ′。

5）利用圆柱棒及平行平尺，根据床身导轨磨削后所计算得到的垫块厚度的值 δ，垫上相应垫块，如图7-28所示。将磨头恢复到图7-26所示的位置，在平尺的上平面“回转校表”进行测量，在发现不等高时，磨削高的一端直至等高为止。此时说明两相配件的 $h_1=h_2$。至此，导轨的配磨即可结束。

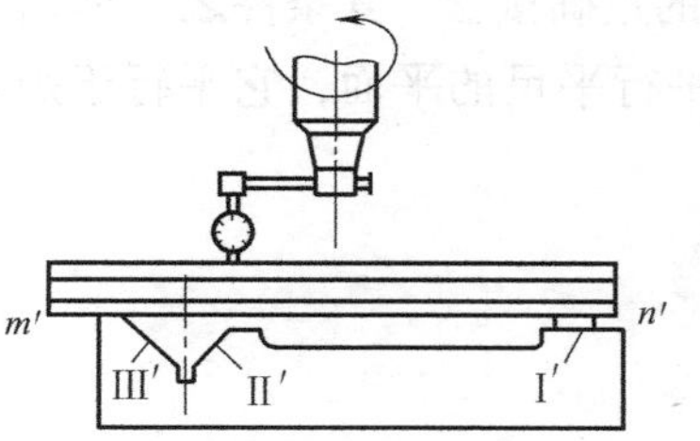

图7-26　磨辅助基准面

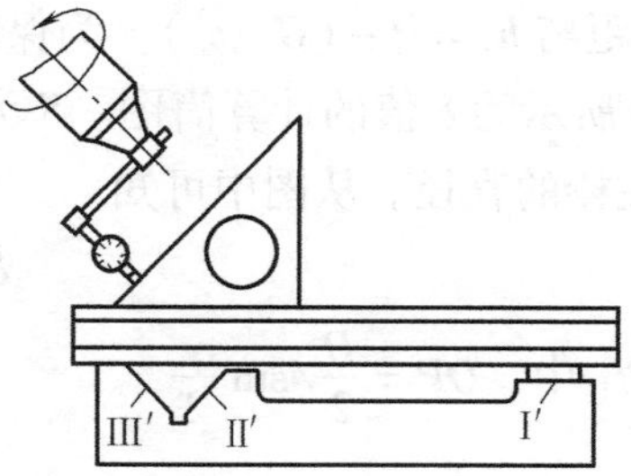

图7-27　回转校表调整磨头角度

4. 导轨副配磨的计算

（1）凸 V 形导轨顶尖与矩形导轨上平面距离 h 的计算　图 7-29 所示为 h 值的计算简图，图中 S 为桥板上平面，S 与矩形导轨上平面 E 平行，H 为测量值，其精度为 0.01mm，G 为桥板设计参数（已知），d 为圆柱棒直径，l 为两圆柱棒的中心距。$h_1=H-(G-c_n)$。

在$\triangle O_1T_1A$ 中，$O_1A=\dfrac{d}{2}/\sin\alpha$

在$\triangle O_2T_2B$ 中，$O_2B=\dfrac{d}{2}/\sin\beta$

$$AB=l-O_1A-O_2B$$

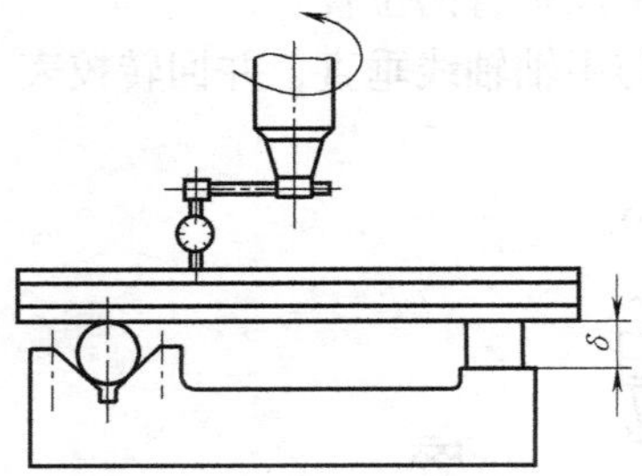

图 7-28　回转校表测量，保证 h 值

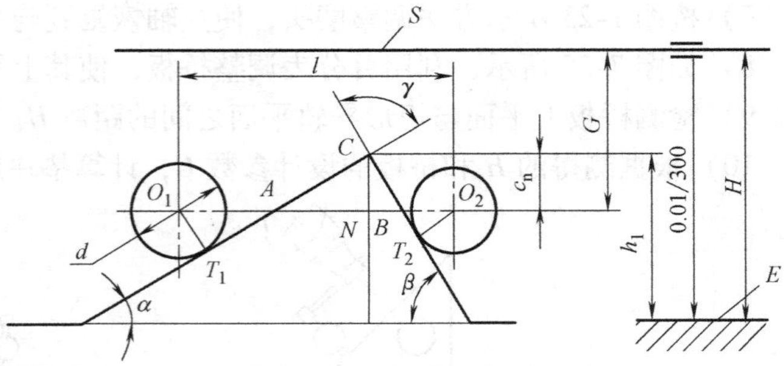

图 7-29　h 值计算简图

在$\triangle ABC$ 中，$AC=\dfrac{AB}{\sin\gamma}\sin\beta$

在$\triangle ANC$ 中，$CN=c_n=AC\sin\alpha=\dfrac{AB}{\sin\gamma}\sin\beta\sin\alpha$

将 $AB=l-O_1A-O_2B$ 代入 c_n 表达式并进行化简，即

$$c_n=\frac{1}{\sin\gamma}\left[l\sin\beta\sin\alpha-\frac{d}{2}(\sin\alpha+\sin\beta)\right]$$

c_n 值的表达式为任意凸 V 形导轨的通用计算公式，当 $\gamma=\alpha+\beta=90°$时

$$c_n=\frac{1}{2}[l\cos(\alpha+\beta)-d(\sin\alpha+\cos\alpha)]$$

当 $\alpha=\beta$ 时

$$c_n=\frac{1}{2\cos\alpha}(l\sin\alpha-d)$$

（2）垫块厚度 δ 值的计算　通过上述测量和计算，可算出凸 V 形导轨顶尖与矩形导轨上平面 E 的距离 $h_1=H-(G-c_n)$。为保证导轨副的正确接触，其条件之一是 $h_1=h_2$。

图 7-30 所示为 δ 值的计算简图。S 为桥板或平行平尺的平面，它平行于矩形导轨平面 E。D 为圆柱棒的直径。从图中可知

$$\delta=MQ-h_2$$

在$\triangle OPt_1$ 中，$OP=\dfrac{D}{2}/\sin\dfrac{\gamma}{2}$

在$\triangle OPQ$ 中，$OQ=OP\sin\left(\alpha+\dfrac{\gamma}{2}\right)$

$$=\frac{D}{2}\frac{\sin\left(\alpha+\frac{\gamma}{2}\right)}{\sin\frac{\gamma}{2}}$$

$$=\frac{D}{2}\left(\sin\alpha\cot\frac{\gamma}{2}+\cos\alpha\right)$$

$$MQ=\frac{D}{2}+OQ=\frac{D}{2}\left(1+\sin\alpha\cot\frac{\gamma}{2}+\cos\alpha\right)$$

MQ 值表达式为任意凹 V 形导轨的通用计算公式。当 $\gamma=\alpha+\beta=90°$ 时

$$MQ=\frac{D}{2}(1+\sin\alpha+\cos\alpha)$$

当 $\alpha=\beta$ 时

$$MQ=\frac{D}{2}\left(\frac{1}{\sin\frac{\gamma}{2}}+1\right)$$

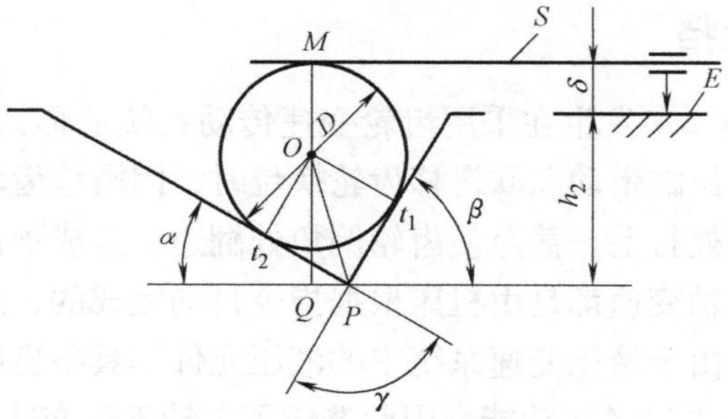

图 7-30　δ 值的计算简图

习题与思考题

7-1　简述刮研技术的特点。

7-2　平面刮研常用哪几种方式？

7-3　在内孔刮削中，粗、细、精刮时的刮刀前角有何变化？对刮削表面有何意义？

7-4　简述刮削 V 形导轨时采用的方法。

7-5　山-矩形组合形式的导轨如何确定刮研方案？

7-6　如图 7-21 所示的 V 形不对称导轨，已知 $\alpha=20°$，$\beta=70°$，工作时，工作台向上升起的高度 $h=0.043\text{mm}$。试问陡面预留间隙 s_0 为多少？（$S_0=0.02617\text{mm}$）

7-7　导轨磨床床身长 $L=10\text{m}$，床身高 $H=0.5\text{m}$。自秋入冬，地基温度高于室内温度，$\Delta t=4.5℃$。试问床身中凸量 δ 为多少（铸铁 $\alpha_l=11\times10^{-6}/℃$）？（$\delta=1.2375\text{mm}$）

第八章　数控机床机械故障的诊断与维修

第一节　主传动系统故障的诊断与维修

目前，数控机床普遍使用调速电动机，其主轴箱的内部结构比普通机床主轴箱内部结构简单得多，出现故障的几率大大降低了。但是，由于数控机床多采用自动变速结构，如采用齿轮变速的形式，因此会出现自动变速机构发生故障，自动换刀部分刀杆拉紧机构发生故障等问题。

现就主传动系统和主轴出现的故障，及其产生原因和排除方法加以介绍。

一、变速时挂不上挡

（1）产生故障的原因　多发生在采用齿轮变速传动系统的形式中，如图 8-1a 所示。当采用液压拨叉或直接由液压缸带动双联滑移齿轮换位时，因滑移齿轮与固定齿轮顶齿，发生严重撞击，而将齿轮倒角处打毛，甚至使齿轮倒角处翻边，造成顶齿挂不上挡，不能变速的故障。在数控机床中，主轴变速都是由机床根据指令自动完成的，组成变速系统的各元件均应适应这种情况。然而，由于液压变速系统中的液压元件不具备良好的速度调节功能，或者说相应的电磁元件不具备“记忆”功能，因此造成了主轴不能变速的故障。

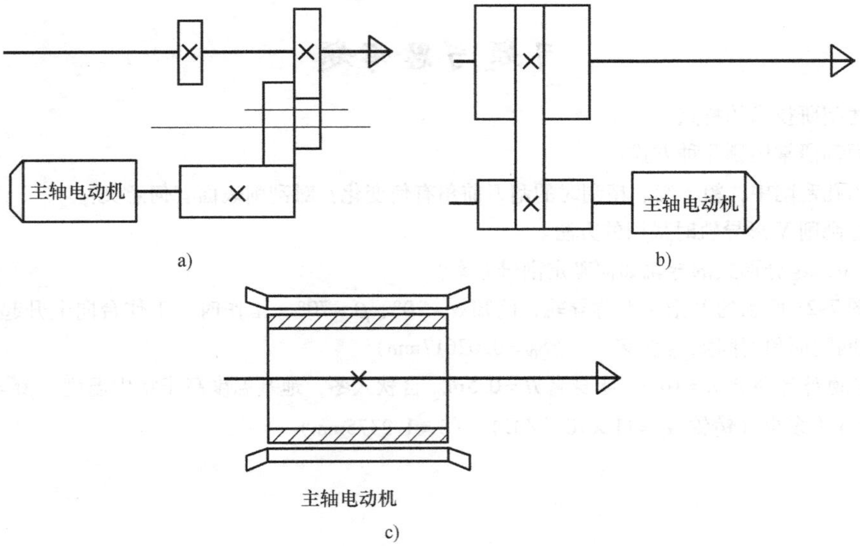

图 8-1　数控机床主轴传动配置形式

a）齿轮变速　b）带传动　c）调速电动机

（2）排除方法　在控制变速液压缸的运动时，采用信号杆配接近开关的组合方式，对排除主轴不能变速的故障是行之有效的方法。

二、噪声过大

1. 齿轮变速的形式

（1）产生故障的原因　对于采用齿轮变速的形式，由于齿轮的加工与装配精度不高，导致齿轮啮合间隙不均匀。齿轮在啮合时产生振动，造成主传动系统噪声过大的故障。另外，齿轮已损坏、轴承已损坏、轴承内润滑脂缺失或传动轴弯曲变形等，均可造成噪声过大的故障。

（2）排除方法

1）在数控机床的设计阶段，就要尽量减少齿轮的对数，适当限制齿轮的直径，并尽量避免使用线速度超过12m/s的高速齿轮，这是降低主传动系统噪声的有效措施之一。

2）如果发现齿轮已损坏，应立即更换新齿轮，并注意提高齿轮的制造及装配精度。

3）如果发现轴承已损坏，应立即更换新轴承，向流失润滑脂的轴承内涂抹3mL的润滑脂；如果发现传动轴已弯曲变形，应立即校直传动轴。

2. 带传动的形式

（1）产生故障的原因　如图8-1b所示，对于采用带传动的形式，如果连接主轴与电动机的传动带过紧，或是大带轮与小带轮传动平衡状况不佳，会造成噪声过大的故障。

（2）排除方法　移动电动机座，使传动带张紧度合适；将平衡块脱落了的带轮重新进行平衡。

三、主轴在强力切削时停转

1. 带传动的形式

（1）产生故障的原因　对于采用带传动的形式，如图8-1b所示，如果连接电动机与主轴的传动带过松，传动带表面有油，或是传动带使用过久而失效等，均会造成主轴在强力切削时停转的故障。

（2）排除方法　移动电动机座，张紧传动带使张紧度合适，然后将电动机座重新锁紧；用汽油清洗传动带表面的油污，将传动带清洗后擦干净，再重新装上；更换新传动带。

2. 齿轮变速的形式

（1）产生故障的原因　对于采用齿轮变速的形式，如图8-1a所示，由于在传动系统中采用了摩擦离合器，而如果摩擦离合器调整得过松或是摩擦片磨损过大，都会造成主轴在强力切削时停转的故障。

（2）排除方法　重新调整摩擦离合器，使之松紧程度合适；或修磨摩擦片，在摩擦片磨坏时更换新摩擦片。

四、主轴没有润滑油循环或润滑不良

（1）产生故障的原因　液压泵转向不正确，或是间隙过大；吸油管没有插到油箱的油面以下；油管的某处堵塞或过滤器堵塞；润滑油压力不足。以上均可造成主轴没有润滑油循环或润滑不良的故障。

（2）排除方法　针对上述故障产生的原因，可采取下述措施进行排除：改变液压泵转向或修理液压泵，使液压泵间隙减小；将吸油管插到油面以下，约为油液深度的2/3处较为合适；清洗油管和过滤器，清除堵塞物；调整供油压力，使供油压力和流量合适。

五、润滑油泄漏

（1）产生故障的原因　采用循环式润滑的设备，其抽吸油时间调整得不合适，抽吸油流量过大，导致润滑油外溢；密封装置的密封件破损；供油线路上的管件某处损坏。以上均可造成润滑油泄漏的故障。

（2）排除方法　首先检查抽吸油管位置是否合适，然后仔细调整好供油量及回油量的关系，并适当延长抽吸油的时间；认真检查主轴端部的密封结构，如果密封件破损，应立即更换；认真检查供油线路上的管件，如有破损，应立即更换成新管件。

六、主轴发热

（1）产生故障的原因　采用高级润滑脂与润滑油混合润滑方式的设备，其主传动部分用润滑油润滑，而主轴轴承处用高级润滑脂润滑。主轴发热原因有：主轴前后轴承损坏或轴承内进入碎屑及脏物；润滑油与润滑脂出现混合，导致润滑脂稀化并逐步流失，造成主轴润滑不良，或者人为地将润滑脂涂抹过多；主轴前端盖与主轴箱体压盖研伤。

（2）排除方法　更换主轴的轴承或清除轴承内的碎屑及脏物；严格区分润滑油润滑区域与润滑脂润滑区域，在结构上确保它们各自独立封闭；在涂抹润滑脂时，以每个轴承内约涂抹3mL为宜；修磨主轴前端盖，使它压紧主轴前轴承，并与后盖有0.05mm以内的间隙。

七、刀具不能夹紧或刀具夹紧后不能松开

（1）产生故障的原因　蝶形弹簧组的位移量过小，刀具松夹弹簧上的螺母松动会造成刀具不能夹紧的故障；液压缸的压力或行程不够，松刀弹簧压合过紧，会造成刀具夹紧后不能松开的故障。

（2）排除方法　仔细地调整蝶形弹簧组的行程长度，顺时针旋转夹刀弹簧上的螺母，使其最大工作载荷达到要求，即可消除刀具夹不紧的故障；逆时针旋转夹刀弹簧上的螺母，使其最大工作载荷达到要求，重新调整液压缸压力或活塞行程开关的位置，即可完成松刀动作。

八、刀具插入主轴锥孔中后偏斜，加工零件尺寸出错

（1）产生故障的原因　主轴锥孔中掉进了切屑或其他硬质污物，主轴锥孔和刀杆锥柄被划伤。

（2）排除方法　确保压缩空气喷气装置能正常工作，在装刀前能自动清除主轴锥孔中的切屑、灰尘及其他污物。

第二节　进给传动机构故障的诊断与维修

在数控机床的进给系统中，机械传动机构是不可缺少的，如齿轮传动副、滚珠丝杠螺母副，静压蜗杆副及其相应的支承部件。由于数控机床的进给运动是数字控制的直接对象，而工件最终坐标的位置精度与传动机构的几何精度、传动精度、灵敏度和稳定性有着直接的关系。因此，进给系统中排除机械传动机构的故障是保证机床正常工作的重要环节。

下面介绍滚珠丝杠螺母副的故障诊断及排除方法。

一、滚珠丝杠副间隙的调整

目前，在数控机床的进给传动机构中，普遍采用滚珠丝杠螺母副将伺服电动机的旋转运动转变为直线运动。由于滚珠丝杠螺母副存在轴向间隙，当丝杠反向转动时，会产生空回误差，从而影响传动精度和轴向刚度。通常采用预加载荷的方法来消除轴向间隙，以便保证反向传动精度和轴向刚度。但过大的预加载荷会增加摩擦阻力，降低传动效率，并缩短使用寿命。常用的滚珠螺母结构有双螺母和单螺母两种结构形式，数控机床上用得最多的是双螺母结构。因此，下面就以双螺母调隙方法为例作简介。

滚珠丝杠螺母副在进行轴向间隙的调整和预紧时，广泛采用双螺母预紧方式，即使两个螺母间产生轴向位移，从而消除间隙和产生预紧力。

（1）垫片调隙式　如图 8-2 所示，调整垫片厚度，使左、右两螺母产生轴向位移，从而消除间隙和产生预紧力。该方法简单可靠、刚性好，但调整费时，且不能在工作中随时调整。

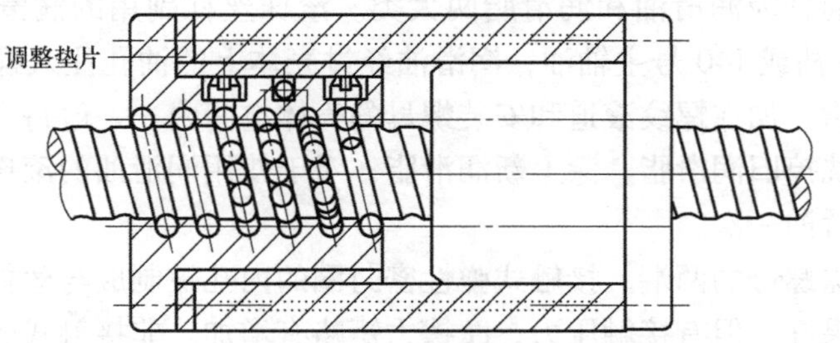

图 8-2　垫片调隙式结构简图

（2）螺母调隙式　如图 8-3 所示，左螺母的外端有凸缘，右螺母的外端有螺纹。调整时，只要旋转圆螺母就可达到消除间隙和产生预紧力的目的。该方法有结构紧凑，工作可靠，调整方便等优点，但由于位移量不易精确控制，故预紧力也不能准确无误。

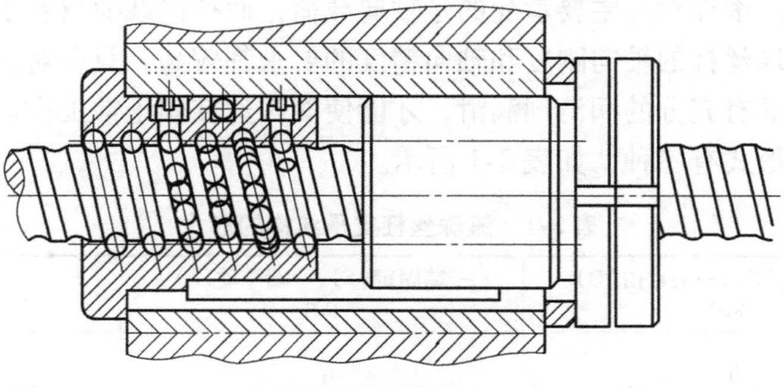

图 8-3　螺母调隙式结构简图

（3）齿差调隙式　如图 8-4 所示，在左，右螺母的凸缘上制有圆柱外齿轮，分别与固定在套筒两端的内齿圈相啮合，两齿轮的齿数分别为 $Z_1=99$，$Z_2=100$，只相差一个齿。调整间隙时，先取下内齿圈，让左、右螺母都相对于套筒同方向转过一个齿，再装入内齿圈，两个螺母便产生了相对位移，其轴向位移量 $S=(1/Z_1-1/Z_2)P$。

如果滚珠丝杠的导程 $P=10\text{mm}$，则 $S=10\text{mm}/9900\approx0.001\text{mm}$。该方法能精确地调整丝杠的轴向间隙和预紧力的大小，且调整方便、可靠，但结构较复杂，结构尺寸较大，适用于

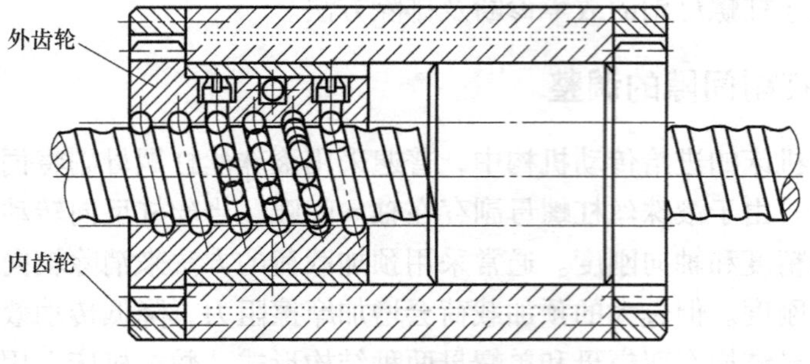

图 8-4　齿差调隙式结构简图

高精度的传动机构。

二、滚珠丝杠螺母副的润滑和密封

为了提高滚珠丝杠螺母副的传动效率，增加其耐磨性和延长其使用寿命，必须使用润滑剂进行润滑。润滑剂分为润滑油和润滑脂两大类。滚珠丝杠副用的润滑油为全损耗系统用油、90～180 号透平油或 140 号主轴油，润滑油经过壳体上的油孔注入螺母的空间内；润滑脂可采用锂基润滑脂，加在螺纹滚道和安装螺母的壳体空间内。一般每半年更换一次滚珠丝杠上的润滑脂，清洗掉旧润滑脂，涂上新润滑脂；对于使用润滑油的滚珠丝杠副，每天在机床工作之前加注润滑油一次。

密封圈装在滚珠螺母的两端。接触式弹性密封圈的内孔被制成与丝杠螺纹滚道相配合的形状，因此防尘效果好，但有接触压力，摩擦力矩略有增加。非接触式密封圈内孔的形状与丝杠螺纹滚道相反，还略有间隙，因此防尘效果差些。

三、滚珠丝杠支承结构的形式

为了提高滚珠丝杠的传动刚度和传动精度，合理地选用支承结构并正确地进行安装是非常重要的。工作时，滚珠丝杠主要承受的是轴向载荷，而径向载荷只有水平放置的卧式丝杠的自重。因此，滚珠丝杠的轴向刚度和轴向精度的要求都较高，只有对其支承结构的形式进行精心地设计并保证有充分的润滑剂润滑，才能使滚珠丝杠副正常工作。目前，数控机床滚珠丝杠的支承结构形式有三种，如表 8-1 所示。

表 8-1　滚珠丝杠支承结构的形式

支承方式	一端固定(F),一端自由(O) F-O	一端固定(F),一端浮动(S) F-S	两端固定 F-F
简图	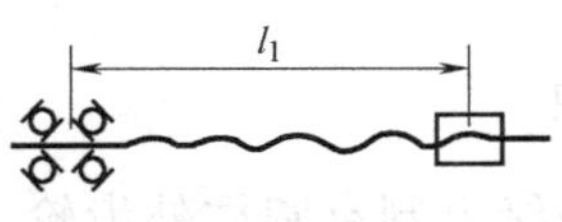 	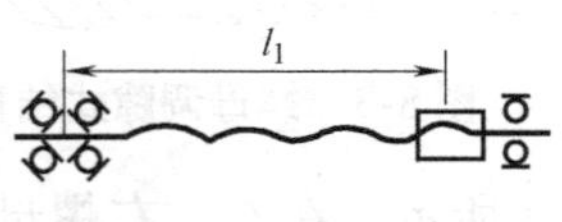 	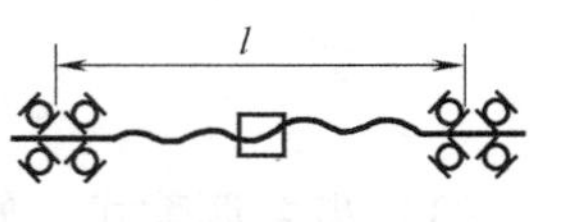
特点	结构简单,承载能力小,轴向刚度低,压杆稳压性较差且临界转速低,设计时应尽量使丝杠受拉伸	轴向刚度和 F—O 相同,压杆稳压性和临界转速比同长度的 F—O 高,丝杠有热膨胀的余地,须保证螺母与两支承同轴,结构较复杂,工艺较困难	丝杠的轴向刚度为一端固定的 4 倍,压杆的稳压性好,固有频率比一端固定的高,可旋加预紧力提高传动刚度,结构和工艺都较复杂
适用范围	适用于短丝杠和垂直丝杠	适用于较长丝杠或卧式丝杠	适用于长丝杠以及对刚度和位移精度要求较高的场合

第一种是F-O支承结构形式，就是丝杠的一端用一对角接触球轴承作轴向定位固定，另一端则自由的支承结构形式。

第二种是F-S支承结构形式，丝杠的一端用一对角接触球轴承作轴向定位固定，另一端是一个单列球轴承（或单列滚子轴承），其内圈与丝杠支承轴颈采用过盈或过渡配合，而外圈与壳体孔则采用小间隙配合，使单列球轴承可以在壳体孔内游动，从而形成了丝杠的浮动支承。

第三种是F-F支承结构形式，就是丝杠的两端均各自用一对角接触球轴承作轴向定位固定的支承结构形式。

四、滚珠丝杠副的故障诊断与排除

1. 运动阻力较大，运动不灵活

（1）滚珠丝杠副轴向预加载荷过大　为了保证滚珠丝杠副的传动精度及刚度，除了要消除间隙外，还要预加载荷进行预紧。设滚珠丝杠副能承受的最大轴向工作载荷为F_{max}，则将预加载荷调整为$1/3F_{max}$即可。

排除方法：重新调整预紧力和轴向间隙。

（2）滚珠丝杠中心线或螺母中心线与导轨不平行　由于在装配时没能调整好丝杠支座或螺母座位置，或由于某种原因造成丝杠支座和螺母座移位等，均会导致丝杠运动不灵活。

排除方法：重新调整丝杠支座或螺母座的位置，使丝杠中心线或螺母中心线与导轨平行。

（3）丝杠弯曲变形　由于某种原因造成丝杠弯曲变形，从而导致丝杠运动不灵活。

排除方法：对丝杠进行冷校直，使丝杠的直线度达到要求，并仔细地安装调整，使滚珠丝杠副运动灵活自如即可。

2. 噪声

（1）支承轴承方面　丝杠支承轴承的压盖没有压紧轴承端面，丝杠支承轴承已损坏或丝杠支承轴承缺乏润滑等，均可造成噪声的故障。

排除方法：调整轴承压盖，使压盖压紧轴承端面，直到压合情况良好为止；如果发现支承轴承已经损坏，应立即更换新轴承；如果发现轴承内的润滑脂稀化、流失或润滑剂已耗尽，应重新补充润滑剂。

（2）滚珠方面　滚珠丝杠副的滚珠破损，滚珠丝杠副缺乏润滑，或是润滑不良等，均会造成噪声故障。

排除方法：如果发现滚珠丝杠副的滚珠破损，应立即更换新的滚珠；对滚珠丝杠副要进行充分的润滑，改善其润滑条件。

（3）联轴器方面　电动机与滚珠丝杠联轴器由于某种原因松动，或是联轴器上的螺钉松动等均可造成噪声故障。

排除方法：检查联轴器上的螺钉是否完好，有无松动现象；如果发现锁紧螺钉松动，应重新进行锁紧，以便消除噪声故障。

第三节　导轨副故障的诊断与维修

机床导轨是用来支承和引导运动部件，使其沿一定轨道运动的部件。动导轨相对于支承件的运动是直线运动或回转运动。导轨按摩擦性质可分为滑动导轨和滚动导轨。由于数控机床对导轨副的要求很高，因此普遍采用塑料滑动导轨、滚动导轨和静压导轨。

一、塑料滑动导轨

目前，在数控机床上已广泛采用塑料滑动导轨。塑料滑动导轨分为贴塑导轨和注塑导轨两种。

1. 贴塑导轨

贴塑导轨是指在动导轨的摩擦表面上粘贴上一层导轨软带，与之相配合的支承导轨多为铸铁导轨或淬硬钢导轨。塑料软带以聚四氟乙烯为基体，加入青铜粉、二硫化钼和石墨等填充剂进行混合烧结，并做成软带状。国内生产牌号为 TSF 的导轨软带及配套用 DJ 胶粘剂。这种导轨副具有摩擦因数小，动、静摩擦因数接近，不易产生爬行现象，定位精度高，抗咬合磨损的能力强，减振性好，噪声小；耐磨性高，磨损小，不会划伤与其配合的金属导轨；化学稳定性高，可加工性好，工艺简单，成本低等特点。

（1）常见故障　导轨基面与导轨软带粘接不牢固。

（2）产生故障的原因　没有掌握好粘接的工艺。

（3）排除方法　掌握好粘接工艺，重新粘贴软带。将导轨粘贴面进行半精加工，使表面粗糙度 Ra 达到 1.6～3.2μm；清洗粘贴面，用 DJ 胶粘剂粘接，加压固化；精加工导轨面。

2. 注塑导轨

注塑导轨又称环氧树脂耐磨涂层导轨。国内牌号 HNT，为环氧树脂耐磨涂料。它是双组分塑料，其中一组分以环氧树脂和二硫化钼为基体，加入增塑剂，混合成膏状；另一组分为固化剂。这种环氧树脂耐磨涂料附着力强，可用涂敷工艺或压注成型工艺制造导轨的耐磨涂层。

（1）常见故障　耐磨涂层脆性较大，容易损坏。

（2）产生故障的原因　受到冲击载荷或意外碰撞。

（3）排除方法　在使用过程中，要特别注意使环氧树脂耐磨涂层免受冲击载荷或意外碰撞，以保证耐磨涂层的完好无损。

二、滚动导轨

由于滚动导轨的摩擦因数小，动、静摩擦因数相差不大，磨损小，润滑比较容易，低速运动时的平稳性好，移动精度和定位精度高。因此，现代数控机床常用滚动导轨。滚动导轨有两种，分别是滚动导轨块和直线滚动导轨。

（一）滚动导轨块

数控机床上采用的滚柱式单元滚动导轨块如图 8-5a 所示，它由专业厂家生产，有各种规格、形式可供用户选用。导轨块装在运动部件上，导轨的长度和负载的大小决定了导轨块数目的多少，但每一条导轨上至少要用两块单元滚动导轨块或更多块。与之相配合的支承导轨用镶钢淬硬导轨。这种导轨常见的故障如下。

1. 噪声过大及振动过大

（1）产生故障的原因　调整滚动导轨块时，没有达到要求；对滚动导轨块进行预紧时，

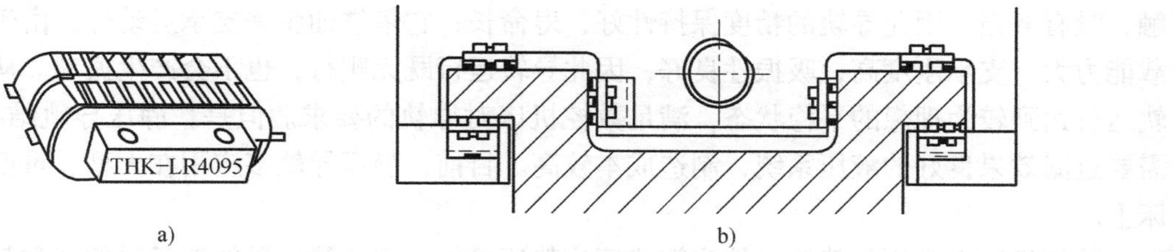

图 8-5　滚珠式单元滚动导轨块
a）单元滚动块　b）在加工中心上的应用

预紧力掌握不当。

（2）排除方法　滚动导轨块的调整预紧非常重要。为确保滚动导轨块在工作中不出现振动和噪声过大的故障，应将滚动导轨块紧固在可进行调整的镶条上，这样既能使调整方便，可将滚动导轨块的预紧力控制得大小适当，又能确保滚动导轨块的工作精度。

2. 支承运动导轨的淬硬镶钢导轨面损伤

（1）产生故障的原因　与滚动导轨块相配合的镶钢导轨在全长上硬度不均匀或预紧力过大，造成导轨面的损伤。

（2）排除方法　重新将镶钢导轨进行淬火处理，使之硬度均匀；重新调整预紧力，使之大小适当。这样既能消除滚动导轨块的间隙，又能保证其工作精度。

（二）直线滚动导轨

直线滚动导轨的外形和结构如图 8-6 所示。将导轨体固定在不动部件上，滑块固定在运动部件上。当滑块沿导轨体移动时，滚珠在导轨体和滑块之间的圆弧直槽内滚动，通过端盖内的滚道，滚动体不断循环，把滚动体与滑块之间的移动变成滚珠的滚动。直线滚动导轨无间隙，也能加预紧力进行预紧，具有自动调节功能，可承受任意方向的载荷。这种导轨装配简单方便，只要调整时仔细认真并注意防护，就很少出现故障。

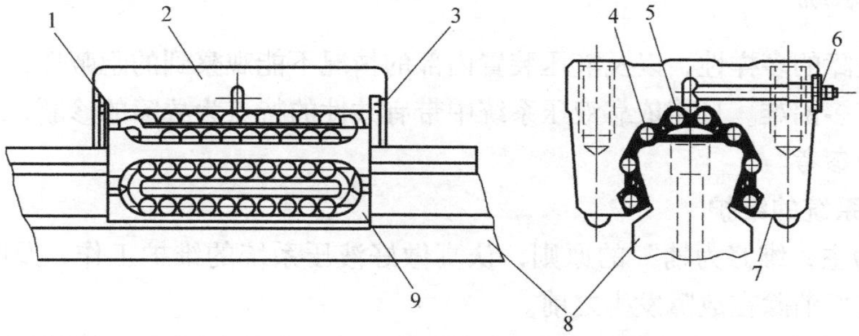

图 8-6　直线滚动导轨的外形和结构
1—压紧圈　2—支承块　3—密封板　4—承载钢珠列　5—反向钢珠列
6—加油嘴　7—侧板　8—导轨　9—保持器

三、静压导轨

静压导轨是在两个相对运动的导轨面间通入压力油，使运动件浮起的一种导轨。在工作过程中，导轨面油腔中的油压能随外加负载的变化而自动调节，来平衡外加负载，以确保两导轨面间始终处于纯液体摩擦状态。静压导轨摩擦因数极小，功率消耗小，导轨面不发生接触，没有磨损，因此导轨的精度保持性好，寿命长；它依靠油膜来支承运动件，由于油膜承载能力大，支承刚度高，吸振性良好，因此导轨运行既无爬行，也不会产生振动。从而使导轨运行达到较为理想的平稳状态，满足数控机床对导轨的要求。但是，静压导轨结构复杂，需要过滤效果良好的液压系统，制造成本较高。目前，静压导轨多应用在大型、重型数控机床上。

数控机床上常用的静压导轨为闭式恒流静压导轨。闭式静压导轨能承受偏载和颠覆力矩对数控机床的作用；采用恒流供油的方式，可提高油膜刚度。采用闭式恒流静压导轨较易出现的故障是：静压不能建立或局部静压不能形成，导轨不能正常工作。

（1）产生故障的原因

1）油液的过滤精度较差，导致有杂质混入油液中，使多头泵受损。

2）静压系统中油路堵塞或油液流动受阻，流动不畅，导致静压不能建立。

3）导轨在水平面内的直线度较差，油膜厚度不均匀，导致局部静压不能形成。

（2）排除方法　针对上述故障产生的原因，选择有效的排除方法。

1）在静压系统中，多设几道滤油装置，确保滤干净的油液不再受到二次污染，这样就可避免多头泵的损伤。

2）对于静压系统的调整问题，应重点注意地基与床身是否水平，如果发现导轨精度超差，须及时进行调整，或重新修复导轨，使其符合精度要求。

3）在工作过程中，要用防护罩对机床导轨进行防护，防止灰尘和切屑侵入导轨面。

第四节　液压和气压系统故障的诊断与维修

液压和气压系统的维护、保养和维修对数控机床是非常重要的。

一、液压系统

液压系统故障的多样性，以及液压装置内部的情况不能观察到的隐蔽性，给故障的诊断与维修带来了许多困难。只能依靠液压系统中带有共性的特点为故障的诊断、维修、保养和维护提供有益的参考。

（一）液压系统的维护

以“维护为主，维修为辅”的原则，认真做好液压系统的维护工作，及时发现一切不利因素，并将它们消除在故障发生之前。

1）液压系统的故障大多数都是由油液污染引起的，为确保液压系统能正常工作，重要的是要保持油液的清洁干净。

2）油温升高会给控制油液污染带来很多问题。例如，油温升高会导致液压泵的吸油能力下降，使压力和速度不稳定，液压元件的泄漏增加，加速油液的氧化变质。因此，控制油液的温升是提高工作效率的重要环节。

3）杜绝液压系统的泄漏。加强日常维护，及早发现故障，及时消除泄漏。

4）振动直接影响液压系统和液压元件的性能。振动会使螺钉松动，管接头松脱，从而引起泄漏和噪声，对工作环境造成污染。因此，防止液压系统发生振动是十分重要的。

5）由于液压系统的故障存在着可变性、隐蔽性和难于判断性。因此，严格执行日常点检制度就显得尤为重要。对液压系统的日常工作状态进行点检，把可能发生的故障征兆记录在检修卡上，将故障排除在萌芽阶段，减少故障的发生。

6）液压系统在工作过程中，其冲击振动、磨损和污染等因素，会造成管接头松脱，金属件磨损和密封件老化变质等问题。因此，对液压元件、油箱、过滤器等要实行定期的清洗维护；对油液、密封件执行定期更换制度；对螺钉等紧固件执行定期紧固制度。

（二）液压系统常见故障及其排除方法

1. 液压系统的外泄漏

（1）产生故障的原因　液压系统产生外泄漏的原因比较复杂，主要有以下几方面。

1）液压系统在工作过程中，往往会出现振动、腐蚀、压力差、温度的变化和装配不良等问题。

2）液压系统的设计缺陷，液压元件的质量、管路接头的连接质量差，使用维护不当等。

3）液压元件接合面、液压控制阀、液压缸等的密封装置的设计、加工、装配、调整得不正确，导致其失效或受损。

（2）排除方法　针对产生外泄漏的原因加以解决。

1）提高零部件、液压元件的几何精度，降低表面粗糙度值和加强密封性。

2）管接头要确保密封面能够紧密接触，紧固螺母与接头上的螺纹要配合适当、松紧适度。

3）严格检查各处的密封装置，发现密封件失效、破损，应及时更换。

4）防止液压系统产生振动。振动影响液压元件的性能，使紧固螺钉松动，管接头松脱，从而引起外泄漏。

2. 液压系统压力不能建立

（1）产生故障的原因

1）液压系统电动机的方向接反，或电动机功率较小，输出的功率不足。

2）液压泵吸油管没有插入液面以下足够深度，或根本没有插入液面以下，导致吸不上油，无液压油输入液压系统。

3）液压系统中有较严重的泄漏或油口接错，造成液压油路和回油油路短路。

（2）排除方法

1）检查电动机的旋转方向是否正确，如果不正确，应立即改变其旋向；如果功率较小，应更换功率较大的电动机。

2）将液压泵的吸油管插入液面以下2/3 深度处。

3）检查进、出油口的方位有无接错现象，检查各元件、液压泵有无泄漏现象；检查压力表油路有无堵塞现象，以防其不能正确反映压力。

3. 液压系统的噪声和振动

噪声和振动也是液压系统常见的故障，它会降低生产率、液压元件的寿命以及工件的加工精度等。

（1）产生故障的原因

1）电动机与液压泵联轴器的锁紧螺钉松动，或电动机轴与液压泵轴因不同轴等问题而产生撞击。

2）电动机的旋转件，如电动机主轴、转子、风扇等动平衡不良，或电动机轴承损坏等。

3）杂质混入液压系统并进入液压元件，使液压元件内的滑阀运动不灵活；密封件损坏或密封不严，使油液中混入空气并不断析出形成气穴，以致引起局部液压冲击。

（2）排除方法

1）把电动机与液压泵联轴器的锁紧螺钉锁紧，尽量提高电动机主轴与液压泵传动轴的同轴度。

2）将电动机的旋转件，如主轴、转子、风扇等装在一起进行动平衡测验；如果发现电动机轴承损坏，应立即更换成新轴承。

3）如果油液中混入了杂质，应对液压系统包括液压元件和管道进行清洗；如果密封件损坏，应立即更换成新的密封件，适当提高液压元件的精度，杜绝空气混入油液中。

4. 液压系统的油温过高

在液压系统中，由于油液为工作介质，用以传递动力和功率，因此其温度会升高。

（1）产生故障的原因　液压系统中的压力损失、机械能损失和容积损失，都将转变成热能，造成油液温度的升高。

1）由于油液具有粘性，因此，当油液沿着管道流动或流经管道的弯头、接头、突变截面及阀口、过滤网等时，均要克服粘性摩擦而产生沿程压力损失和局部压力损失。在液压系统中，压力损失的液压能转变为热能，导致系统温度的升高。

2）在液压系统中，需要使用液压泵、液压缸等，液压泵的转子与外壳间、液压缸的活塞与缸体间都有相对运动，从而产生机械摩擦，摩擦阻力的存在，引起机械能的损失。此机械能损失转变为热能，也会导致液压系统的温度升高。

3）密封不严或密封装置失效等诸多原因，均会造成油液泄漏等的容积损失。容积损失的能量也会转变为热能，导致液压系统的油温升高。

如上所述，造成液压系统油温过高的因素很多。在液压系统的工作过程中，有大量的油液通过压力阀溢流回油箱，每个压力阀在一定流量通过时，均会产生相应的压力损失，此压力损失的液压能转变为热能，是导致油温升高的最主要原因。

（2）排除方法

1）合理选用与液压系统相适应的泵、缸、阀等液压元件，采用简单的回路，尽量缩短管道长度，减少弯管和管道截面的突变等。

2）尽量采用卸荷回路，使非工作过程中的能量损耗尽可能减少；选择粘度合适、品质质量优良的油液作为传动介质，定期清洗保养，保持管道内壁光滑，减小管道的阻力。

3）提高相对运动件的加工精度和装配质量，并注意改善其润滑条件；通过适当地增大油箱的容积，充分增大箱壁的散热面积以更好地发挥其散热效果，来改善油箱的散热条件，必要时可采取强制冷却措施，降低油液的温度。

二、气压系统

（一）气压系统的维护

对于气压系统，应遵循“日常维护与定期检查”相结合的原则，以日常维护为主。

（1）确保压缩空气的干净清洁　气压系统的压缩空气中往往都含有多种杂质，如水分、油分和粉尘等。这些杂质对气压系统的危害很大，水分会腐蚀管道、阀和气缸；油分会使橡胶、塑料和密封件变质；粉尘会造成阀的动作失灵。选择合适的过滤器，清除压缩空气中的杂质，确保压缩空气的干净清洁，是保证气压系统正常运行的必要条件。

（2）确保气压系统的密封性　泄漏不仅增加了能量的损耗，也会导致供气压力的下降，甚至造成气压元件的工作失常和噪声污染。因此，一定要确保气压系统的密封性，杜绝气体泄漏的发生。

（3）保持换向阀的灵敏度　从空气压缩机排出的压缩空气中，含有压缩机油微粒。它们进入换向阀内后便附着在阀芯上，使阀的灵敏度降低，甚至动作失灵。为保持阀的灵敏性，可在过滤器之后，再安装油雾分离器，将油微粒分离出来。比较彻底的办法是定期清洗换向阀，从而保持换向阀的灵敏度。

（4）采取合适的降噪措施　气压元件排气噪声大，不仅会造成环境污染，而且对工人健康的危害也较大。因此，必须采取合适的降噪措施。例如，选择合适的排气管孔径和合适的消声器。

（5）确保气压执行元件的运动速度正确　气压执行元件的运动速度正确是完成预定功能的前提条件，执行元件的速度过快或过慢，都将造成预定功能的失调或完不成预定功能。要确保气压执行元件有正确的运动速度，必须保证气压装置具有合适的工作压力。气压系统中的减压阀和节流阀是调节气体压力的主要元件。在减压阀与节流阀调节好后，必须紧固调压阀盖或锁紧螺母，以防止松动。调节工作压力时，压力表应当工作可靠，读数准确，能正确反映系统内的气体压力。

（6）适度的润滑　大多数气压执行元件和控制元件都要求有适度的润滑。在气压系统中，常采用油雾器进行喷雾润滑，以保证压缩空气中含有适量的润滑油。

（二）气压系统的常见故障及其排除方法

1. 气缸的故障

气缸会发生的故障包括：气缸漏气；输出力不足，动作不平稳；缓冲效果不好及气缸损伤等。

（1）产生故障的原因

1）活塞杆与端盖之间的密封圈损坏，活塞与缸筒缺乏润滑或润滑不良，活塞杆与活塞不同心，活塞杆偏心或有损伤等。

2）气缸筒内表面有缺陷、锈蚀或划痕等，气缸内混入了冷凝水或其他杂质，活塞或活塞杆被卡住等。

3）缓冲部分的密封圈损坏或性能不佳，调节螺钉损坏，气缸速度过快，由偏心负载或冲击负载引起活塞杆损伤等。

（2）排除方法

1）更换活塞杆与端盖之间的密封圈，加润滑油；重新安装活塞杆，使之与活塞同心，使活塞杆不受偏心负荷；如果活塞杆表面有划痕，应用180#纱布进行打磨。

2）清除气缸内的杂质和冷凝水；对于缸筒的锈蚀和划痕，可用细纱布进行打磨。

3）更换缓冲部分的密封圈和调节螺钉；避免冲击载荷作用到活塞杆上，以防止活塞杆损伤。

2. 电磁换向阀的故障

电磁换向阀的故障包括：电磁阀温度过高，阀不能换向，阀泄漏，产生振动等。

（1）产生故障的原因 电压过高，润滑不良，滑动摩擦阻力过大；密封件失效，灰尘等污物卡在滑动部分上；弹簧损坏，阀杆有损伤；电压低等。

（2）排除方法 针对故障现象，对换向阀进行清洗，更换损坏的零件和密封件，提高或降低电源电压等。

第五节 刀库及自动换刀装置故障的诊断与维修

刀具与自动换刀装置是直接影响数控机床自动化程度及工作效率的重要部分，及时地对刀库及自动换刀装置的故障进行诊断和排除，对于用好数控机床有着极其重要的意义。

在刀库及自动换刀装置中，换刀机械手的机械结构比较复杂，又是机、电、液、气相结合的部件。机构越复杂，造成故障的隐患则越多，就越有可能成为可靠性最为薄弱的环节。

根据刀库及换刀机械手的情况，还是应该以“维护为主，维修为辅”的原则，对其进行维护。

一、刀库及自动换刀机械手的维护

1）开机之前，先使刀库及机械手空运行，检查各部分的工作情况，特别是各行程开关和电磁阀的动作正常与否。检查机械手的液压系统或气压系统的压力是否正常，刀具在机械手上的锁紧是否可靠。

2）严禁把超重、超长的刀具装入刀库，防止掉刀或刀具与工件、夹具等发生碰撞。

3）在采用顺序选刀方式时，必须保证刀具在刀库上的放置顺序要正确。在采用其他选刀方式时，也要注意所选刀具号与所需刀具时一致性，防止换错刀具。

4）在采用手动方式往刀库上装刀时，要确保装到位、装牢靠，刀座上的锁紧要可靠。

5）经常检查刀库的回零位置、机床主轴的换刀点位置，并及时进行调整。

6）对刀具、刀柄和刀套，要注意保持其清洁。

二、刀库及换刀机械手的常见故障及其排除方法

1. 刀库不动作、刀库不回零、刀库不到位

（1）产生故障的原因 电动动机没起动，电动机主轴与蜗杆轴的联轴器松动，开关过压或压不上等。

（2）排除方法 检查电动机电源；将联轴器上的螺钉紧固；用可靠性高的行程开关，在可能的情况下，采用非接触式反馈，可避免开关过压或压不上的现象。

2. 刀库中的刀套卡不紧刀

（1）产生故障的原因 刀套上的调整螺母松动，压紧弹簧损坏等。

（2）排除方法 顺时针旋转刀套两边的调节螺母；压紧弹簧，顶紧卡紧销或更换弹簧。

3. 刀具从机械手中脱落

（1）产生故障的原因 刀具超重、机械手卡紧销损坏或没有弹出来。

（2）排除方法 刀具重量不能超过规定值；更换卡紧销和弹簧，更换活动销及弹簧等。

4. 刀具交换时掉刀

（1）产生故障的原因　换刀时，主轴箱没有回到换刀点；机械手抓刀时没有到位。

（2）排除方法　重新设定换刀点；调整机械手，使其抓紧刀柄再换刀。

习题与思考题

8-1　数控机床主传动系统采用的配置形式有几种？各是什么结构形式？

8-2　数控机床主传动系统的机械故障主要有哪几种？如何排除？

8-3　对于数控机床进给传动机构中的滚珠丝杠螺母副，常采用什么结构方法进行调隙和预紧？

8-4　进给传动机构常出现哪几种故障？应该如何排除？

8-5　塑料滑动导轨常出现哪几种故障？如何排除？

8-6　单元滚动导轨块常出现哪几种主要故障？如何排除？

8-7　静压导轨常出现哪几种故障？每种故障都与液压系统中的油液清洁度有关吗？

8-8　气压系统往往会产生较大噪声，应如何降低噪声？

第九章　典型零部件的修理与装配

第一节　主轴部件的修理与调整

机床主轴部件是机床的关键部件，它担负着机床的主要切削运动，对被加工工件的精度和表面粗糙度以及生产率都有直接影响。在修理、装配主轴部件时，要坚持仔细、认真、一丝不苟的原则。

一、影响主轴精度的因素

主轴部件的精度取决于它在装配调整后的旋转精度，包括主轴的径向圆跳动、轴向窜动以及主轴旋转的均匀性和平稳性等。影响主轴部件旋转精度的因素很多，必须在修理与调整中具体分析，有针对性地采取措施，以提高其旋转精度。

1. 影响主轴径向圆跳动的因素

影响主轴径向圆跳动的因素有主轴的精度、轴承的精度和主轴箱体上轴承孔的精度等。例如，主轴轴颈的同轴度、锥度和圆度等；轴承内滚道的圆度、表面粗糙度以及滚动体的尺寸误差；箱体上轴承孔的同轴度、锥度和圆度等。如果主轴、轴承和箱体轴承孔出现误差，均会引起主轴的径向圆跳动，使主轴运转的灵活性降低，以致运转发生阻滞现象。

2. 影响主轴轴向窜动的因素

影响主轴轴向窜动的因素有主轴轴颈台肩面的垂直度和台肩面的轴向圆跳动，紧固轴承的螺母、衬套、垫圈等的轴向圆跳动和平行度，滚动轴承外圈的轴向圆跳动和轴向窜动，主轴箱体轴承孔的轴向圆跳动等。

3. 影响主轴旋转均匀性和平稳性的因素

影响主轴旋转均匀性和平稳性的因素也很多，如主轴传动件齿轮、带轮、链轮等的制造精度和装配质量。此外，外界振源也会影响主轴旋转的均匀性和平稳性。

二、车床主轴部件的修理与调整

主轴部件修理与调整的方法是随着主轴部件所用轴承的不同而不同的。目前，多数通用机床的主轴部件采用滚动轴承。由于滚动轴承已标准化，使用方便，因而给修理工作创造了便利条件。现以 C620-1 卧式车床为例，介绍车床主轴部件修理与调整的方法。

（一）主轴部件的修理

图 9-1 所示为 C620-1 车床的主轴部件，其前轴承为精密级的双列圆柱滚子轴承，用来承受切削加工时的径向力，调整该轴承的间隙，可以控制主轴的径向圆跳动量。主轴向左的轴向力由尾端的精密级推力球轴承承受，向右的轴向窜动由圆锥滚子轴承调整并予以消除。在主轴运转发热后，允许主轴前端作轴向伸长，从而不影响前轴承调好的径向间隙，因此不会使主轴因受热膨胀力的作用而弯曲变形。

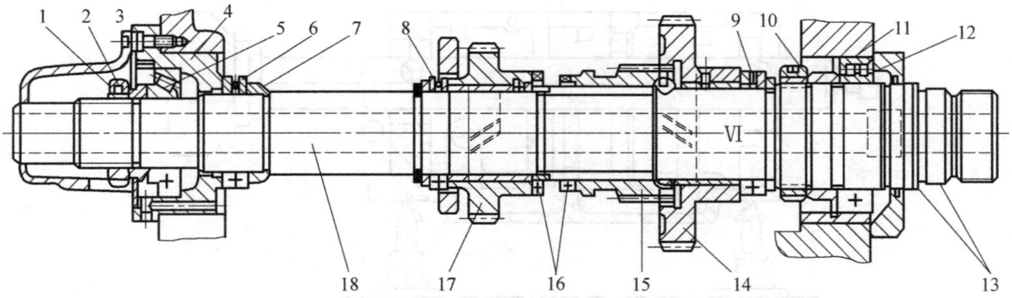

图 9-1　C620-1 车床的主轴部件

1、10—螺母　2—紧固螺钉　3、11—隔套　4—后轴承壳体　5—圆锥滚子轴承
6、8、9—推力球轴承　7—止推垫圈　12—双列圆柱滚子轴承　13—卡盘定位面
14、17—平行轴斜齿轮 z64、z50　15—直齿圆柱齿轮 z50　16—齿式离合器　18—主轴

1. 主轴箱体轴承孔的修理

图 9-2 所示的箱体两端孔径为 ϕ155mm 与 ϕ150mm 的两孔必须同轴。一般将箱体放在铣镗床的工作台上进行检测较方便，如图 9-3 所示。将箱体底面放在铣镗床工作台 1 的可调千斤顶 2 上，在长镗杆上装杠杆式内径百分表，使镗杆 3 的长度大于两倍箱体长度；低速旋转镗杆并移动工作台，先校准镗杆与一端孔的同轴度，然后再移动工作台检测另一端的孔。为减少相对误差，镗杆只作旋转运动而不作轴向移动。检测所得两孔的同轴度一般应在 0.015mm 以下：同时检测两端面对主轴轴承孔的垂直度，在安装法兰的直径范围内，其值应小于 0.015mm；用杠杆式内径百分表检测孔的锥度和圆度，其值一般应小于 0.01mm。

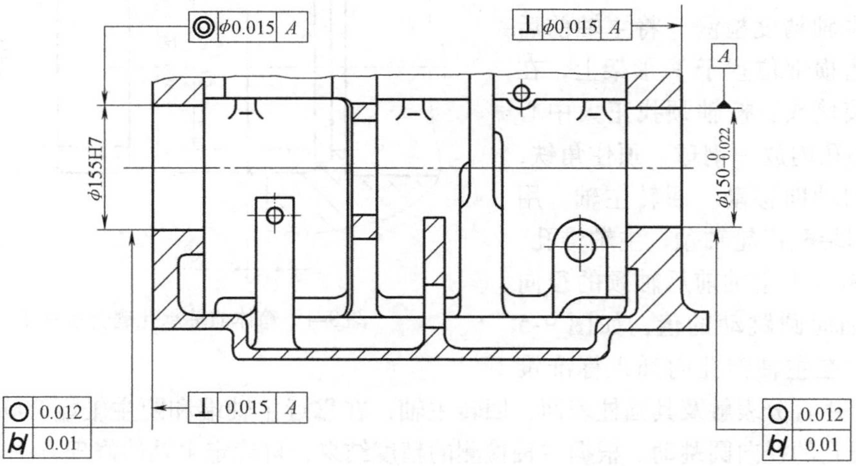

图 9-2　主轴箱体

如果箱体前轴承孔的磨损较大，与轴承配合松动或有较大的锥度和圆度，则会引起轴承外圈变形或在孔中转动，从而破坏了滚动轴承原有的精度。轴承孔为标准配合孔径，不宜进行研磨或刮研来修复精度，应采用镗孔镶套的方法为宜。

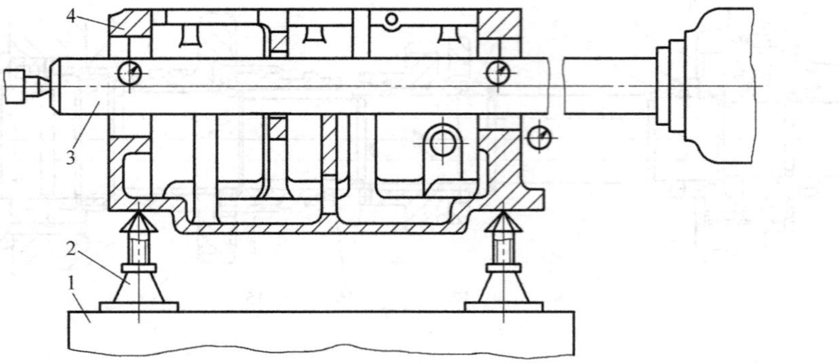

图 9-3　在铣镗床上检测主轴箱体的精度

1—工作台　2—可调千斤顶　3—镗杆　4—主轴箱体

首先按图 9-4 所示制备一个 45 钢的钢套，将外圆加工至 ϕ156r6，留长度余量 2 ~ 3mm；然后将主轴箱体放在铣镗床的工作台上，以两端轴承孔为基准找正夹紧，按镶套外径镗箱体孔径 ϕ156H7，保证配合的最佳过盈量为 0.03 ~ 0.05mm。保持箱体不动，利用镗轴将套压入，并按轴承外径配镗镶套内孔，保证过盈量在 0 ~ 0.005mm 之间。利用镗刀刮平端面，这样既保证了孔的同轴度，又保证了端面与孔的垂直度。

2. 主轴的修理

主轴的精度十分重要，它将直接影响装配后的旋转精度。因此，要求各轴颈处的径向圆跳动、锥度和圆度均小于 0.01mm。

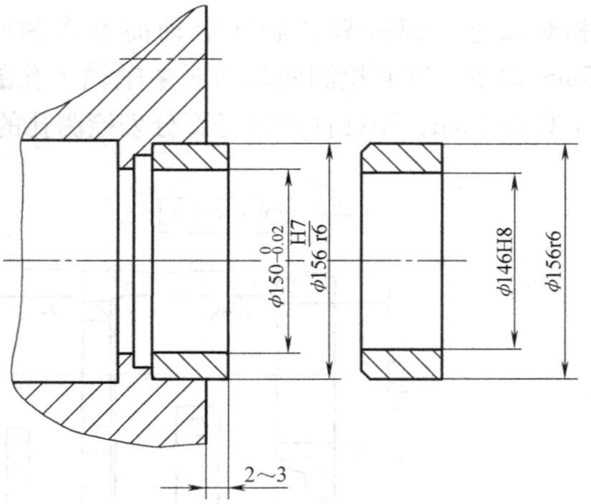

图 9-4　箱体前轴承孔镶套示意图

（1）主轴精度检测　将主轴前后轴颈的未磨损部位置于 V 形架上，在主轴后端装堵头，按轴颈找正大中心孔，在中心孔内放一钢球，顶住角铁，控制主轴的轴向移动。回转主轴，用百分表检测装配齿轮轴颈、主轴锥孔、台肩面等相对于主轴前后轴颈的径向圆跳动和轴向圆跳动的值，如图 9-5 所示；然后在主轴锥孔内插入标准锥度检验棒，用百分表触及其圆柱表面，回转主轴，在靠近主轴端和距主轴端 300mm 处分别检测主轴锥孔的径向圆跳动。根据主轴检测的精度结果，可确定主轴的修理方法。

（2）镀铬修理　主轴两端重配堵头，以前后轴颈的未磨损部分定位找正，打两端中心孔。将已磨损的前、后轴颈 ϕ100mm、ϕ75mm 和 ϕ70mm，磨去厚度 0.05 ~ 0.15mm；然后进行镀铬，单边镀层厚度宜小于 0.20mm，并保证直径上的磨削余量大于 0.15mm。磨削、镀铬后的后轴颈 ϕ70js5 处时，最好按圆锥滚子轴承内孔的实际尺寸配磨成轻过盈配合，过盈量为 0 ~ 0.005mm。在卡盘轴颈 $\phi92^{+0.005}_{-0.015}$mm 镀铬后，应按标准规定的公差对其进行磨制。

若主轴前端锥孔有轻微磨损，可用标准锥形研磨棒进行研磨；若主轴锥孔磨损严重，则应以前、后轴颈为基准找正，精磨锥孔至精度要求。

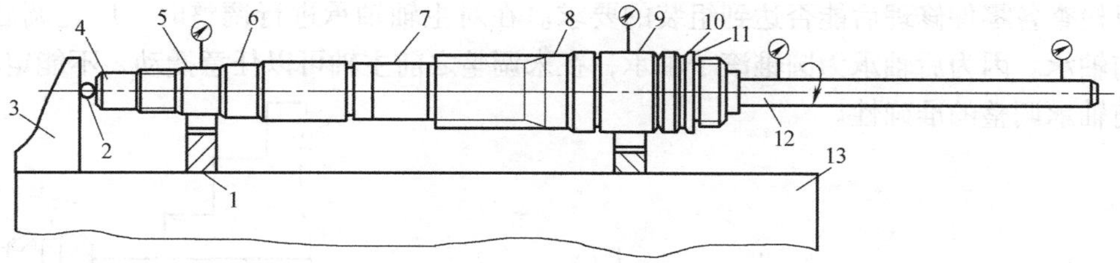

图9-5　在V形架上检测主轴精度

1—V形架　2—钢球　3—挡铁　4—堵头　5—后轴颈　6—安装轴承的轴颈　7、8—安装齿轮的轴颈　9—前轴颈　10—卡盘定位轴颈　11—卡盘定位止推面　12—检验棒　13—底座

3. 后轴承套壳体的修理

后轴承套壳体内孔 ϕ125J7 的锥度和圆度应小于0.01mm，其轴向圆跳动量应小于0.005mm。如图9-6所示，将后轴承套连同轴承装在置于平板上的检测心轴底座上，用百分表检测后轴承套外径 ϕ155k6，其径向圆跳动应小于0.01mm，端面 E、F 的轴向圆跳动应小于0.005mm。若 E、F 面超过公差，应刮研至要求。

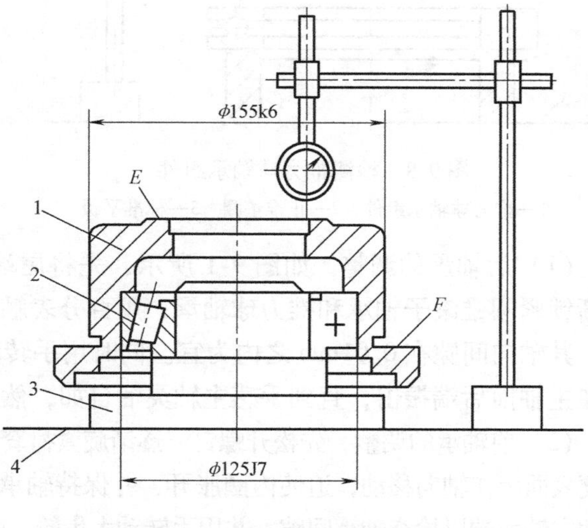

图9-6　后轴承的精度检测

1—后轴承套　2—滚动轴承　3—检测心轴底座　4—平板

4. 止推垫圈和圆螺母的修理

这些零件的修理质量对主轴部件的精度有直接影响，必须予以保证。修理止推垫圈是在标准平板上进行的，用着色法检测两端面，其接触率应为85%以上；用千分表检测平行度，其值应小于0.005mm。若超过公差，则应进行磨削或刮研至要求。止推垫圈如图9-7所示。

将止推垫圈与推力球轴承组合一起，放在标准平板上用千分表在四个方向上进行检测，如图9-8所示，其平行度应在0.005mm以内。

修理圆螺母时，可在车床上加工一个螺纹心轴，将圆螺母旋紧，如图9-9所示，用车刀精车圆螺母端面至要求。

（二）主轴部件的装配与调整

在主轴部件上的零件都修好后，装配工作最好分预装调整和试车调整两步进行。

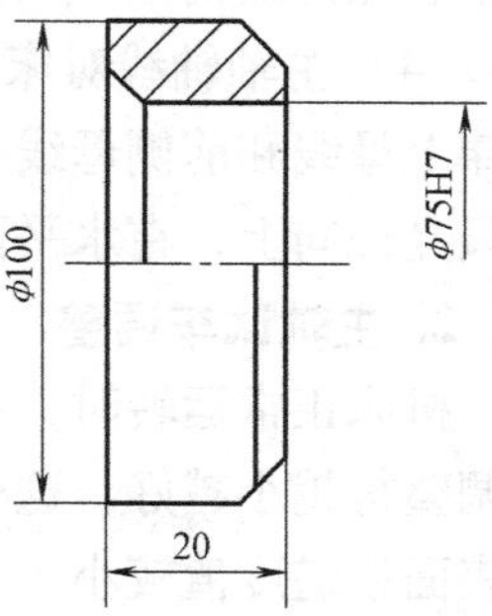

图9-7　止推垫圈

1. 主轴部件的预装调整

由于空箱便于翻转和修刮箱体底面，从而确保底面与床身结合面的接触率及主轴轴线对床身导轨的平行度。在主轴箱内未装其他零件之前，应先将主轴部件按图 9-1 所示进行预装，以检查各零件修理后能否达到组装的要求。在对主轴轴承进行调整时，应先调后轴承，再调前轴承。因为后轴承为圆锥滚子轴承，在未调整之前主轴可以任意撬动，不能定心，故影响前轴承调整的准确性。

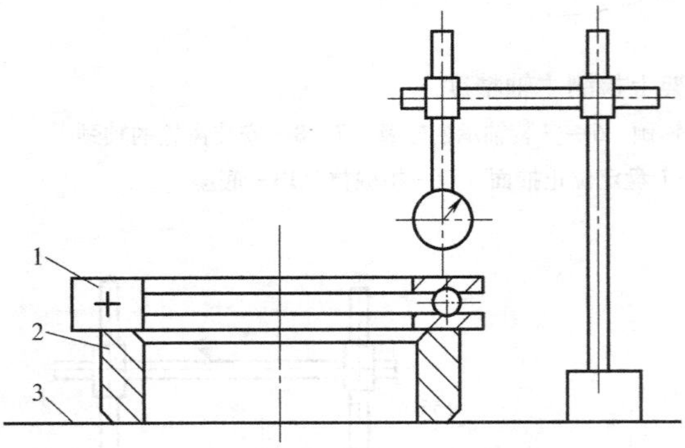

图 9-8　检测推力球轴承组件

1—推力球轴承组件　2—止推垫圈　3—标准平板

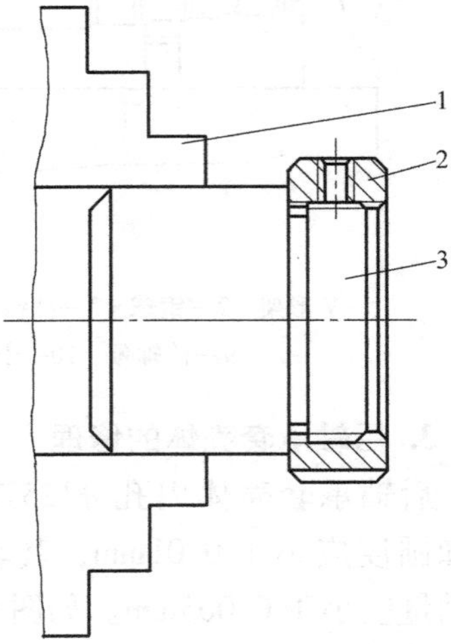

图 9-9　圆螺母的修理

1—卡盘　2—圆螺母　3—螺纹心轴

(1) 后轴承的调整　如图 9-1 所示，先将尾端圆螺母上的紧固螺钉松开，旋转圆螺母逐渐锁紧圆锥滚子轴承和推力球轴承；用百分表触及主轴前台肩面，适当加力，前后推动主轴，其轴向间隙在 0.01mm 之内为宜。同时用手转动大齿轮，若感到阻滞不灵活，可用大木锤在主轴前后端振击，直到手感主轴灵活自如，然后用紧固螺钉将圆镙母锁紧。

(2) 前轴承的调整　先松开螺钉，逐渐旋紧衬套后面的圆螺母，使轴承内圈在轴颈 1∶12 的锥度表面上作轴向移动，迫使内圈胀开，并保持轴承内、外滚道的间隙为 0 ~ 0.005mm。用杠杆撬动主轴前端以检查轴承间隙，并用手转动大齿轮，感到灵活自如、无阻滞即可。

(3) 主轴旋转精度的检测　将法兰心棒 2 装到主轴 5 前端，并用拉杆 7 将其拉紧，调整心棒使径向圆跳动为最小值，如图 9-10 所示。用百分表触及心棒上母线，在靠近主轴端和距主轴端 300mm 处分别进行检测，其径向圆跳动应分别在 0.005mm 和 0.02mm 以内。在心棒中心孔处放钢球 1，用平头百分表触及钢球进行检测，其窜动量应在 0.01mm 以内。

(4) 主轴轴线对床身导轨的平行度的检测　将百分表座置于床鞍上，使表头触及法兰心棒上母线和前侧母线。移动床鞍，在垂直面内，300mm 长度上公差为 0.03mm，远离主轴端只允许向上；在水平面内，侧母线远离主轴端只允许向前偏 0.015mm，如图 9-10 所示。

2. 主轴试车调整

机床正常运转时，主轴间隙会受到机床温升的影响。因此，主轴间隙应在机床温升稳定后调整得越小越好，这样可以提高主轴的旋转精度和刚度，从而提高所加工工件的精度和使其表面粗糙度值较小。

在试车调整时，先打开主轴箱盖加油，适当旋松调节轴承间隙的圆螺母并做记号，用大木锤振击主轴使它回松，保持间隙在 0.0025 ~ 0.05mm 之内。用手转动主轴，感觉灵活无阻滞则盖上

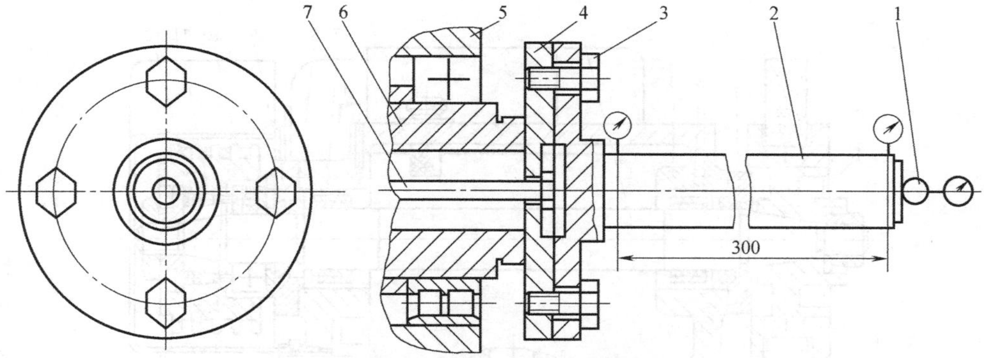

图9-10　用法兰心棒检测主轴精度

1—钢球　2—法兰心棒　3—螺栓　4—垫板　5—箱体　6—主轴　7—拉杆

箱盖，从低速到高速空运转2h，待温度稳定后，按预装方法重调主轴间隙，使其保持在0～0.02mm之间；再从低速到高速空运转2h，以最高速度运转30min，此时温度不超过60℃即可。

三、外圆磨床主轴部件的修理与调整

轴瓦式滑动轴承是一种高精度的滑动轴承，如果将其调整得当后用于磨床主轴上，可磨削表面粗糙度值达 *Ra*0.4～0.1μm，圆度在0.005mm以内的工件。现以由短三瓦调位动压滑动轴承支承的外圆磨床的主轴为例，如图9-11所示，介绍其修理和调整方法。

（一）主轴的修理

磨床主轴在使用一段时间后，都有不同程度的磨损、划痕、烧伤以及锥度和圆度误差的加大。若主轴表面有裂纹，则应更换主轴。如果主轴轴颈只有轻微磨痕，应进行研磨和抛光；若划痕、烧伤较严重，则应先精磨后研磨；因轴颈磨损大而使其尺寸减小较多时，应更换轴瓦或用镀铬法修复轴颈。

主轴轴颈的研磨是采用研磨套在车床上进行的，如图9-12所示。研磨套由内套和外套构成，其结构如图9-13所示。内套2的材料为HT150，其外径带有1:30的锥度，并开有三条槽，其中一条为通槽，小端带有螺纹，通过螺母4可调节内孔的研磨直径。在研磨套内加适量氧化铬研磨砂和煤油；转动主轴，用手握住研磨套的手柄3并往复移动，即可将轴颈表面的磨痕研磨掉；再用玻璃板加氧化铬研磨砂与煤油的混合物，抛光轴颈表面；最后用毛毡抛光到表面粗糙度值 *Ra*0.1～0.2μm，锥度和圆度小于0.003mm，径向圆跳动量达到要求即可。

（二）轴瓦的刮研

1. 轴瓦圆弧凹坑与球头螺钉接触率的检查

图9-14所示为轴瓦的结构。球头螺钉与轴瓦背面圆弧凹坑为配合件，均为配研成对，拆卸时应打上记号，并应进行着色检查，其接触率应大于65%。

2. 刮研主轴箱壳体底面

将主轴箱壳体置于标准平板上，着色后刮研壳体与分度盘接触面，刮研后检查其接触率，在25mm×25mm范围内达到6～8点，前后主轴孔中心线对底面的平行度小于0.02mm。

3. 轴瓦的刮研与抛光

轴瓦在使用中，因温升过高其铜层中的铅会融化析出，使表面发黑并形成许多微孔，此时必须换轴瓦。如果轴瓦表面光亮，只有与轴颈摩擦产生的细丝状痕迹，则可修复使用。

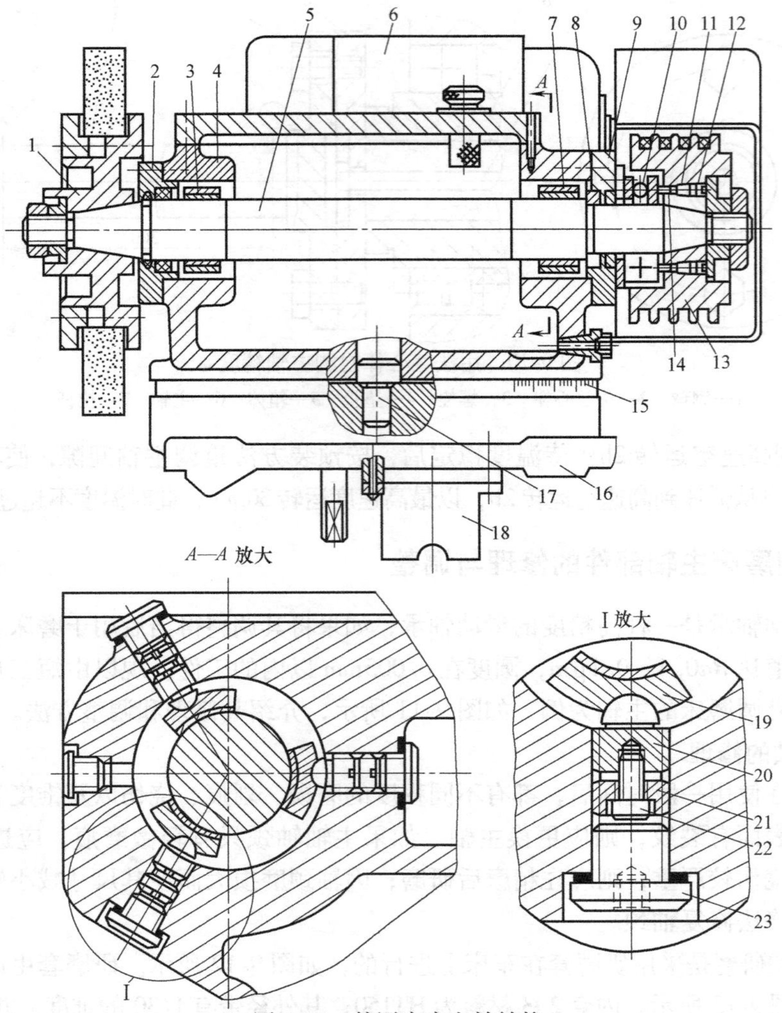

图 9-11　外圆磨床主轴结构

1—压盘　2、9—轴承盖　3、7、19—轴瓦　4—壳体　5—主轴　6—电动机　8—止推环　10—推力球轴承　11—弹簧　12—调节螺钉　13—带轮　14—销　15—分度盘　16—滑鞍　17—定位轴销　18—半螺母　20—球头螺钉　21—螺套　22—锁紧螺钉　23—封口螺钉

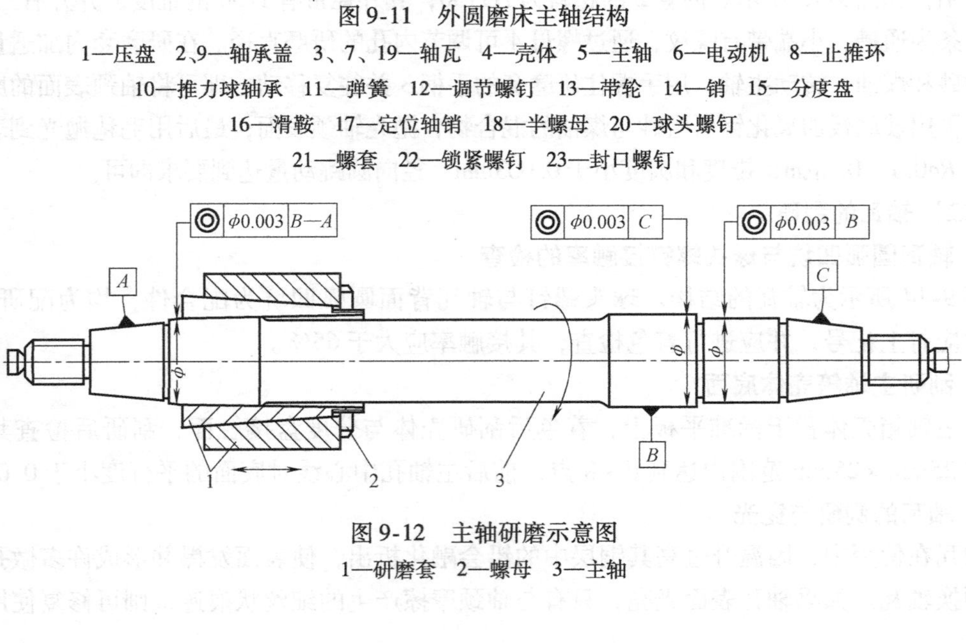

图 9-12　主轴研磨示意图

1—研磨套　2—螺母　3—主轴

（1）粗刮轴瓦　在标准平板3上放两个V形架2，在轴颈上涂一薄层蓝油，将轴瓦1与轴颈研点着色，同时在轴瓦背上用百分表检测轴瓦两端的厚度，如图9-15所示，其厚度差应在0.01mm以内，且前后轴承相对应的两块轴瓦厚度差也应在0.01mm以内，接触率为25mm×25mm范围内有12~14点。

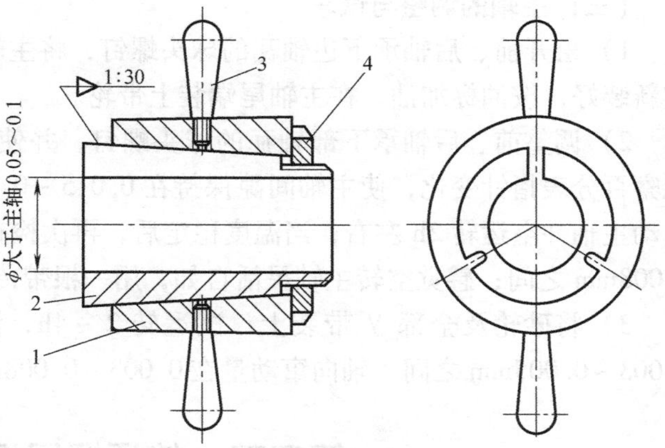

图9-13　研磨套结构图
1—外套　2—内套　3—手柄　4—螺母

（2）精刮轴瓦　将主轴箱壳体底面置于标准平板上，把下部的四块轴瓦分别放在球头螺钉上，主轴放在这四块轴瓦上，再放入上部的两块轴瓦。调整球头螺钉并用塞尺检查瓦背与孔壁间隙均匀与否，使主轴在孔中对中，检查主轴对壳体底面的平行度，其值在0.02mm以内即可。锁紧各球头螺钉，复查间隙和平行度有无变化，若有变化应重新调整。转动主轴给轴瓦着色，取下轴瓦对其进行精刮，接触率为25mm×25mm范围内达到18~20点。精刮合格后，将轴瓦边缘5~6mm宽度上刮低0.3~0.5mm，以利于润滑油进入轴颈，并与轴瓦之间形成油膜。

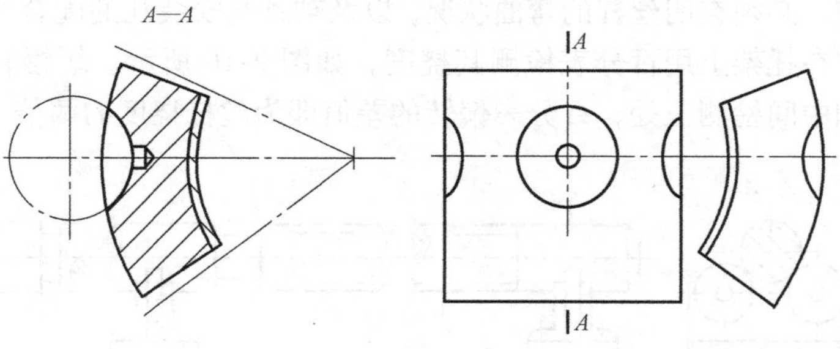

图9-14　轴瓦

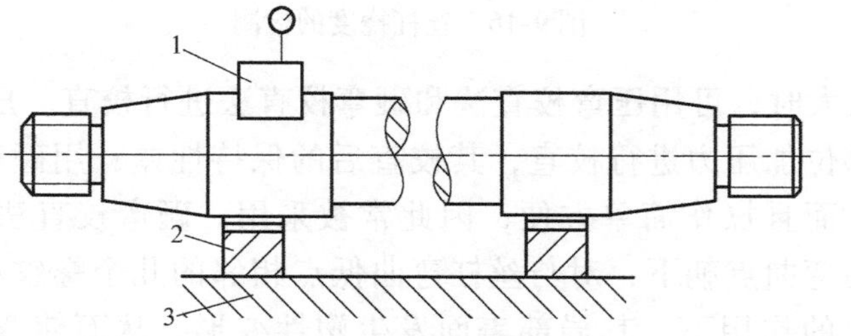

图9-15　轴瓦粗刮的检测
1—轴瓦　2—V形架　3—平板

（3）抛光轴瓦　将主轴和轴瓦拆下清洗干净，然后在轴瓦与轴颈之间加入氧化铬研磨砂；装好主轴和轴瓦，用手转动主轴对研抛光，其间不断加入煤油以防止烧伤。

4. 刮研止推环

刮研止推环左端面，使研点在25mm×25mm的范围内达到14~16点。

（三）主轴的调整与试车

1）松开前、后轴承下边轴瓦的球头螺钉，将主轴、轴瓦、壳体等拆下仔细清洗干净并重新装好，按油标加油，在主轴尾端装上带轮。

2）调整前、后轴承下部轴瓦的球头螺钉，并使百分表触及主轴母线，水平推拉主轴，观察百分表指针变化，使主轴间隙保持在0.015～0.025mm之间；然后在带轮上装一根带，起动主轴并空运转2h左右，当温度稳定后，再次检查并调整主轴间隙，使其保持在0.005～0.008mm之间；感觉空转主轴灵活自如，用一根带传动后不打滑即可。

3）将砂轮及全部V带装上，试运转2～4h，油温低于60℃，主轴径向圆跳动量在0.003～0.005mm之间，轴向窜动量在0.003～0.008mm之间即可。

第二节　丝杠螺母机构的修理

一、丝杠的修理

修理丝杠螺母机构时，应先修理丝杠而后配制螺母。丝杠的修理过程是：先检查与校直丝杠，再精车丝杠的螺纹和轴颈，最后研磨丝杠螺纹。对于梯形螺纹丝杠，其螺纹齿厚的减小量在0.1mm之内时，适合于修复使用。

1. 丝杠的检查与校直

在修理丝杠前，必须查明丝杠的弯曲状况，以及轴颈与安装孔的配合间隙是否合适。检查时，可将丝杠放在托架上用百分表检测其挠度，如图9-16所示。缓慢转动丝杠，用百分表在丝杠的两端和中间检测三处，百分表偏转的差值即为丝杠挠度的两倍。

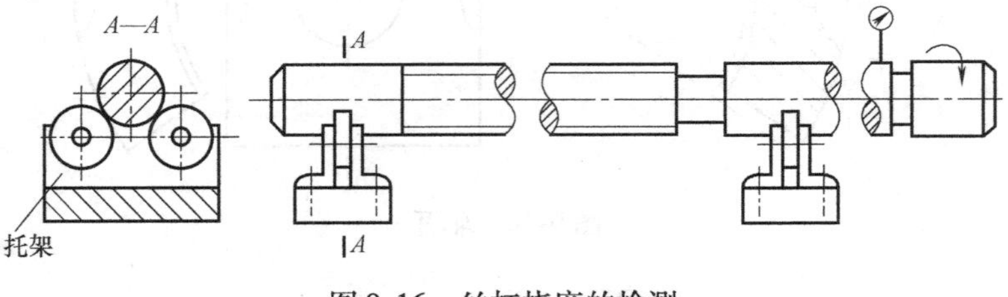

图9-16　丝杠挠度的检测

丝杠挠度不太大时，可用压弯校直法和砸弯校直法进行校直。压弯校直法是指用压力机对丝杠弯曲部位加压力进行校直，其校直后的保持性差；用砸弯校直法校直丝杠，其精度较为稳定，而且操作简单方便，因此常被采用。砸弯校直法利用金属材料延长的原理，将丝杠的弯曲点朝下，对与丝杠弯曲低点相邻的几个螺纹小径表面进行敲击，丝杠在瞬时敲击力的作用下，其局部表面发生塑性变形，从而使弯曲部位伸长。由于弯曲部分的内应力重新进行了分布，并且处于平衡状态，因此校直后不会恢复原来的弯曲状态。

在砸弯校直时，将硬质斜木放在弯曲部分下面将丝杠垫起，弯曲凸部朝下，将带有凹圆形头部的铜棒放在丝杠弯曲低点附近的螺纹小径上，然后用锤子敲击铜棒上端进行校直，如图9-17所示。应注意，铜棒凹圆弧的直径应大于螺纹小径，铜棒头部尖角 α 应小于丝杠的螺纹升角。

2. 精车丝杠的螺纹和轴颈

检测并校直丝杠后，即可着手重新精车螺纹，其切削深度应以能消除齿面磨损厚度为宜。当丝杠螺纹面因磨损而需重新修复时，应计算背吃刀量 h 的值。h 的计算简图如图 9-18 所示，当螺纹面磨损厚度为 $2b$，螺纹牙型角为 α 时，由图可知

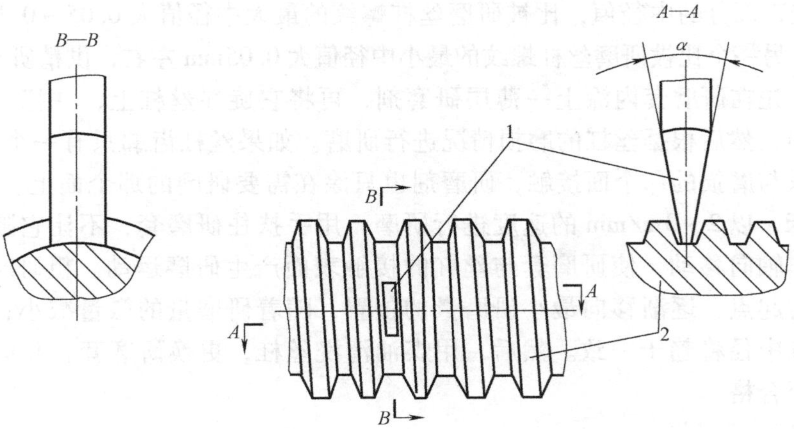

图 9-17　砸弯校直丝杠

1—铜棒　2—丝杠

在 $\triangle ABC$ 中，$\angle ABC=\dfrac{\alpha}{2}$，$BC=b$

$$AB=\frac{BC}{\cos(\alpha/2)}=\frac{b}{\cos(\alpha/2)}$$

在 $\triangle ADB$ 中，$\angle ABD=\dfrac{\alpha}{2}$，$AD=h$

$$AD=\frac{AB}{\tan(\alpha/2)}=\frac{b/\cos(\alpha/2)}{\tan(\alpha/2)}=\frac{b}{\sin(\alpha/2)}=h$$

在修理过程中，磨损层厚度不易检测准确，各处的磨损厚度也不相同，因此上述 h 值的计算仅供修理时参考。

修好螺纹后，可精车丝杠大径至螺纹标准深度。这种修理方法由于比较简单易行，修复的丝杠仅大径稍小些，工作时几乎同新丝杠一样，所以常被采用。

丝杠轴颈的旋转摩擦常由支承轴颈的衬套来承受。在这种情况下，更换衬套十分方便，只要根据所修理丝杠轴颈的实际尺寸压入新的衬套即可。在没有衬套的结构中，最好镗出衬套孔，这样做暂时看起来比较麻烦，但以后只要更换衬套和车修轴颈就可以完成丝杠支承的修理工作。为了保证丝杠螺纹和轴颈的同轴度，车削螺纹和车削轴颈必须同时进行。

对于长丝杠，如果一头磨损而另一头未磨损，可采用“调头法”进行修理。

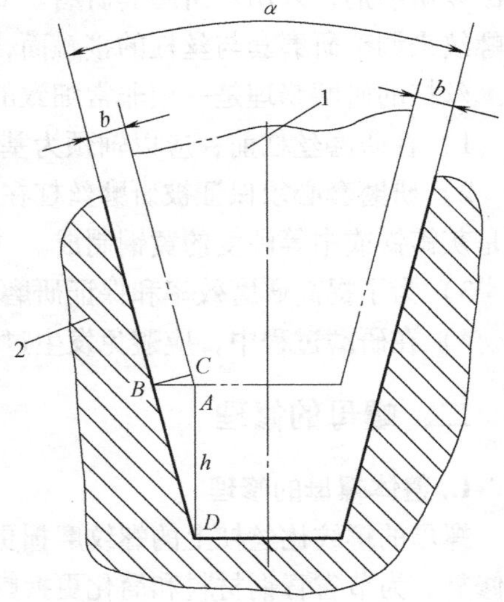

图 9-18　背吃刀量 h 的计算简图

1—原来的螺纹槽　2—加深后的螺纹槽

3. 丝杠的研磨

用研磨法修复丝杠的方法简便易行，不需要复杂的设备，只要用较长的卧式车床和研磨套就能进行研磨。该法不仅能保证丝杠的修复质量，还能提高丝杠的精度。

研磨套的内螺纹是用一种特制的专用丝锥攻制的。一般要用两个规格不同的丝锥，其中一个丝锥的校正部分的中径值，比被研磨丝杠螺纹的最大中径值大0.05～0.1mm，供粗研丝杠螺纹用；另一个比被研磨丝杠螺纹的最小中径值大0.05mm左右，供精研丝杠螺纹用。

研磨时，先在研磨套内涂上一薄层研磨剂，再将它旋在丝杠上，并把丝杠顶在车床的两顶尖之间，然后根据丝杠的磨损情况进行研磨。如果丝杠齿廓只有一个工作面磨损，可使研磨套只与磨损的那个面接触，研磨剂也只涂在需要研磨的那个面上。如图9-19所示，开动机床，以2～3m/min的速度进行研磨，用手扶住研磨套，不让它随丝杠的旋转而沿着丝杠作轴向移动，使研磨套与丝杠的接触表面产生研磨运动。粗研时，以最大研磨量的位置为起点，逐渐移向最小研磨量的位置，随着研磨量的微量减小，误差逐渐消除，整个丝杠中径将趋于一致。然后，用煤油清洗丝杠，更换研磨套，并涂精研磨剂进行精研，直至合格。

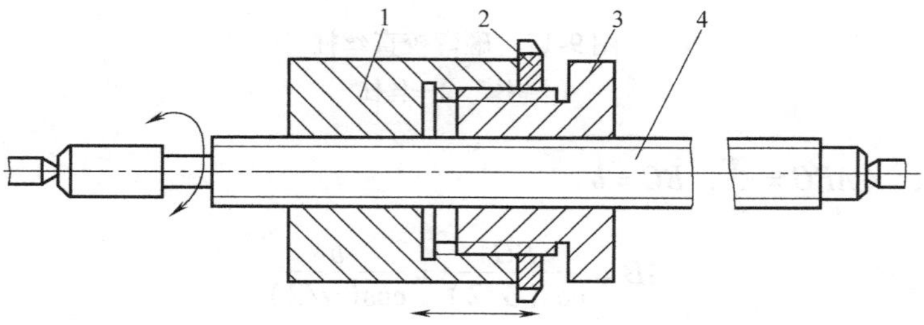

图9-19 研磨套结构和丝杠研磨
1—研磨套 2—螺母 3—可调研磨套 4—丝杠

如果丝杠齿廓两个工作表面都被磨损，则这两面都需要进行研磨。研磨时，在两个面上均涂以研磨剂，采用双研磨套研磨。双研磨套是指在研磨套上另外辅加一个可调研磨套，通过螺纹来调整研磨套与丝杠的接触面，使之成双面齿廓接触，并用螺母固定。

丝杠的研磨修理是一项非常细致的工作，为达到比较理想的效果，应注意下列几点：

1）在研磨丝杠前，应以轴颈为基准修理丝杠的中心孔。

2）研磨套必须保证被研磨丝杠在其有效齿廓高度上能被全部研磨到。研磨套的材料可以是灰铸铁或中等硬度的黄铜制成。

3）为了提高研磨效率和保证研磨质量，粗研和精研应分别配置合适的研磨剂。

4）在研磨过程中，应避免发生过热现象，经常用手摸丝杠，不应有较热的感觉。

二、螺母的修理

1. 整体螺母的修理

螺母的螺纹比丝杠上的螺纹磨损更大，因此，在设备修理过程中，常用更换螺母的方法来修复。为节省青铜材料和简化更换螺母的工作过程，可将旧螺母螺纹部位的孔径镗大，在孔中压入青铜塞头，重新加工螺母。

对于卧式车床来说，由于床鞍和中滑板导轨的磨损，而造成床鞍下沉，会使中滑板丝杠的转动中心低于螺母的螺纹中心，因此，螺母螺纹孔的镗制应按划线进行。为此，应先在车床上车制青铜塞头，将其压入旧的镗过孔的螺母中后，将带有塞头的螺母装配到正确位置上；用楔铁把中滑板调到适当的间隙，在压入螺母塞头的端面上划线，定出新的螺纹中心，最后按划线镗孔并车制螺纹。为消除镶入衬套在螺母中的转动，可用紧定螺钉将衬套固定。另外，划线直径应比螺纹大径大些，使螺纹塞头面上的圆在镗孔和车螺纹之后仍然能保留下来，以便用划线检查镗孔的正确性。

2. 开合螺母的修理

修理开合螺母时，一般是让开合螺母体、溜板箱燕尾导轨的修理同时进行。开合螺母先制成整体，其内螺纹应与修理后丝杠的尺寸配合，大径与开合螺母体的内孔相配合。

修配开合螺母时，加工出其大径后，内孔先不加工，使之与开合螺母体装配成一体；然后，按照溜板箱的燕尾导轨来研配开合螺母体的导轨及楔铁，连同开合螺母的手柄轴、开合螺母和开合螺母体一起装配在溜板箱体上。根据距离光杠中心线的尺寸，在铣镗床上加工内螺纹的小径孔；最后，在车床上校正开合螺母螺纹的小径孔，精车内螺纹至要求。在做完上述工作之后，将开合螺母拆下，铣切螺母成两半部分，再装配成开合螺母机构，如图 9-20 所示。

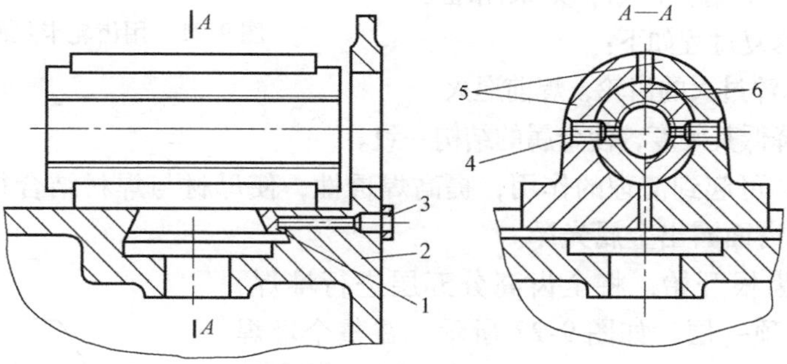

图 9-20　修配开合螺母

1—楔铁　2—溜板箱体　3—调节螺钉　4—紧固螺钉
5—开合螺母体　6—开合螺母

第三节　齿轮和花键轴的修理与装配

一、齿轮的修理

齿轮在工作一段时间后，其轮齿工作表面将出现细麻点、斑迹、剥落等现象。根据齿轮的工作条件和精度等级，对不同齿轮齿厚最大允许磨损量的规定是不同的。

1. 齿轮的检测

从机械设备上拆下的旧齿轮，用齿轮卡尺检测其实际齿厚是最常用的检测方法。如图 9-21 所示，以齿顶圆为基准，将纵向游标卡尺的数值定为分度圆的弦齿高 h_1。这时，横向游标卡尺的读数就是实际的弦齿厚 $s_{实}$。分度圆上的弦齿高 h_1 可用下式计算

$$h_1 = h + \frac{mz}{2}\left(1 - \cos\frac{90°}{z}\right)$$

式中　h——齿轮的齿顶高（mm），对于标准齿轮，$h = m$；

m——齿轮的模数（mm）；

z——齿轮的齿数。

齿轮分度圆的理论齿厚 s，可以从技术资料中查到或用下列公式计算

$$s = mz\sin\frac{90°}{z}$$

将检测所得弦齿厚 $s_{实}$ 与理论齿厚 s 相比较，便可得到磨损量。

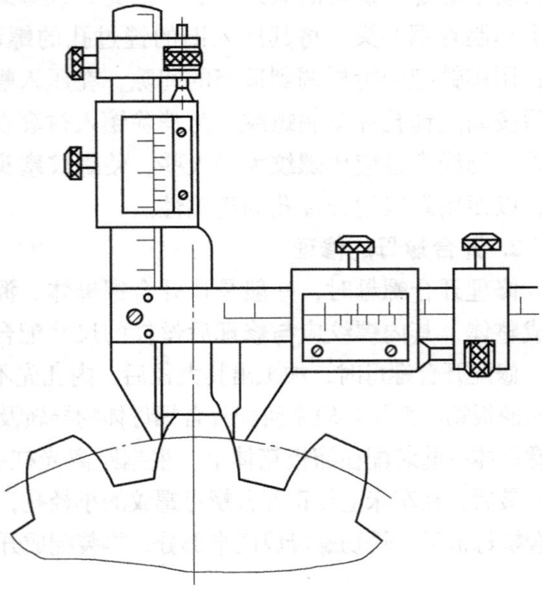

图 9-21 用齿轮卡尺测齿厚

2. 轮齿的修理

对于轮齿齿面局部磨损或单面磨损的齿轮，如果结构上允许，可采用换向法进行修理。对于磨损严重和出现麻点、点状剥蚀，以及个别齿严重损坏或打齿的齿轮，修复时为了不影响齿轮的其他部分，可进行镶齿或堆焊。如果轮齿的单面磨损严重，则采用堆焊法较为适宜，其修复过程如下：

1）焊前退火。淬过火的齿轮，焊前退火可消除其内应力，降低其硬度，使金属的结构一致。

2）打疲劳层。可起到清理的作用，提高焊透性，使母材与焊材结合得更好，还可检查齿面有无裂纹，使齿面露出金属光泽。

3）堆焊。由齿根开始，将全齿高分五层进行堆焊，齿面堆焊四层，齿顶一层，如图 9-22 所示。在整个堆焊过程中，必须采用对称、循环、连续的焊接方法。采用对称、分层堆焊法可以减少热应力的集中，防止齿轮变形。各层的焊接方向为相邻两层头尾相接，使起弧和熄弧处焊层的高低一致。层与层之间焊缝的重叠应为 2/5 或 1/2，以使焊层高度基本一致。

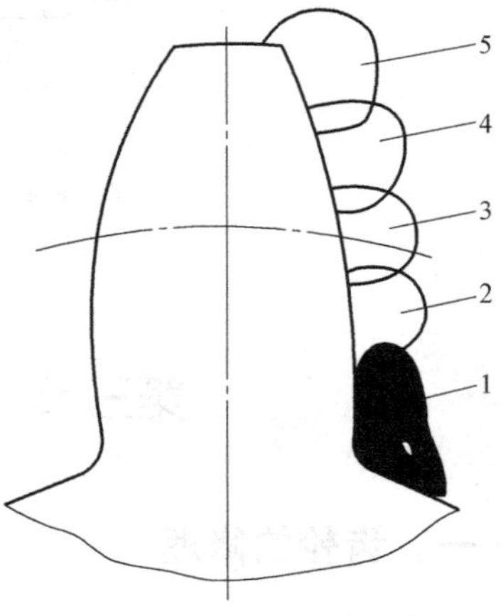

图 9-22 齿面的分层堆焊

4）焊后退火。可消除因焊接产生的内应力，细化晶粒，降低硬度，使轮齿便于加工。

5）轮齿的加工。先在车床上切削顶圆和两端面，然后在铣床上加工成齿形。

6）淬火处理。对于要求硬度高的齿轮，进行淬火处理可提高齿面硬度。

7）低温回火。淬火后，应在 180～200℃的温度范围内保温一段时间退火，以消除内应力。

对于打齿较多的齿轮，可用镶齿圈的方法进行修复，其方法如下：

1）退火。对于淬火齿轮，应将损坏部分退火。

2）切削加工。将损坏部分的轮齿切除，如图 5-6 所示。

3）制备齿坯。先锻造齿圈毛坯，材料尽可能选择与齿轮相同或相近的，或者较原齿轮性能优质的材料。按基本尺寸相同的原则，加工齿圈毛坯的内孔与齿轮心部大径，两者均采

用过渡配合，并将齿圈毛坯内孔两端倒成较大角度作为焊接坡口。

4）装配施焊。将齿圈毛坯压合到原齿轮上并进行焊接，然后精车齿圈外圆及端面。

5）制齿。以原齿轮孔为安装基准，在滚齿机上滚齿，再用插齿机精插。

6）齿部热处理。根据齿轮的使用要求和表面硬度，一般采用高频淬火和低温回火的方法进行热处理。

7）磨合检测。将齿轮安装于磨合台上并调整，以手能转动自如为宜。在齿面间加少许研磨膏进行研磨。成对齿轮副对研，相当于一对齿轮啮合。该方法能减小齿形误差，使齿面的表面粗糙度值达到 $Ra1.6\mu m$，齿面接触良好，噪声小。在磨合中要随时检测，对研后将齿轮清洗干净待装配。

3. 齿轮的装配

齿轮的装配不是一个简单的机械装配过程。它将齿轮、轴及轴承等多种零件按照一定的工艺要求，通过正确的装配方法组装起来，经过调整，获得较高的装配质量，从而提高齿轮的传动精度，减小噪声，避免冲击，并且有较强的承载能力，使齿轮传动装置能长久可靠地工作。

（1）齿轮装配时应注意的问题　为了保证齿轮装配的质量，应注意下列几个问题：

1）对于主轴用来传递动力的齿轮，应尽可能维持其原来的啮合关系，以便减少噪声。

2）用作分度的齿轮传动，不仅要减小其噪声，而且还要保证分度均匀；应尽量调整到最小侧隙，并使分度圆半径上的圆跳动量最小。

3）轴承装配的松紧程度应适当，太松，旋转时会产生噪声；太紧，轴因受热而没有膨胀的余地，会使轴弯曲变形，从而影响齿轮的啮合。

（2）工件的检测　装配前，应对齿轮及有关零件进行检测，新换齿轮各主要参数必须符合要求，齿面的表面粗糙度、硬度等也应符合要求，且应成对更换齿轮。检测时，齿面硬度可用硬度计或用锉刀锉削。对于轴也应进行检查与校正，使其不弯曲，并修光键槽边缘的毛刺。

为保证圆柱齿轮的正确啮合，箱体各有关轴孔应互相平行，其中心距偏差应在公差范围内。轴孔平行度的检测方法如图 9-23 所示，把检验棒 1、2 插入箱体 3 的孔内，用卡尺或百分表进行测量。如果两端的读数一致，说明孔是平行的。

圆锥齿轮副的装配质量取决于两轴孔中心线是否在同一平面内并互相垂直。检测两轴孔中心线是否在同一平面内的方法如图 9-24 所示，将检验棒 1、2 分别插入箱体 3 的孔中，如果检验棒 2 的小轴颈能顺利穿入检验棒 1 的横孔，说明两孔的中心线处在同一平面内。圆锥齿轮中心线夹角的正确性，可用图 9-25 所示的方法进行检测，将检验棒 1 和检验样板 2 放好，用塞尺检测样板上的 a、b 两点与检验棒 1 之间的间隙，如果两处间隙一致，则两孔的中心线垂直。

待所有零件检查合格后，对其进行清洗，并放在干净的架子上待装配。

（3）装配

1）装配的顺序应按与传递运动相反的方向进行，即从最后的从动轴开始，以便于调整。

2）当安装一对旧齿轮时，仍要按原来磨合的轴向位置进行安装，否则将会产生振动，并使噪声增大。

3）每安装一对齿轮，都应立即进行检查，主要检查其工作面的啮合情况和啮合的侧隙。检查工作面啮合情况的方法是：在小齿轮的齿面上涂一薄层涂料，然后转动齿轮，则会在与之啮合的大齿轮上留下印痕，印痕应使两齿轮啮合面在轮齿节圆线处均匀分布。

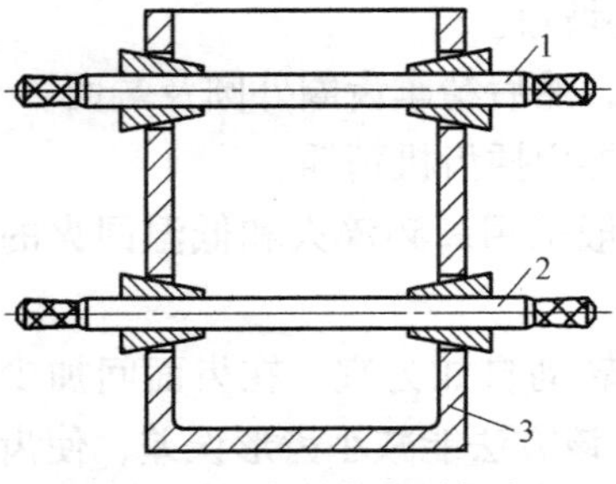

图 9-23　检测孔的平行度

1、2—检验棒　3—箱体

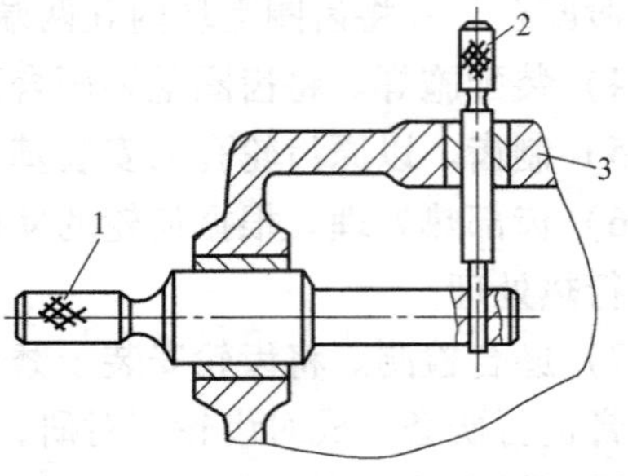

图 9-24　两轴孔中心线在同一平面内的检测

1、2—检验棒　3—箱体

4）为防止齿轮在工作中卡住，并在工作面上形成油膜，要求齿轮安装后有一定侧隙。检查侧隙的方法有塞尺检测法、千分表检测法和压铅检测法等。

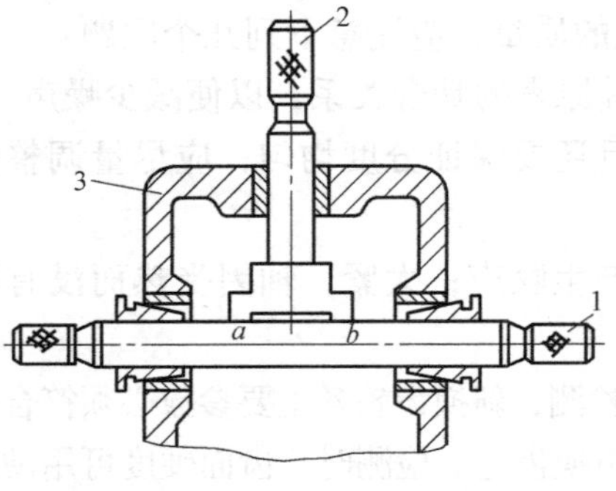

图 9-25　两孔中心线夹角的检测

1—检验棒　2—检验样板　3—箱体

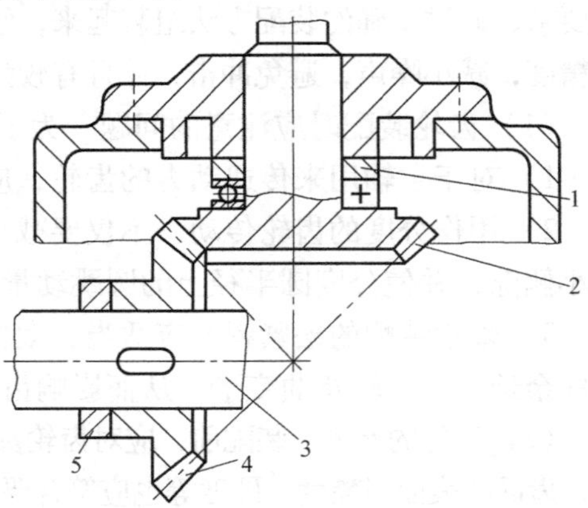

图 9-26　锥齿轮组件

1—垫圈　2、4—锥齿轮　3—轴　5—固定圈

图 9-26 所示的锥齿轮组件，如果箱体两孔的轴线正确，则只需调整齿轮副的啮合状况，即调整锥齿轮 2、4 的轴向位置。锥齿轮 2 的轴向位置可通过调整垫圈 1 的尺寸来调整；锥齿轮 4 的轴向位置决定了固定圈 5 的轴向位置，根据调好的固定圈的位置，在轴上配钻固定孔，然后用螺钉紧固。

锥齿轮副的啮合状况和装配位置的正确性可用涂色法进行检查。在主动齿轮上均匀地涂一层薄薄的显示剂并来回转动齿轮，使显示剂印到从动齿轮上，视其齿面显示剂的情况判断锥齿轮的啮合状况和轴向位置的准确程度，并有针对性地予以调整。图 9-27 所示为锥齿轮副啮合的着色状况，图 9-27a 所示为从动轮齿面小端着色显示，主动轮应向左移，从动轮应向下移；图 9-27b 所示为从动轮齿面大端着色显示，主动轮应向右移，从动轮应向上移；图 9-27c 所示为从动轮齿面近齿顶着色显示，印痕为长窄条形，主动轮应向右移，从动轮应向下移；图 9-27d 所示为从动轮齿面近齿根着色显示，印痕为长窄条形，主动轮应向左移，从动轮应向上移；图 9-27e 所示为从动轮齿面中间位置着色显示，印痕面积较大，长度达到全长的 2/3，说明装配和调整得较好，两孔的轴线已在同一平面内。经过调整的锥齿轮副在运转时，其磨损均匀，噪声也较小。

4. 蜗杆副的装配和调整

蜗杆副的应用十分广泛，常用于分度、减速、传动等机构。用于分度的蜗杆副应以提高

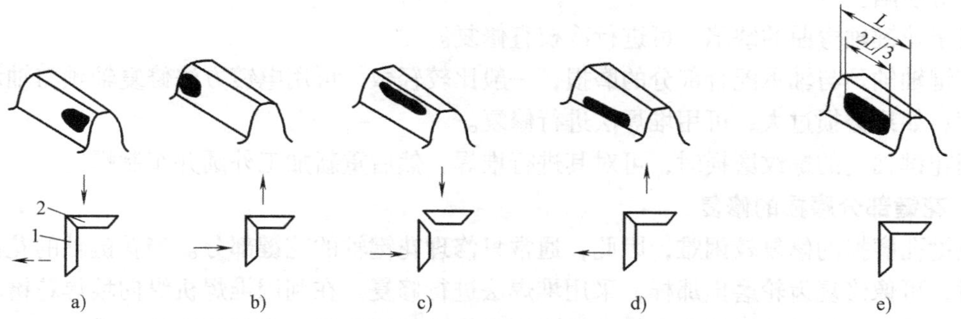

图 9-27　对锥齿轮副进行涂色检查

a）从动轮小端着色　b）从动轮大端着色　c）近齿顶长窄条　d）近齿根长窄条　e）中间着色面积较大

1—主动轮　2—从动轮

运动精度为主，尽量减少蜗杆副在运动中的空转角度；用于减速和传动的蜗杆副应以提高接触精度为主，使蜗杆副能传递较大的转矩，提高其耐磨性能。在装配蜗杆副时，应保证蜗轮轮齿的圆弧中心与蜗杆轴线在同一垂直于蜗轮轴线的平面内，啮合中心距正确并有适当侧隙，啮合接触面正确以及接触点分布均匀。

蜗杆副啮合接触面可用涂色法检测。在蜗杆的螺旋面上涂一薄层显示剂，用手慢慢转动蜗杆，检查蜗轮齿面上的印痕，即可判断蜗轮与蜗杆齿面的接触情况，从而判断装配得正确与否。图 9-28a 所示接触面符合要求，装配正确；图 9-28b、图 9-28c 所示蜗轮轮齿的圆弧中心与蜗杆的轴线不在同一垂直于蜗轮轴线的平面内，图 9-28b 所示的蜗杆偏右，图 9-28c 所示的蜗杆偏左，如果蜗杆位置已固定，可调整蜗轮的轴向位置并使其装配正确。

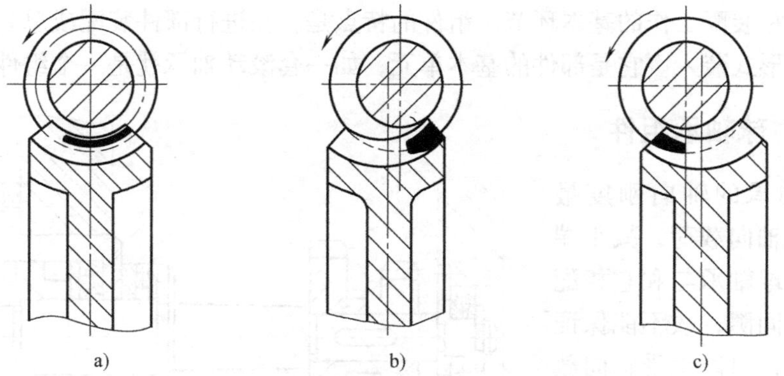

图 9-28　涂色法检测蜗杆副接触面

a）装配正确　b）蜗杆偏右　c）蜗杆偏左

固定式蜗杆副的侧隙主要靠它与箱体孔的加工精度来保证，组合式蜗杆副主要靠装配时对其径向位置的调整来保证。蜗轮蜗杆机构装配后，还要检查其灵活性以及有无噪声。不管蜗轮停在什么位置上，转动蜗杆的转矩都应一致。

二、花键轴的修理

1. 花键轴的缺陷及其修理方法

花键轴在使用一段时间后，会出现弯曲、与轴承配合的轴颈磨损、螺纹部分磨损和花键槽磨损等缺陷。

对于花键轴弯曲的缺陷，可进行冷校直修复。

花键轴轴颈与轴承配合部分的磨损，一般比较轻微，可用电镀方法修复轴颈与轴承的配合精度；如果磨损过大，可用堆焊法进行修复。

当花键轴上的螺纹磨损时，可对其进行堆焊，然后重新加工外圆并车制螺纹。

2. 花键部分磨损的修复

花键孔磨损的修复较困难，因此，通常只修理花键轴的花键部分。当花键轴的花键部分磨损时，可像修复齿轮磨损那样，采用堆焊法进行修复。在利用堆焊机纵向堆焊花键轴上磨损的键齿时，为保证施焊导电良好并能得到良好的焊层质量，应仔细清洗花键部分；然后将其夹持在卧式车床上，保持车床主轴静止不动，将堆焊机机头转90°，并将焊嘴调整到与主轴中心线成45°的键侧面进行堆焊工作。

3. 修理花键轴时的注意事项

1）花键轴在焊前应进行预热。

2）堆焊过几条键齿后，焊嘴应离开工件处冷却一会儿，以免热损。

3）堆焊终了，应在焊丝走离工件后断电，以免端面弧坑不易填满而发生斜塌。

4）当键齿的两个侧面均需进行堆焊修复时，在焊好键齿的一侧后，必须用钢丝刷或扁锉清除键齿另一侧表面的焊渣和污物。

5）修复后的花键应符合花键的有关技术要求。

第四节 滚动轴承的装配与调整

组件装配是装配工作的基本环节。组件的特点是，在进行部件装配或总装时，组件必须以整体构件的形式装入。它是部件的基本单元，如一套滚动轴承就是一个组件。

一、推力球轴承组件

推力球轴承的轴向刚度最高，用于承受轴向载荷，减小端面摩擦。推力球轴承与和它相配的轴承孔都有间隙，故不能保证轴的径向位置，只能承受轴向载荷。推力球轴承可分为单向推力球轴承和双向推力球轴承两种装配形式。图9-29所示为装有双向推力球轴承的手轮组件，它能承受两个方向的轴向力。在手轮作正反两个方向的旋转时，弧齿轮产生两个方向的轴向力，此时如果没有推力球轴承，传动轴的台肩面与支承套的端面将直接接触，就会使摩擦力增大，手轮就不能轻快灵活地转动。根据

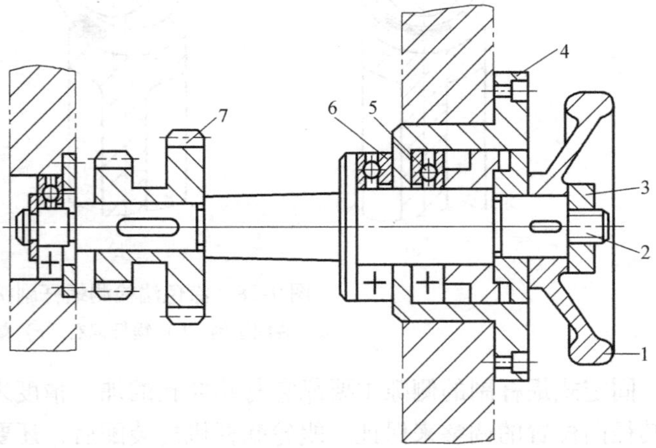

图9-29 双向推力球轴承的手轮组件

1—手轮 2—传动轴 3—螺母 4—支承套

5、6—推力球轴承 7—双联弧齿轮

推力球轴承的功用，先检测两圈内孔径的尺寸，将两者进行比较，内径稍小者为动圈，内径稍大者为静止圈。动圈随同传动轴一起旋转，应与轴采用过盈配合或过渡配合；静止圈不随轴旋转，应与轴有间隙。

图 9-30 所示为装有单向推力球轴承的主轴组件，主轴只能承受箭头所指方向即向左的轴向力。这种结构多用于组合机床主轴箱中的安装结构。

图 9-31 中所示为装有 60°角接触的双向推力球轴承，可承受左右两个方向的轴向力。动圈采用过盈配合或过渡配合紧固于主轴上，连同隔套一起随主轴旋转；静止圈安装于箱体孔中，在主轴旋转时，它静止不动。该轴承只能用于承受双向轴向载荷的构造中，不能拆开使用。

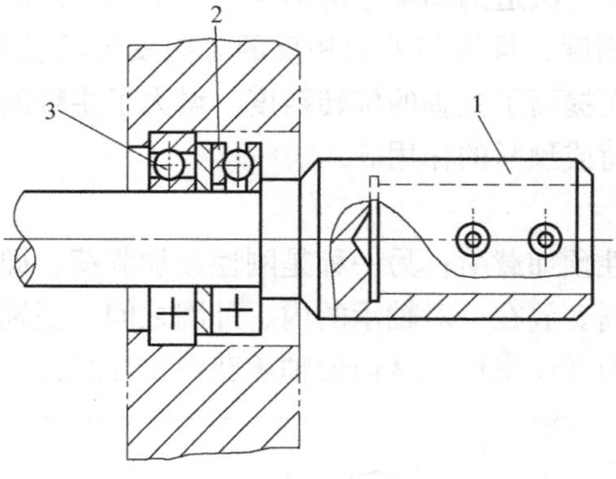

图 9-30 单向推力球轴承主轴组件

1—主轴 2—推力球轴承 3—深沟球轴承

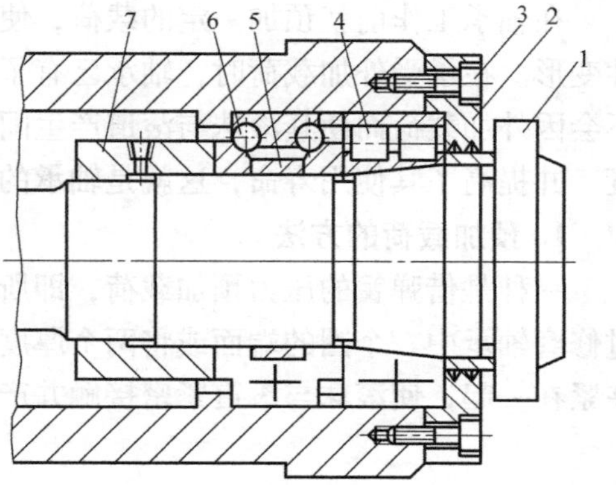

图 9-31 60°角接触双向推力球轴承

1—主轴 2—端盖 3—螺钉 4—双列圆柱滚轴承 5—轴承 6—60°角接触双向推力球轴承 7—调整套

二、角接触球轴承组件

单列角接触球轴承具有较高的旋转精度。调整时，要对其施加一定的预加载荷，使其既能承受径向载荷，也能承受一定的轴向载荷。轴承的轴向刚度取决于预紧力和接触角的大小，预紧力和接触角越大，轴向力刚度越高。成对使用的角接触球轴承的支承刚度与其安装布置方式有关。

(一) 安装布置方式

单列角接触球轴承多采用成对安装的方式，可以成对地紧靠在一起，也可以用垫圈或隔套隔开。高速主轴多使用单个轴承，并用弹簧实现预紧。在成对使用角接触球轴承时，一般有背对背（即外圈宽边相对）、面对面（即外圈狭边相对）和同向排列三种布置形式。

(1) 背对背布置 如图 9-32 所示，轴承的接触角线沿着回转轴线的方向扩散，因此，增加了径向和轴向刚度，即抵抗变形的能力增大。

(2) 面对面布置 如图 9-33 所示，轴承的接触角线朝回转轴线方向收敛，因此，轴承的内圈伸出外圈，当两轴承的外圈压紧到一起时，外圈间的原始间隙消失。

(3) 同向排列布置 如图 9-34 所示，这样安装可使两个预加载荷的滚动轴承分担工作载荷。同向排列的布置方式使轴承的接触角线同向且平行，但为保证安装的轴向稳定性，必须在轴的两端对放两个同向排列的轴承。

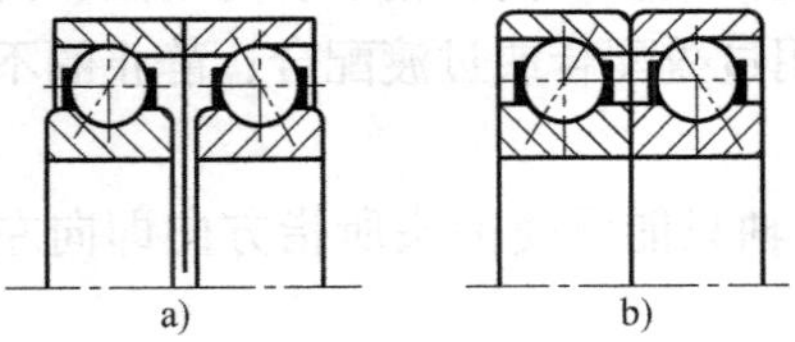

图 9-32　背对背布置

a）安装前　b）预紧后

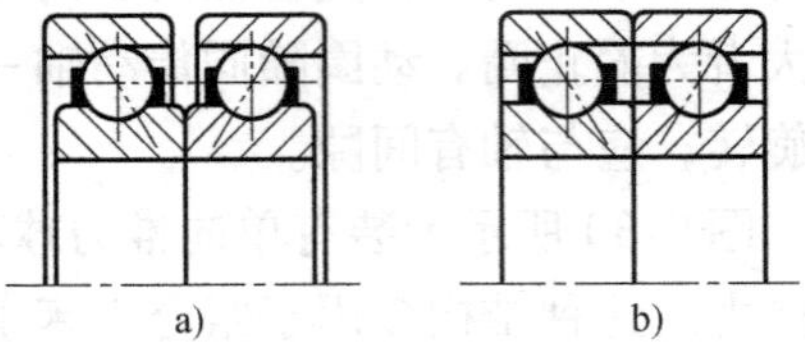

图 9-33　面对面布置

a）安装前　b）预紧后

（二）预加载荷

在轴承工作前就预加一定的载荷，使轴承滚珠与滚道的间隙全部消失，并形成一定的弹性变形。在承受外加载荷时，轴承已有了一定的刚度，且按与外力相反的方向安装的轴承，不会因外加载荷而使其滚珠与滚道产生间隙，从而提高了主轴的旋转精度，增大了主轴的刚度，并提高了其使用寿命，这就是轴承的预加载荷或预紧的作用。

1. 预加载荷的方法

一种是借弹簧的压力预加载荷，即所谓的弹性预加载荷；另一种是刚性预加载荷，即通过修磨轴承中一个圈的端面或将两个厚度不等的隔套放在一对轴承的内、外圈之间，把轴承夹紧在一起，使滚珠与滚道紧密接触并产生适量的弹性变形，从而使轴承获得预加载荷。

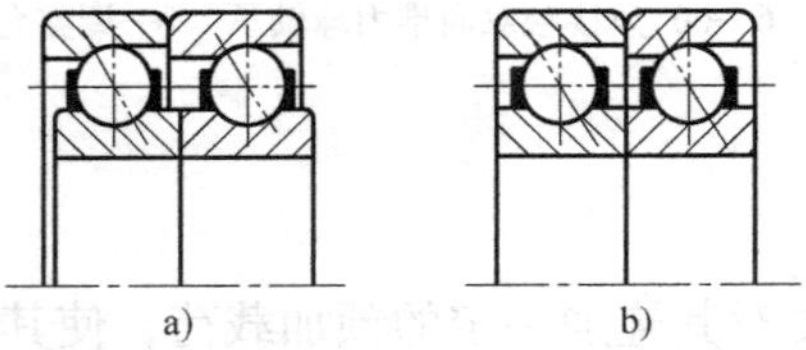

图 9-34　同向排列布置

a）安装前　b）预紧后

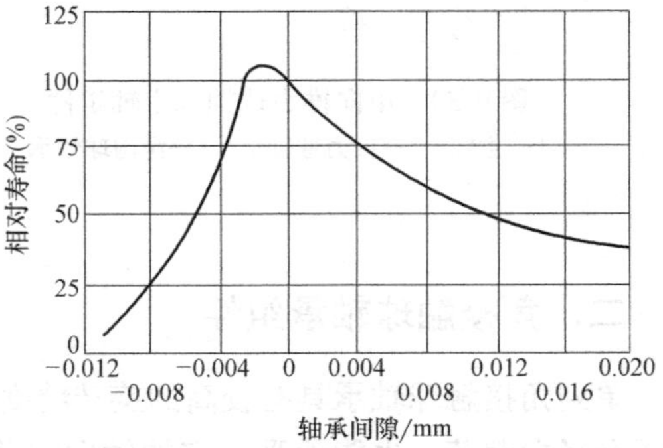

图 9-35　轴承间隙与相对寿命的关系

试验证明，预加载荷的大小要选择适当。图 9-35 所示为轴承间隙与其相对寿命的关系曲线，它说明当轴承的装配有 0.016mm 以上的过盈量时，其寿命会降低近 50%。因为过盈量太大会使轴承的磨损和发热量大增，所以其使用寿命会显著地降低。相反，当轴承间隙超过 0.004mm 时，其寿命也会显著下降。间隙过大，不仅使轴承的旋转精度和抗振性差、刚度差，而且会使载荷集中作用在处于受力方向的少数几个滚动体上，使这几个滚动体与内、外圈滚道的接触处产生应力集中，磨损较大，从而降低轴承寿命。当轴承间隙为零或具有适当的过盈量时，不仅旋转精度、抗振性和刚度可以提高，而且滚动体受力也变得均匀，从而使轴承的寿命提高。因此，预加载荷应力求达到预期的刚度，从而减少对轴承寿命的影响。一般说来，在运转速度高时，宜选较小的预加载荷；反之，宜选较大的预加载荷。预加载荷应大于或等于工作载荷。最小预加载荷 $F_{0\min}$（N）可按下列经验公式计算

$$F_{0\min}=(1.58\tan\beta)F_r\pm0.5F_a$$

式中　F_r——作用在轴承上的径向载荷（N）；

F_a——作用在轴承上的轴向载荷（N）；

β——通过滚珠和滚道切点的直线，与通过各滚珠中心平面的直线之间的夹角（或称计算接触角）（°）。

式中的“+”号用于轴向工作载荷 F_a 使原有预加载荷产生的过盈量减小的那个轴承；“-”号则用于轴向载荷 F_a 使原有预加载荷产生的过盈量增大的那个轴承。上式只能在选择预加载荷的最初数值时使用。

2. 确定隔套厚度差 ΔL

1）检测法　将轴承放在内圈轴座或外圈轴座上，其上端通过钢球 5 预加载荷后，轴承在 F_0 的作用下消除了间隙，并使滚珠与滚道产生一定的弹性变形，如图 9-36 所示，可通过测量 $L+\Delta L$ 和 L 的值，然后确定隔套厚度差 ΔL。安装时，用螺母并紧内圈以便获得预加载荷。这种方法可获得准确的预紧量，但使用中不能进行调整。

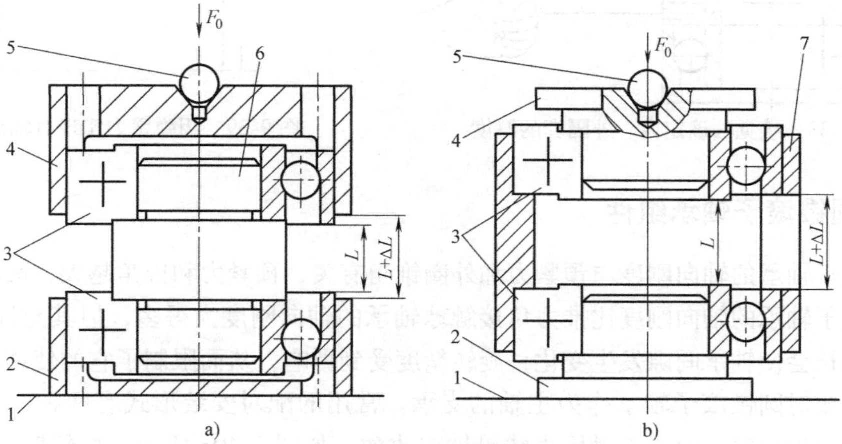

图 9-36　隔套厚度差 ΔL 的确定

a）面对面安装　b）背对背安装

1—平板　2—底座　3—轴承　4—加力座　5—钢球　6—心轴　7—套

如果对单个轴承预加载荷，检测其预加载荷后的移动量 ΔK，则在采用背对背或面对面的方式安装时，其隔套的厚度差 $\Delta L=\Delta K_1+\Delta K'_1$；在采用同向排列的方式安装时，其隔套厚度差 $\Delta L=\Delta K_1+\Delta K_2$，如图 9-37 所示。

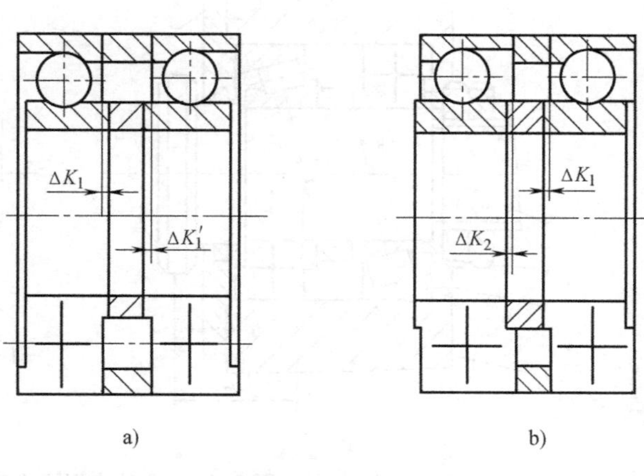

图 9-37　单个轴承隔套厚度差 ΔL 的确定

a）背对背安装　b）同向排列安装

2）经验感觉法　这种方法不需要任何仪器和设备，只凭工人的实践经验来确定内、外隔套的厚度，由于可获得比较正确的预加载荷，工作温度低，使用寿命长，故应用日益广泛。

经验感觉法是指将成对的两个轴承按安装方式装好内、外隔套，事先在外隔套以120°均分的三个方向上分别钻三个2～3mm的小孔，轴承上端压上等于预加载荷的重量。如图9-38所示，使ϕ1.5mm或稍粗一点的细棒顺次通过三个小孔，触动内隔套，检查内，外隔套在两轴承端面间的阻力，凭手感觉内、外隔套的阻力相似即可。如果阻力不一样大，可研磨隔套端面至要求。

3）用弹簧力实现对轴承预加载荷　同向排列的安装方式如图9-39所示，将数根弹簧沿圆周均匀分布，压在轴承外圈上，使轴承预紧。在轴承磨损后或当轴受热伸长时，弹簧能自动进行补偿，保持预紧力基本不变。这种方法只能用于受单向轴向载荷作用轴的支承，如内圆磨具等。

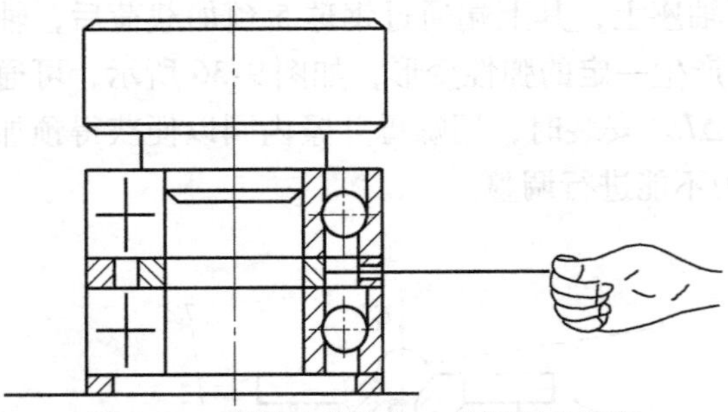

图9-38　感觉法确定内、外隔套的厚度

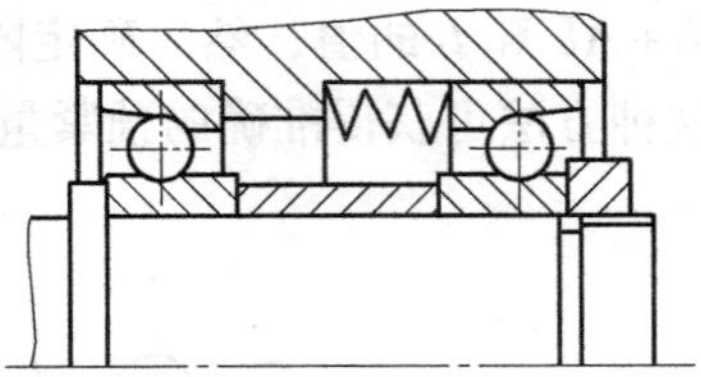

图9-39　用弹簧力实现对轴承预加载荷

三、圆锥滚子轴承组件

圆锥滚子轴承的轴向刚度与预紧力和外圈锥角有关，预紧力和锥角越大，其轴向刚度越大。圆锥滚子轴承的轴向刚度比推力角接触球轴承的轴向刚度大得多，但其允许转速不高；轴的发热伸长会使轴承间隙发生变化，旋转精度受到影响，从而限制了它的使用范围。目前广泛地使用成对圆锥滚子轴承作为主轴的支承。常用的配对安装形式有两种，一种为正装法，即滚子大头相对，滚子接触压力线沿轴向收敛，如图9-40a所示，虽然轴承刚度低些，但调整外圈方便；另一种为反装法，即滚子小头相对，滚子接触压力线沿轴向发散，如图9-40b所示，虽然轴承刚度较高，但用内圈进行调整不够方便，有时不得不放弃内圈与轴的过盈配合。

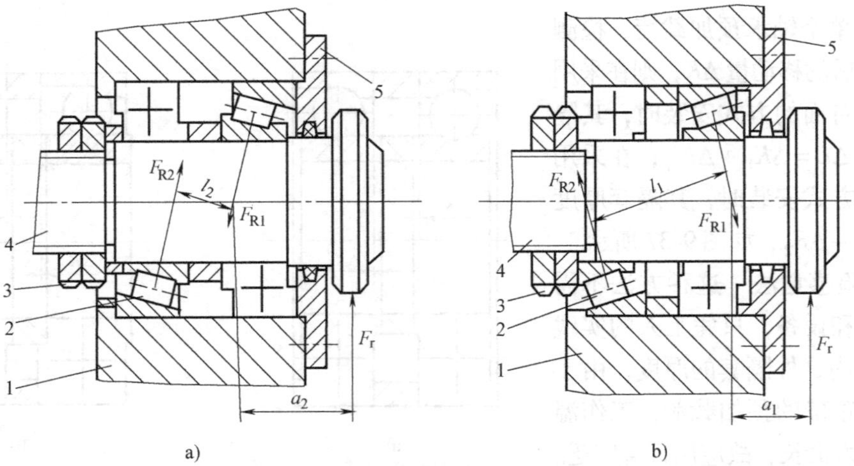

图9-40　成对使用圆锥滚子轴承

a）正装法　b）反装法

1—箱体　2—轴承　3—螺母　4—主轴　5—端盖

圆锥滚子轴承可承受轴向力和径向力。调整时，可增减垫片 E（图 9-41）的厚度，使轴承外圈作轴向移动，从而得到合适的间隙。如果间隙过大，运转时会出现附加径向圆跳动和轴向窜动，并产生冲击噪声；如果过盈量过大，运转起来温升过高，会加速轴承的磨损。

为了使传动轴具有良好的刚度和较高的旋转精度，在装配时，应给予圆锥滚子轴承一定过盈量的预紧力。为此，需根据传动轴上的转矩检查过盈量的大小，例如，对于图 9-42a 所示的传动轴组件，可用衬套的长度来确定其滚动轴承过盈量的值。在轴承装配到轴上之前，应先检测支承体两台肩面的尺寸 L_1 和两个轴承内、外圈的高度差 ΔL，然后按下式计算衬套长度 L（mm）

$$L=(L_1+2\Delta L)-0.02$$

式中，0.02mm 为轴承调整的过盈量。在调整衬套长度时，应力求准确无误，否则将达不到要求。

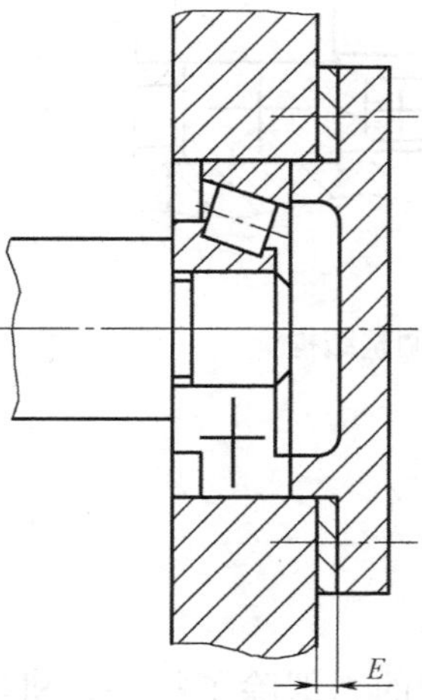

图 9-41　圆锥滚子轴承间隙的调整

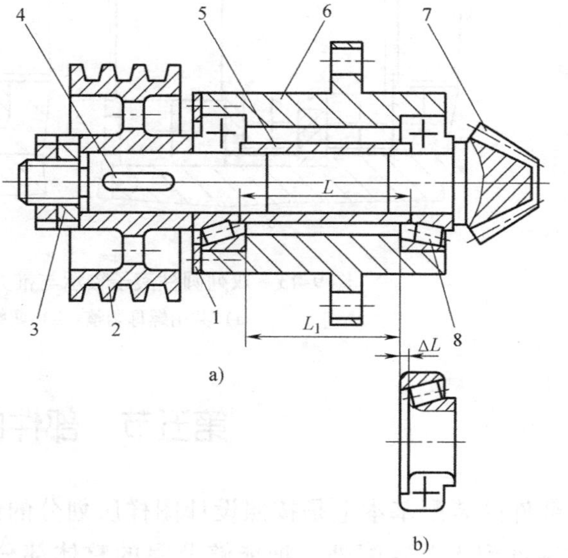

图 9-42　圆锥滚子轴承的预紧

a）传动轴组件　b）圆锥滚子轴承

1—端盖　2—带轮　3—螺母　4—键　5—衬套

6—支承体　7—轴齿轮　8—圆锥滚子轴承

四、双列圆柱滚子轴承组件

双列圆柱滚子轴承滚珠的数量较多，径向刚度大，承载能力强，精度高，磨损小，外径尺寸也较小，故适用于高速主轴的支承。它常与推力球轴承配合使用，其径向间隙用螺母调整，如图 9-43 所示。中、小型机床的主轴，通常共用一个螺母进行调整，如图 9-43a 所示，其结构简单，但径向和轴向预紧力不能分别控制。另外，当调整所需的轴向力较大时，易在推力球轴承的滚道上压出印痕。因此，在大型机床上，一般用两个螺母分别调整径向和轴向预紧力，如图 9-43b 所示。

双列圆柱滚子轴承的内孔为1∶12的锥孔，用力使内圈沿带锥度的轴颈作轴向移动，依靠内圈径向弹簧的变形调整过盈或者间隙。要使轴承获得最佳的间隙或过盈量，可采用计算法求内圈在带锥度轴颈上的移动量，但因计算较麻烦，而且求出的移动量不一定适用，故很少应用。应用较为普遍的是以装配工人的实践经验来进行调整的方法。

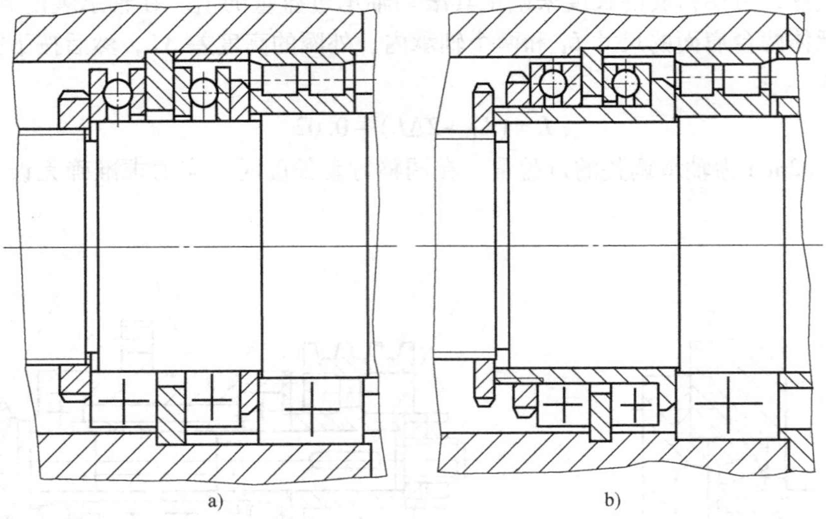

图 9-43　双列圆柱滚子轴承与推力球轴承组合调整结构
a）共用螺母调整　b）两螺母分别调整

第五节　部件的装配

部件的装配基本上是按照设计图样所划分的部分来确定的，即除了将一台机器上的少数零件列入总装配外，把能够分隔的整体部分，按图样要求一个部分一个部分地装配成部件总成，并达到装配技术的要求。有些部件在装配后，还需进行空运转试验。部件在组装时出现的问题，应尽量在本部件工序内解决，勿遗留到总装配，否则将会影响总装配的周期。

部件装配的主要工作大致分为零件的清洗、整形、配划、钻孔、攻螺纹、预装配、划分组件、部件总成及调整。

一、零件的清洗和整形

零件装配前的清洗工作，主要是指清洗零件表面的防锈油、灰尘、切屑等污物，以防将其带入装配工作过程。装配工作中出现的某些缺陷，往往是由于零件清洗不干净而造成的。因此，对于零件装配前的清洗工作，要十分认真、仔细地进行，决不可粗枝大叶、马虎从事。

零件的整形，主要是指修锉零件上因切削加工而产生的毛边、毛刺，在工序运转中因碰撞而产生的印痕、凹坑等，还包括对薄片零件进行的整形和矫形等。这项工作决不能忽视，否则将会影响到部件的装配精度。

二、零件的配划、钻孔和攻螺纹

对于装配在箱体外表面的箱盖，不需要经过调整和校正，只要对齐箱体的外表面边缘，即可进行配划、钻孔，以确定其装配位置。对于装配在各轴承座孔垂直端面上的轴承端盖，其装配位置以端盖止口与箱体孔定位即可。螺纹孔在配划后，便可找中心并冲中心孔，按螺纹小径钻孔，然后攻制螺纹。

三、零件的预装配

部件装配所需的每个零件，在经过清洗和整形等准备工作之后，只有通过预装配即试配，才能进一步证明配合零件之间是否配合适当，以及能否达到配合精度和部件的功能要求。因此，在预装配过程中，有时还要进行刮研、修理、去毛刺、修螺纹和配键等工作。有的零件经过预装配后仍要拆卸下来，待部件装配时再重新安装。

四、组件的划分

图 9-44 所示为减速箱部件的装配图，由减速箱部件划分出如图 9-45 所示的轴承套组件，该组件内所装配的各个零件的外径都小于箱体 ϕ95H7 的内孔。在装配调试完成后，轴承套组件可整体装入箱体的 ϕ95H7 孔中。轴承套组件的装配顺序可按图 9-46 所示进行，装配后要认真检查锥齿轮轴的轴向窜动和转动的灵活性。

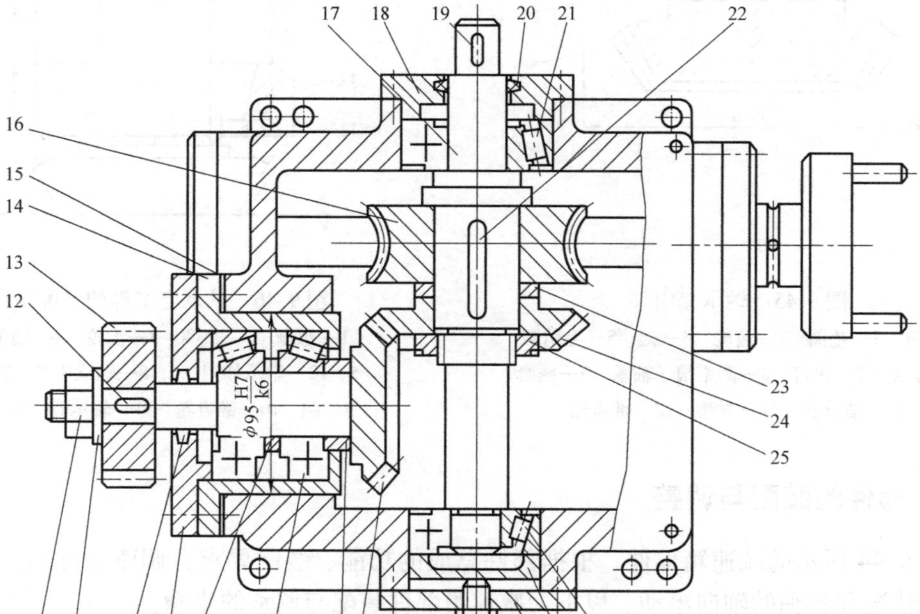

图 9-44 减速箱部件装配图

1、6、21—圆锥滚子轴承 2—压盖 3、8、18—轴承盖 4、24—锥齿轮 5—衬套 7—隔套 9、20—毛毡圈 10、23—垫圈 11、25—螺母 12、19、22—键 13—齿轮 14—轴承套 15—调整垫 16—蜗轮 17—轴

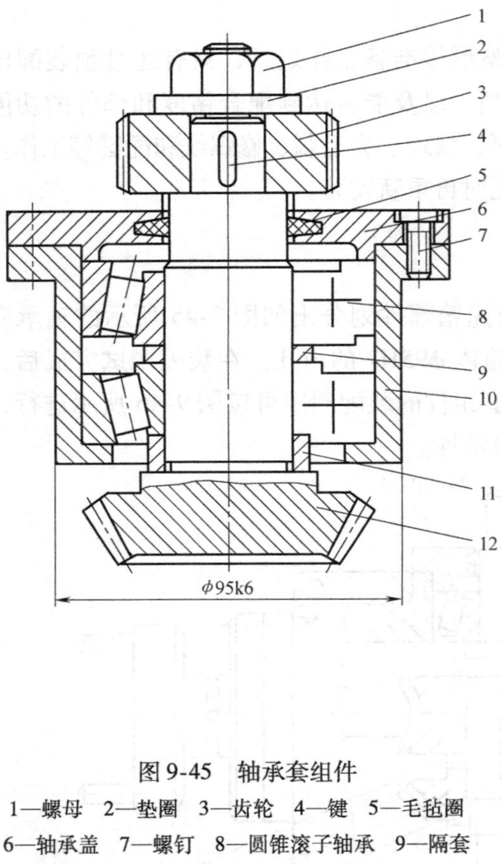

图 9-45 轴承套组件

1—螺母 2—垫圈 3—齿轮 4—键 5—毛毡圈 6—轴承盖 7—螺钉 8—圆锥滚子轴承 9—隔套 10—轴承套 11—衬垫 12—锥齿轮

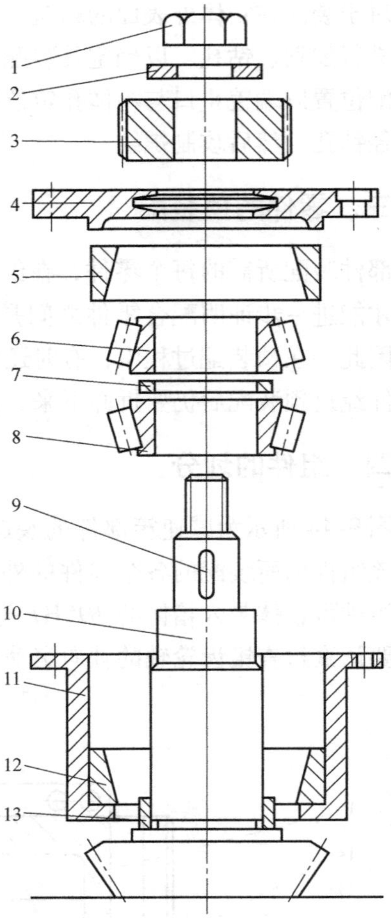

图 9-46 轴承套组件的装配顺序

1—螺母 2—垫圈 3—齿轮 4—轴承盖 5、12—轴承外圈 6、8—轴承内圈 7—隔套 9—键 10—锥齿轮 11—轴承套 13—衬套

五、部件的装配与调整

如图 9-44 所示的减速箱部件，根据部件总成的功能、装配要求，调整蜗杆副、锥齿轮副的啮合情况和各轴的轴向窜动。以下为减速箱部件装配与调整的步骤。

1. 装配蜗杆轴

如图 9-47 所示，将蜗杆轴装配于箱体孔中，然后安装右轴承盖 1，并用螺钉紧固；再装左轴承盖 3 及调整垫圈 4，用塞尺检测间隙 ΔL_1，确定调整垫圈的厚度；待调整垫圈厚度合适后，将左轴承盖 3 用螺栓紧固。在伸出的轴端中心孔处粘一钢球，用平头百分表检测蜗杆轴的轴向窜动，使其保持在 0.01 ~0.02mm 的范围内即可。

2. 装配蜗轮

蜗轮的装配如图 9-48 所示，先将左端圆锥滚子轴承的内圈与滚动体压装在轴的大端，通过箱体孔装上已预装试配好的蜗轮 1。为了调整时拆卸方便，暂以轴承套 6 代替右端的圆锥滚子轴承，调整蜗轮的圆弧中心，使其与已装好的蜗杆 2 的中心线在同一平面内；然后用游标深度尺检测孔的深度 h，以 h 为标准调整轴承盖 7 的止口深度，使止口深度等于 $h^{0}_{-0.02\text{mm}}$，使左端圆锥滚子轴承的轴向间隙保持在 0.02mm 以内。

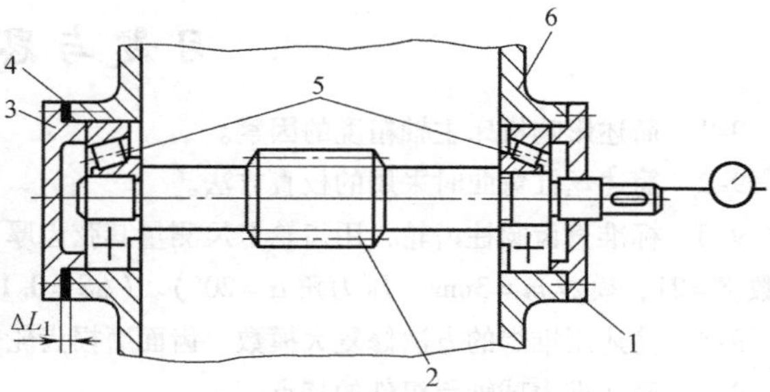

图 9-47　调整蜗杆轴轴向窜动的示意图

1—右轴承盖　2—蜗杆轴　3—左轴承盖　4—调整垫圈　5—轴承　6—箱体

3. 装配锥齿轮及轴承套组件

将蜗杆副调整好后，再把轴承套组件和锥齿轮副装上去。如图 9-49 所示，调整轴承套组件间隙 h_1 和锥齿轮至蜗轮端面的距离 h_2，使锥齿轮副正确啮合，背锥平齐；检验 h_1、h_2 的尺寸，然后配磨调整垫圈厚度，使其分别等于 h_1 和 h_2，将误差控制在 0～0.02mm 以内。此时，仍以轴承套代替蜗轮轴小端的圆锥滚子轴承，这样调整时拆装方便。经过调整后，如果各轴的轴向间隙合格，锥齿轮副和蜗杆副啮合均正确无误，即可拆下蜗轮轴小端的轴承套，换上圆锥滚子轴承，并清洗箱体内腔，在齿轮和蜗杆副上涂润滑脂，转动蜗杆轴使润滑脂均匀分布，最后装配箱盖。

减速箱部件经上述清洗、整形、配划、钻孔、预装配、划分组件及部件装配等一系列工作后，成为完整的减速箱部件，便可转入总装配。

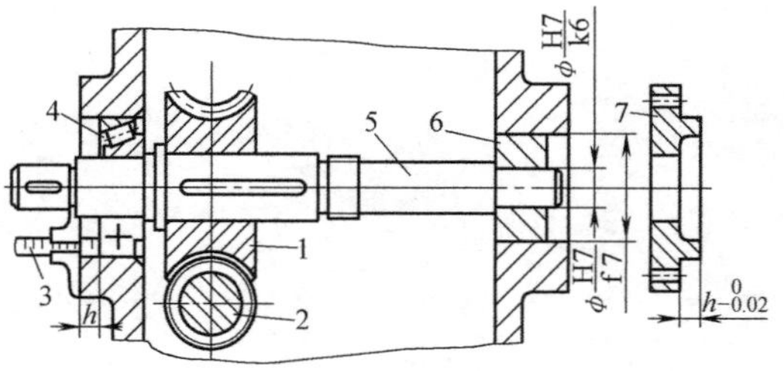

图 9-48　蜗轮的安装调整

1—蜗轮　2—蜗杆　3—游标深度尺　4—圆锥滚子轴承

5—轴　6—轴承套　7—轴承盖

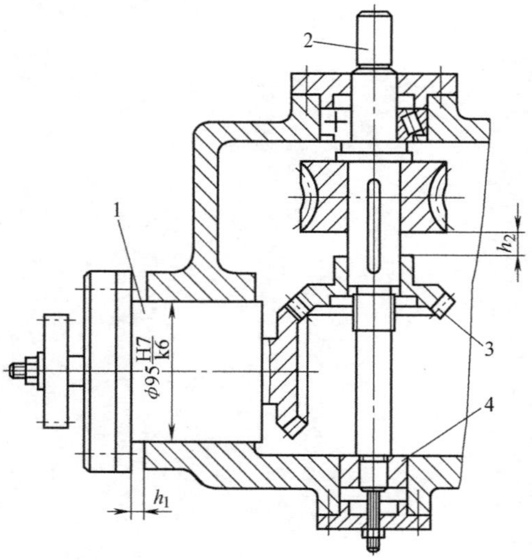

图 9-49　锥齿轮的装配

1—轴承套组件　2—轴　3—锥齿轮

4—轴承套

习题与思考题

9-1 简述影响机床主轴精度的因素。

9-2 简述丝杠弯曲时采用的校直方法。

9-3 标准直齿圆柱齿轮，用齿轮卡尺测量其弦齿厚 $S_{实}=4.10\text{mm}$，试确定其齿侧的磨损量（已知齿轮齿数 $Z=21$，模数 $m=3\text{mm}$，压力角 $\alpha=20°$）。（$\Delta S=0.138\text{mm}$）

9-4 简述用堆焊的方法修复大模数、齿面磨损齿轮的工艺过程。

9-5 简述推力球轴承组件的特点。

9-6 角接触球轴承组件通常有哪几种安装布置形式？各有何特点？

9-7 简述圆锥滚子轴承组件和双列圆柱滚子轴承组件的特点。

9-8 部件装配的工作过程大致分为几个步骤？对各步骤作简要说明。-

第十章　机械设备的整机修理和检查验收

第一节　机械设备大修概述

为保持机械设备的各项精度和工作性能，在实施保养的基础上，还要对其进行定期修理，其中大修工作是恢复设备精度的一项重要工作。大修的内容包括将设备全部解体，修理基础件，修理或更换磨损件，刮研或磨削全部导轨面，或对陈旧设备的部分零部件作适当的改装，以便消除设计上的缺陷和满足某些工艺需要。

机械设备的大修过程一般可分为修前准备，修理过程和修后验收三个阶段。

一、修前准备

为使修理工作顺利进行并准确无误，修理人员应认真听取操作者对设备的修理要求，详细了解待修设备的主要毛病，如设备精度的丧失情况、主要机件的磨损程度、传动系统的精度状况和外观缺陷等；了解为满足工艺要求应对待修设备进行哪些部件的改进和改装；然后阅读有关技术资料、设备使用说明书和历次修理记录，熟悉设备的结构特点、传动系统和原设计精度要求，以便提出预检项目。根据预检结果，确定大件、关键件的具体修复方法，准备专用工具和检测量具，确定修后的精度检验项目和试车验收要求，这样就为整台设备的大修做好了各项技术准备工作。

二、修理过程

在修理过程开始后，首先进行设备的解体工作，按照与装配相反的顺序和方向，即先上后下、先外后里的方法，有次序地解除零部件在设备中相互约束和固定的形式。对拆卸下来的零件应进行二次预检，根据二次预检的情况提出二次补修件的方法；还要根据更换件和修复件的供应、修复情况，大致排定修理工作的进度，使修理工作有步骤、按计划地进行，以免因组织工作的衔接不当而延长修理周期。

设备修理能够达到的精度和效能与修理工作配备的技术力量、设备大修次数及修前技术状况等有关。一般认为，对于初次大修的机械设备，其精度和效能都应达到原出厂标准。经过两次以上大修的设备，其修后的精度和效能要比新设备低，如果上次大修后的技术状态比较好，将会使这次修理的质量容易接近原出厂技术标准；反之，就会给下次大修造成困难，其修后质量将较难接近原出厂标准，甚至无法进行修理。

对于在修理工作中能够恢复到原有精度标准的设备，则应全力以赴，保证其达到原有的精度标准。对于恢复不到原出厂标准的设备，应有所侧重，根据设备所承担的任务，对关系较大的几项精度指标，多投入技术力量和多下工夫，使之达到能保证生产工艺最起码的要求。对于具体零部件的修复，应根据待修工件的结构特点、精度高低并结合现场的修复能力，拟定合理的修理方案和相应的修复方法，对其进行修复直至达到要求。

设备整机的装配工作以验收标准为依据进行。装配工作应选择合适的装配基准面，确定误差补偿环节的形式及补偿方法，确定各零部件之间的装配精度，如平行度、同轴度、垂直度以及传动的啮合精度等。

三、修后验收

凡是经过修理装配调整好的设备，都必须按有关规定的精度标准项目或修前拟定的精度项目，对其进行各项精度的检验和试验，如几何精度检验、空运转试验、载荷试验和工作精度检验等，全面检查、衡量所修理设备的质量、精度和工作性能的恢复情况。

设备修理后，应记录对原技术资料的修改情况和修理中的经验教训，做好工作小结，并与原始资料一起归档，以备下次修理时参考。

第二节　卧式万能升降台铣床的修理

卧式万能升降台铣床使用各种类型的铣刀，可以铣削平面、成形面、各种形式的沟槽和螺旋槽等。铣削加工时，铣刀的旋转运动为机床的主运动，工作台相对主轴的垂直或平行运动为进给运动。现以 X62W 型卧式万能升降台铣床为例，介绍其修理过程。

一、主要部件的修理

在铣床主要部件的修理过程中，可以对几个部件同时进行修理，也可以交叉地对其进行修理。一般可按下列顺序修理：主轴及变速箱、床身、升降台及下滑板、回转滑板、工作台、工作台与回转滑板配刮、悬梁和刀杆支架等。

（一）主轴部件的修理

1. 主轴的修复

主轴是机床的关键零件，其工作性能直接影响机床的精度。因此，修理中必须对主轴各部分进行全面检查。如果发现超差现象，应将其修复至原来的精度。目前，主轴的修复一般是指在磨床上精磨各轴颈和精密定位圆锥等的表面。

（1）主轴轴颈及轴肩面的检测与修理　如图 10-1 所示，在平板 3 上，用 V 形架 5 支承主轴的 A、B 轴颈。用千分表检测 B、D、F、G、K 各处的同轴度，其公差为 0.007mm，如果同轴度超差，可采用镀铬工艺进行修复并磨削各轴颈至要求。再用百分表检测 H、J 面的轴向圆跳动量，其公差为 0.007mm，如果超差，可以在修磨表面 A、K 的同时磨削表面 H、J。表面 E 的轴向圆跳动量公差为 0.05mm，如果超差，可以对其进行修磨至要求。

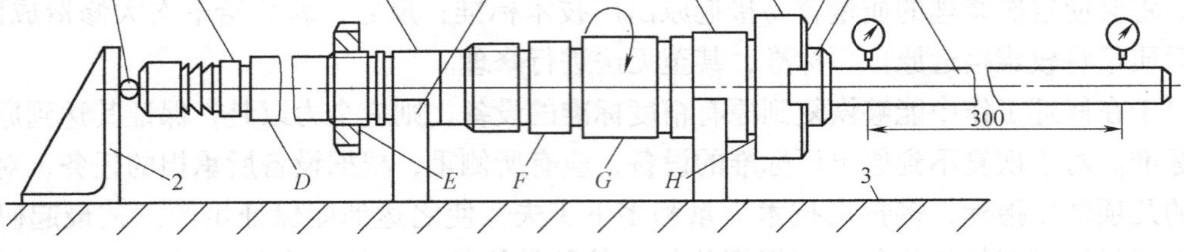

图 10-1　主轴轴颈及轴肩面的检测与修理

1—钢球　2—挡块　3—平板　4—检验棒　5—V 形架

(2) 主轴锥孔的检测与修复 如图10-1所示，把带有锥柄的检验棒插入主轴锥孔，并用拉杆拉紧，用千分表检测主轴锥孔的径向圆跳动量，要求在近主轴端的公差为0.005mm，距主轴端300mm处的公差为0.01mm。如果达不到上述精度要求或内锥表面磨损，可将主轴尾部用磨床卡盘夹持，用中心架支承轴颈*A*，然后校正后轴颈*C*的径向圆跳动量，使其小于0.005mm；同时校正轴颈*G*，使其与工作台的运动方向平行；然后修磨主轴锥孔*I*，使其径向圆跳动量在允许范围内，并使接触率大于70%。

2. 主轴部件的装配

图10-2所示为主轴部件的结构图。主轴1有三个支承，前支承2为圆锥滚子轴承，中间支承3为圆锥滚子轴承，后支承4为深沟球轴承。前、中轴承是决定主轴工作精度的主要支承，后轴承是辅助支承。前、中轴承在装配时可采用定向装配的方法，以提高其装配精度。主轴上装有飞轮5，利用其惯性储存能量，以消除铣削时的振动，使主轴旋转得更加平稳。

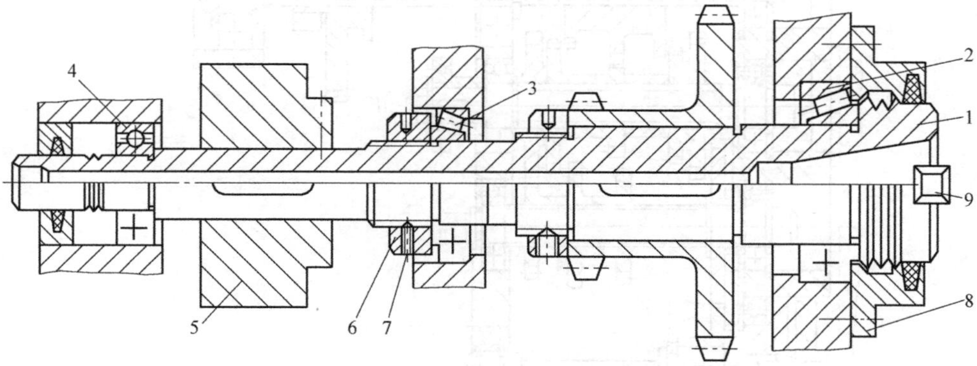

图10-2 主轴部件结构图

1—主轴 2、3—圆锥滚子轴承 4—深沟球轴承 5—飞轮
6—调整螺母 7—紧固螺钉 8—端盖 9—端面键

为了使主轴具有理想的旋转精度，在装配过程中，要特别注意前、中两个圆锥滚子轴承径向和轴向间隙的调整。调整时，先松开紧固螺钉7，然后用专用扳手钩住调整螺母6上的孔，借主轴端面键9转动主轴，使轴承3的内圈右移，从而消除两个轴承的径向和轴向间隙。调整完毕，再把紧固螺钉7拧紧，防止其松动。轴承的预紧量应根据机床的工作要求来确定，当机床进行载荷不大的精加工时，预紧量可稍大些，但应保证在1500r/min的转速下，运转30～60min后，轴承的温度不超过60℃。

对调整螺母6的右端面有较严格的要求，其右端面的轴向圆跳动量应在0.005mm以内，两端面的平行度应在0.01mm以内，否则将对主轴的径向圆跳动产生一定影响。

主轴的装配精度应按GB/T 3933.2—2002卧式万能升降台铣床精度标准、公差、检验方法的要求进行检验。

(二) 主传动变速箱的修理

主传动变速箱的展开图如图10-3所示。轴Ⅰ～Ⅳ的轴承及其安装方式基本一样，左端轴承采用将内、外圈分别固定于轴上和箱体孔中的形式；右端轴承采用只将内圈固定于轴上，外圈则在箱体孔中游动的方式。装配Ⅰ～Ⅲ轴时，在轴由左端伸入箱体孔中一段长度后，把齿轮安装到花键轴上，然后装右端轴承，将轴全部伸入箱体内，并将两端轴承调整好并固定。轴Ⅳ应由右端向左装配，先将轴伸入右边一跨，安装大滑移齿轮块；继续前伸至左边一跨，安装中间轴承和三联滑移齿轮块，并将三个轴承调整好。

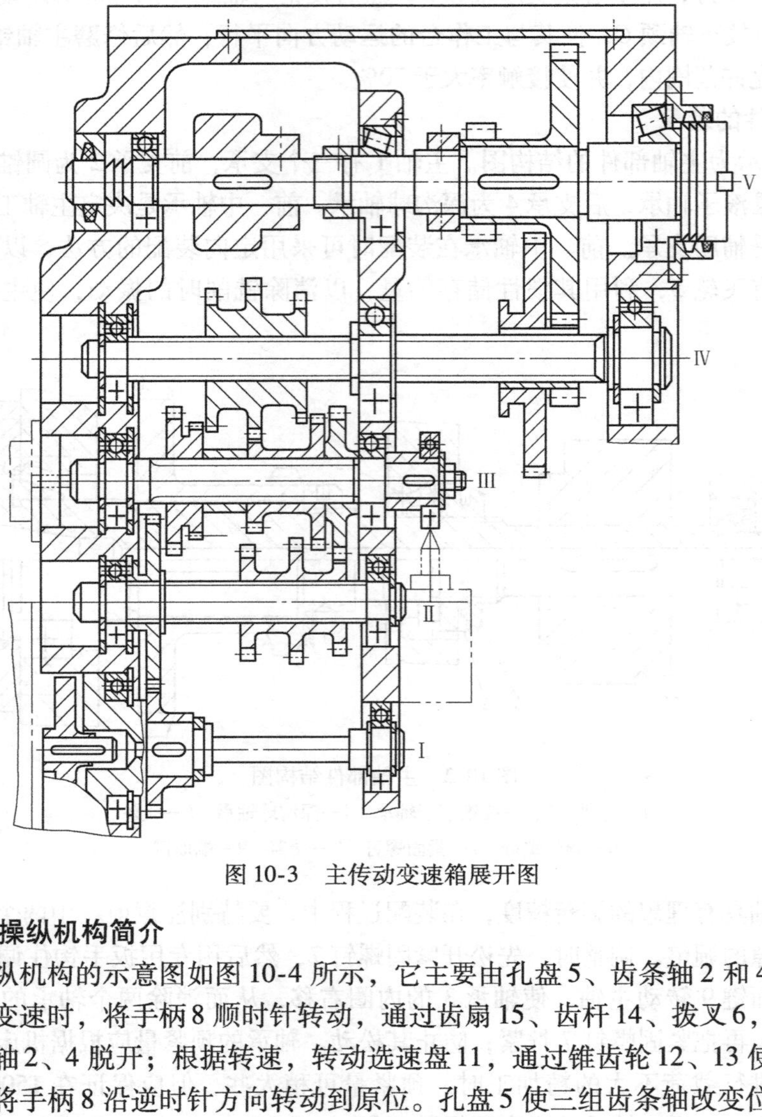

图 10-3　主传动变速箱展开图

1. 主变速操纵机构简介

主变速操纵机构的示意图如图 10-4 所示，它主要由孔盘 5、齿条轴 2 和 4、齿轮 3 及拨叉 1 等组成。变速时，将手柄 8 顺时针转动，通过齿扇 15、齿杆 14、拨叉 6，使孔盘 5 向右移动，与齿条轴 2、4 脱开；根据转速，转动选速盘 11，通过锥齿轮 12、13 使孔盘 5 转到所需的位置；再将手柄 8 沿逆时针方向转动到原位。孔盘 5 使三组齿条轴改变位置，从而使三个滑移齿轮块改变啮合位置，实现主轴 18 种转速的变换。

瞬时压合开关 7，使电动机起动。当凸块 10 随齿扇 15 转过后，开关 7 重新断开，电动机断电，随即停止转动。电动机只起动运转了短暂的时间，以便于滑移齿轮与固定齿轮的啮合。

2. 主变速操纵机构的调整

为避免组装操纵机构时的错位，在拆卸选速盘轴上的锥齿轮 12、13 时，要对其啮合位置作标记。拆卸齿条轴中的销时，由于每对销的长短不同，因此不能装错，否则将会影响齿条轴脱开孔盘的时间和其拨动齿轮的次序。另一种方法是在拆卸之前，把选速盘转到 30r/min的位置上，按拆卸位置进行装配；装配好后，扳动手柄 8 使孔盘定位，并应保证齿

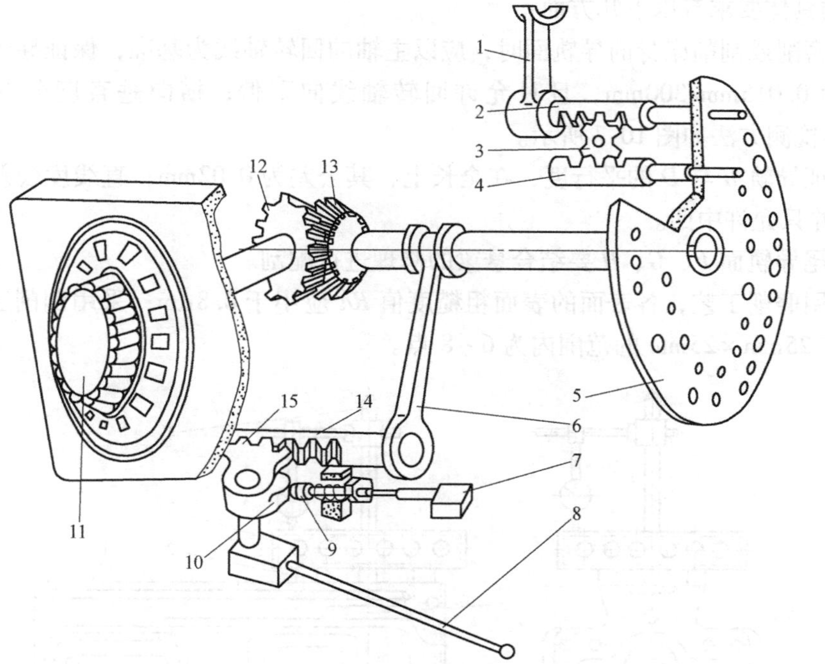

图 10-4　主变速操纵机构示意图

1、6—拨叉　2、4—齿条轴　3—齿轮　5—孔盘　7—开关　8—手柄　9—顶杆　10—凸块
11—选速盘　12、13—锥齿轮　14—齿杆　15—齿扇

轮 3 的中心至孔盘端面的距离为 231mm，如图 10-5 所示。若尺寸不符，说明齿条轴的啮合位置不正确。此时，应使齿条轴顶紧孔盘 4，重新装入齿轮 2，然后检查齿轮 2 的中心至孔盘端面的距离是否达到要求，再检查各转速位置是否正确无误。

当将变速操纵手柄 8（图 10-4）转回到原位并合上定位槽后，如果发现齿条轴上的拨叉来回窜动或滑移齿轮错位，可拆出该组齿条轴之间的齿轮 3，用力将齿条轴顶紧孔盘端面后，再装入齿轮 3。

（三）床身导轨的修理要求

床身导轨结构的示意图如图10-6所示。要恢复其精度，可采用磨削或刮削的方法。对

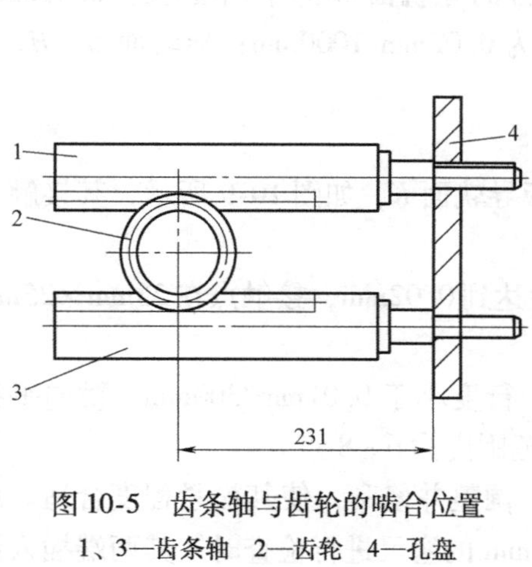

图 10-5　齿条轴与齿轮的啮合位置

1、3—齿条轴　2—齿轮　4—孔盘

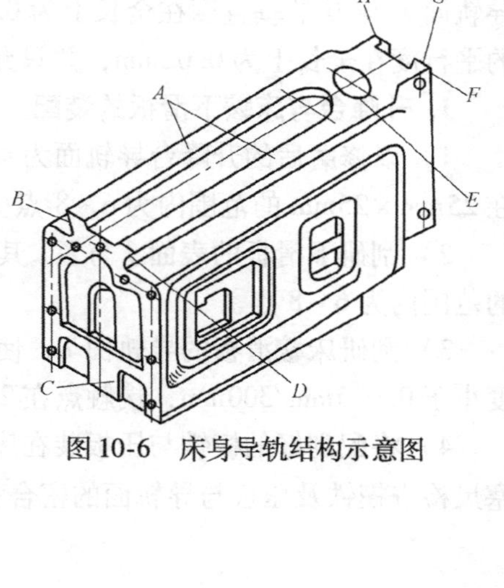

图 10-6　床身导轨结构示意图

床身导轨的具体要求有以下几方面：

1）在磨削或刮削床身的导轨面时，应以主轴的回转轴线为基准，保证导轨 *A* 的纵向垂直度公差为 0.015mm/300mm，且只允许回转轴线向下偏；横向垂直度公差为 0.01mm/300mm。其检测方法如图 10-7 所示。

2）保证导轨 *B* 与 *D* 的平行度，在全长上，其公差为 0.02mm；直线度公差为 0.02mm/1000mm，并只允许中凹。

3）燕尾导轨面 *F*、*G*、*H* 要结合悬梁的修理进行配刮。

4）采用磨削工艺，各表面的表面粗糙度值 *Ra* 应小于 0.8μm；采用刮削工艺，各表面的接触点在 25mm×25mm 的范围内为 6～8 点。

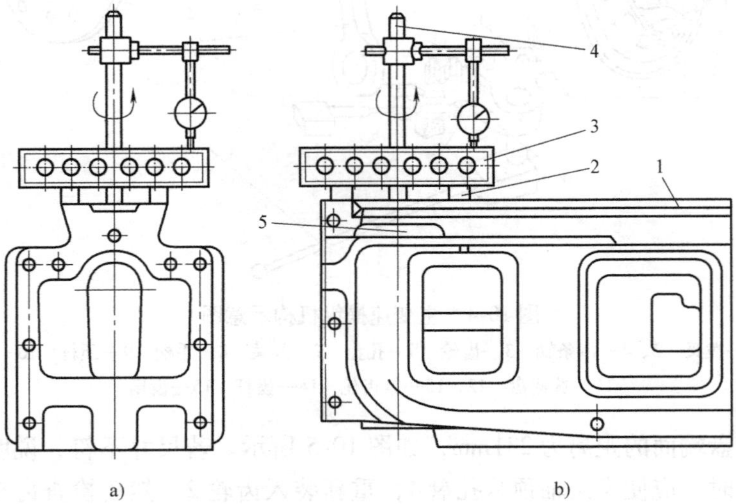

图 10-7 导轨对主轴回转轴线的垂直度的检测

a）检测横向垂直度 b）检测纵向垂直度

1—床身 2—等高垫块 3—平行平尺 4—锥柄检验棒 5—主轴孔

（四）升降台与床鞍、床身的装配

升降台的修理一般采用磨削或刮削的方法进行，在与床鞍或床身装配时，再进行配刮。图 10-8 所示为升降台结构示意图，要求修磨后升降台的导轨面 *C* 的平面度小于 0.01mm；导轨面 *F* 与 *H* 的垂直度在全长上为 0.02mm，直线度为 0.02mm/1000mm；导轨面 *G*、*H*、*C* 的平行度在全长上为 0.02mm，并只允许中凹。

1. 升降台与床鞍下滑板的装配

1）以修磨后的升降台导轨面为基准，刮研下滑板导轨面 *K*，如图 10-9 所示，其接触点在 25mm×25mm 的范围内为 6～8 点。

2）刮研下滑板的表面 *J* 与 *K*，其平行度在全长上达到 0.02mm，接触点在 25mm×25mm 的范围内为 6～8 点。

3）刮研床鞍滑板的导轨面 *L*，使其与 *J* 的纵向平行度小于 0.01mm/300mm，横向平行度小于 0.015mm/300mm，接触点在 25mm×25mm 的范围内为 6～8 点。

4）将配刮好的楔铁与压板装在床鞍的下滑板上，调整并修刮，使其松紧程度合适。用塞尺检查楔铁及压板与导轨面的密合程度，在用 0.03mm 的塞尺进行检查时，其两端插入深度应小于20mm。

2. 升降台与床身的装配

将粗刮过的楔铁及压板装在升降台上，调整得松紧适当，再刮至接触点在25mm×25mm的范围内为6~8点。用0.04mm的塞尺检查升降台与导轨面的密合程度，塞尺插入深度应小于20mm。

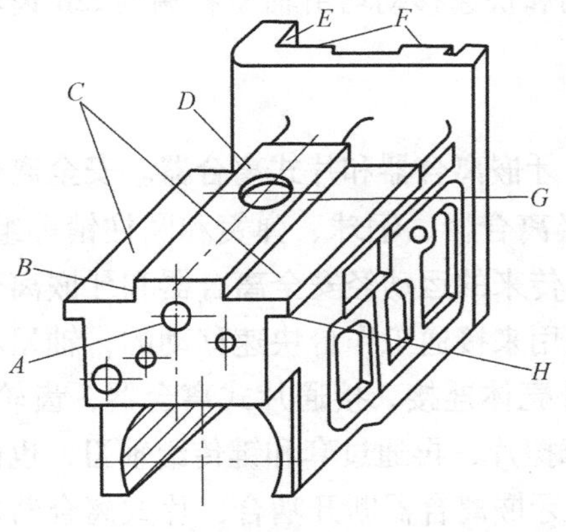

图10-8　升降台结构示意图

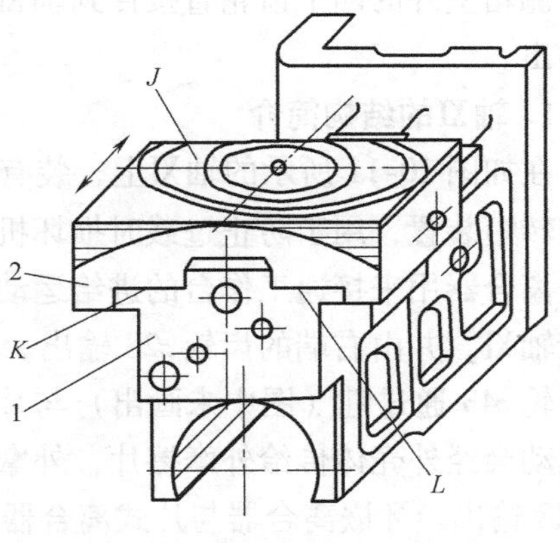

图10-9　升降台与床鞍下滑板配刮

1—升降台　2—床鞍下滑板

(五) 升降台和床鞍下滑板传动零件的组装

1. 锥齿轮副托架的装配

在装配锥齿轮副托架时，要求升降台横向传动的花键轴中心线与床鞍下滑板的锥齿轮副托架中心线的同轴度为0.02mm，其检测方法如图10-10a所示。如果床鞍下滑板下沉，可以通过修磨锥齿轮副托架的端面，使之达到要求；若升降台或床鞍下滑板的磨损造成水平方向的同轴度超差，则可镗削床鞍上的孔，并镶套进行补偿，如图10-10b所示。

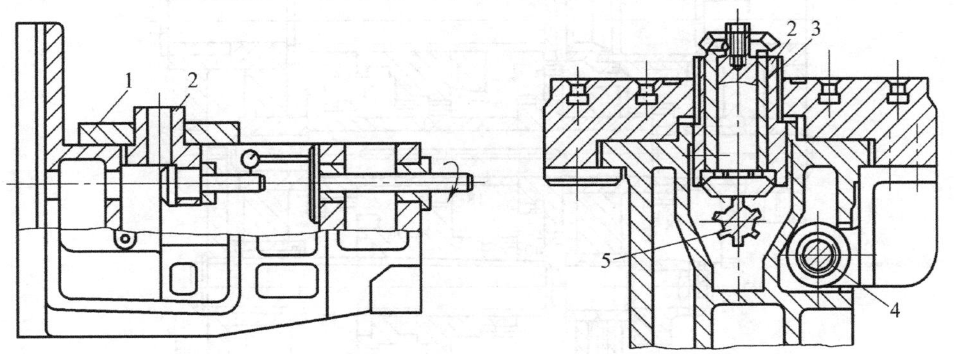

图10-10　升降台和床鞍下滑板传动零件的组装

a) 检测同轴度　b) 镶套补偿修复

1—下滑板　2—锥齿轮副托架　3—套　4—螺母座　5—花键轴

2. 横向进给螺母支架孔的修复

升降台上面床鞍的横向手动或机动是通过横向丝杠带动横向进给螺母座，从而使工作台作横向移动的。床鞍的下沉，会使螺母孔中心线与丝杠中心线产生同轴度偏差，装配中必须对其加以修正。

（六）进给变速传动系统的修理

进给变速箱展开图如图 10-11 所示。进给电动机传给轴Ⅺ的运动有两条路线，分别是进给传动路线和快速移动路线。进给传动路线：经轴Ⅷ上的三联齿轮块、轴Ⅹ上的三联齿轮块和曲回机构传到轴Ⅺ上，可得到纵向、横向和垂直三个方向各 18 级进给量。快速移动路线：由右侧箱壁外的四个齿轮直接传到轴Ⅺ上。进给运动和快速移动均由轴Ⅺ右端的 $z28$ 齿轮向外输出。

1. 轴Ⅺ的结构简介

在如图 10-11 所示的轴Ⅺ上，装有安全离合器、牙嵌离合器和片式离合器。安全离合器是定转矩装置，用于防止过载时损坏机件，它由左半离合器、钢球、弹簧和圆柱销等组成。牙嵌离合器用来接通工作台的进给运动，宽齿轮 $z40$ 传来的运动经安全离合器和牙嵌离合器传给轴Ⅺ，并由右端的齿轮 $z28$ 输出。片式离合器是用来接通工作台快速移动的，轴Ⅺ右端的齿轮 $z43$ 通过键（图中未画出）与片式离合器的外壳体连接，接通片式离合器，齿轮 $z43$ 的运动会经外壳体传给外摩擦片，外摩擦片传给内摩擦片，再通过套和键传给轴Ⅺ，也由齿轮 $z28$ 输出。牙嵌离合器与片式离合器是互锁的，即牙嵌离合器断开啮合，片式离合器才能接通；反之，片式离合器断开啮合，牙嵌离合器才能接通。

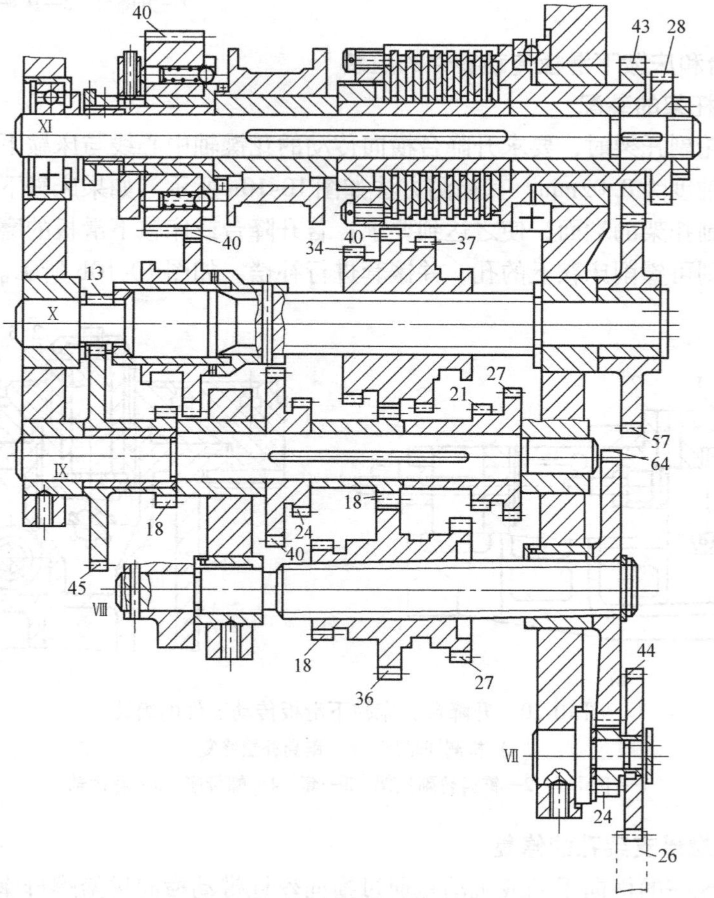

图 10-11　进给变速箱展开图

2. 进给变速箱的修理

1）工作台的快速移动是直接传给轴Ⅺ的，其转速较高，容易损坏，修理时，通常予以更换；牙嵌离合器在工作时频繁啮合，端面齿很容易损坏，修理时，可予以更换或用堆焊的方法进行修复。

2）检查摩擦片有无烧伤，要求平面度在0.1mm以内。若超差，可修磨平面或更换摩擦片。

3）在装配轴Ⅺ上的安全离合器时，应先调整离合器左端的螺母，使离合器的端面与宽齿轮$z40$的端面之间有0.40～0.60mm的间隙；然后调整螺套，使弹簧的压力能抵抗160～200N·m的转矩。

4）在将进给变速操纵机构装入进给箱前，应将手柄向前拉到极限位置，以利于其装入。调整时，可把变速盘转到进给量为750mm/min的位置上，拆去堵塞并转动齿轮，使各齿条轴顶紧孔盘；再装入转动齿轮和堵塞，然后检查18种进给量的位置，应达到准确、灵活、轻便的要求。

5）进给变速箱在装配后，必须进行严格的清洗；检查柱塞式液压泵、输油管道，以保证油路畅通。

3. 工作台的横向和升降操纵机构的修理与调整

工作台的横向和升降进给操纵机构示意图如图10-12所示。手柄1有五个工作位置，前、后扳动手柄1，其球头拨动鼓轮2，使其作轴向移动；杠杆使横向进给离合器啮合，同时触动行程开关起动进给电动机，使其正转或反转，从而实现床鞍向前或向后的移动。同样，上、下扳动手柄1，其球头拨动鼓轮2，使其回转；杠杆使升降离合器啮合，同时触动行程开关起动进给电动机，使其正转或反转，从而实现工作台的升降移动。手柄1在中间位置时，床鞍和升降台均停止运动。

鼓轮2的表面经淬火处理，硬度较高，一般不易损坏，装配前应清洗干净。如局部严重磨损，可用堆焊法进行修复并作淬火处理。装配时，注意调整杠杆机构的带孔螺钉3，以保证离合器的正确开合距离，避免工作台在进给中出现中断现象。扳动手柄1时，进给电动机应立即起动，否则应调节触动行程开关的顶杆4。

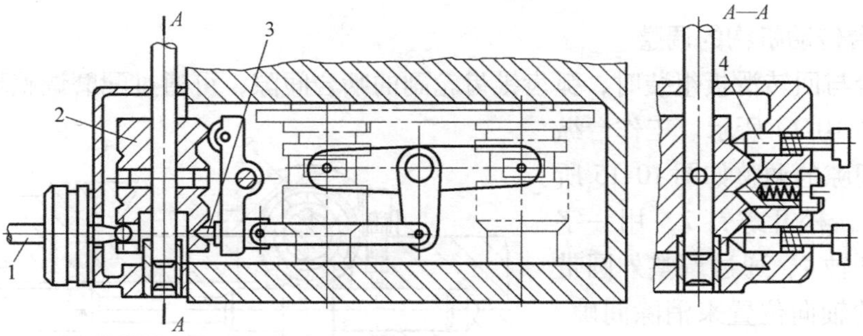

图10-12 工作台的横向和升降进给操纵机构示意图
1—手柄 2—鼓轮 3—螺钉 4—顶杆

（七）进给变速箱与升降台的装配与调整

在组装进给变速箱与升降台时，要保证电动机轴上的齿轮$z26$与轴Ⅶ上的齿轮$z44$的啮合间隙，可以通过调整进给变速箱与升降台接合面垫片的厚度，来调整间隙的大小。

(八) 工作台与回转滑板的修理

1. 工作台与回转滑板的配刮

工作台中央的T形槽一般磨损极少，在刮研工作台上表面、下表面以及燕尾导轨时，应以中央T形槽为基准进行修刮。按工作台上、下表面平行度的纵向公差为0.01mm/500mm，横向公差为0.01mm/300mm，中央T形槽与燕尾导轨两侧面的平行度在全长上为0.02mm的要求刮研好各表面后，将工作台翻过去，以工作台上表面为基准，与回转滑板进行配刮，如图10-13所示。

1）回转滑板底面与工作台上表面的平行度在全长上为0.02mm，滑动面间的接触点在25mm×25mm的范围内为6~8点。

2）粗刮楔铁，将楔铁装入回转滑板与工作台的燕尾导轨面间进行配研，滑动面的接触点在25mm×25mm的范围内为8~10点，非滑动面的接触点为6~8点。用0.04mm的塞尺检查楔铁两端与导轨面间的密合程度，插入深度应小于20mm。

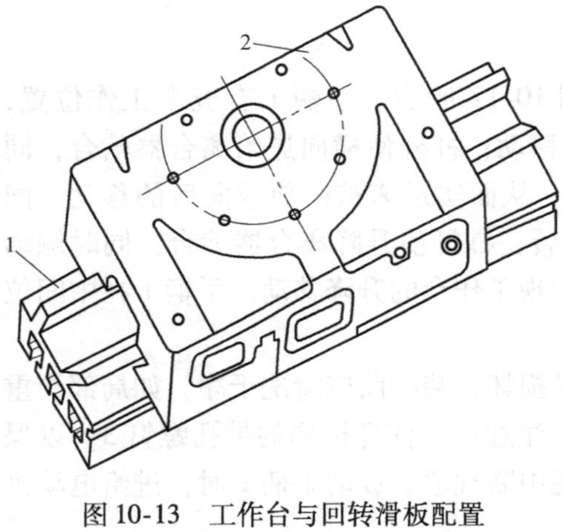

图10-13 工作台与回转滑板配置

1—工作台 2—回转滑板

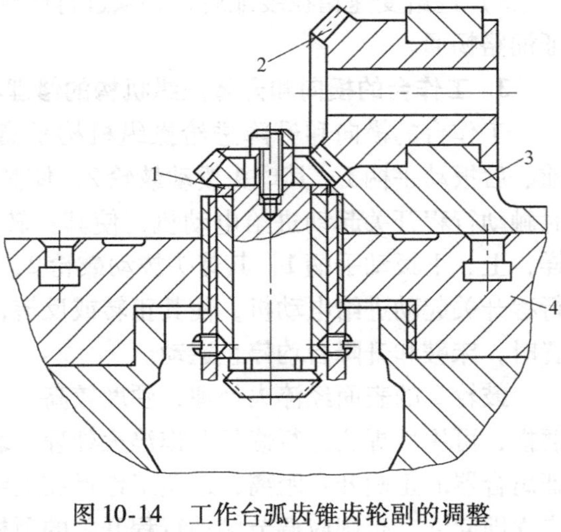

图10-14 工作台弧齿锥齿轮副的调整

1—调整环 2—弧齿锥齿轮 3—工作台 4—回转滑板

2. 工作台传动机构的调整

当工作台与回转滑板组装时，弧齿锥齿轮副的啮合间隙，可通过配磨调整环1的端面加以调整，如图10-14所示。工作台纵向丝杠螺母间隙的调整如图10-15所示，打开盖1，松开螺钉2，用一字旋具转动蜗杆轴4，通过调整外圆带蜗轮螺母5的轴向位置来消除间隙。调好后，工作台在全长上的运动应无阻滞、轻便灵活。然后紧固螺钉2，压紧垫圈3，装好盖1即可。

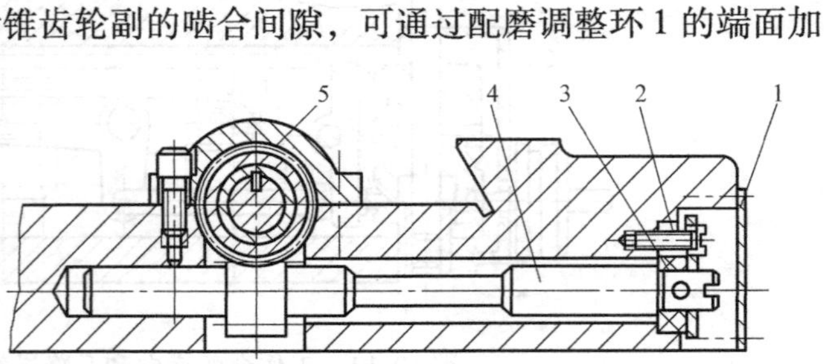

图10-15 丝杠螺母间隙的调整机构

1—盖 2—螺钉 3—垫圈 4—蜗杆轴 5—外圆带蜗轮的螺母

(九) 悬梁和床身顶面燕尾导轨的装配

悬梁的修理工作应与床身顶面燕尾导轨的修理工作一起进行。可先磨或刮削悬梁导轨，在达到精度后，将其与床身顶面燕尾导轨进行配刮，最后进行装配。

将悬梁翻过来，使导轨面朝上，对导轨面进行磨或刮削修理，保证表面 A 的直线度为 0.015mm/1000mm，并使表面 B 与 C 的平行度为 0.03mm/400mm，接触点在 25mm × 25mm 的范围内为 6 ~ 8 点，检测方法如图 10-16 所示。以悬梁导轨面为基准，刮削床身顶面燕尾导轨，配刮面的接触点在 25mm × 25mm 的范围内为 6 ~ 8 点，与主轴中心线的平行度为 0.025mm/300mm。

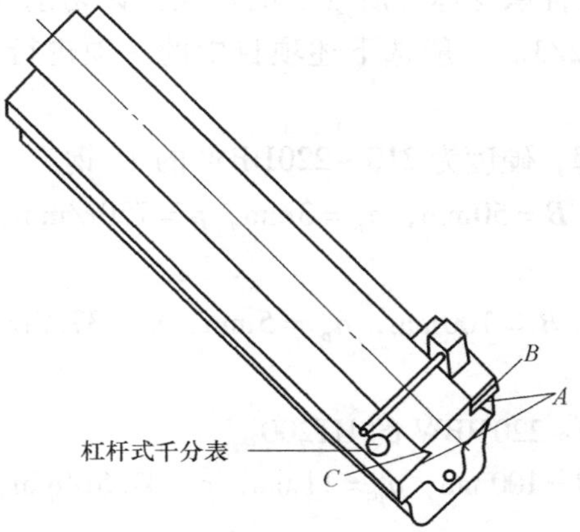

图 10-16　悬梁导轨精度的检测

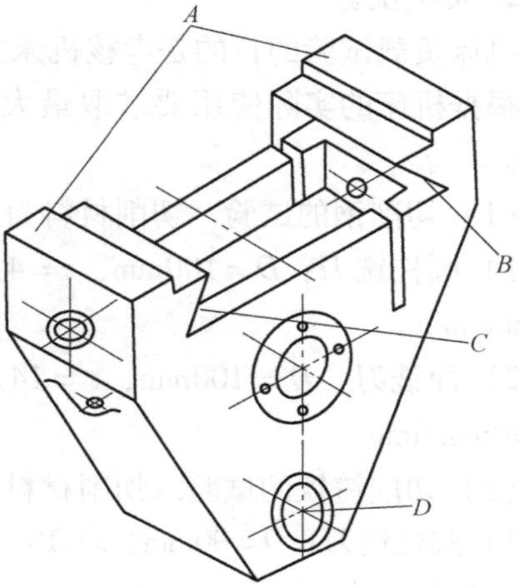

图 10-17　刀杆支架结构示意图

（十）刀杆支架与悬梁的装配

经过刮研修理，刀杆支架的燕尾导轨与悬梁导轨的配合往往较松，因此，必须对刀杆支架的燕尾导轨予以补偿修复或更换刀杆支架。图 10-17 所示为刀杆支架结构示意图，表面 A 的平面度为 0.01mm，表面 B、C 的直线度在全长上为 0.01mm，接触点在 25mm × 25mm 的范围内为 6 ~ 8 点，可经过与悬梁进行配刮达到要求。刀杆支架孔 D 的圆度为 0.015mm，与主轴中心线的同轴度在 300mm 的检查长度上为 ϕ0.03mm。为保证孔 D 的精度要求，需经镶套后重镗 D 孔。

二、试车验收

1. 空运转试验

（1）空运转试验前的准备工作

1）将机床置于自然水平状态，不用螺栓固定。

2）检查各油路，并用煤油进行清洗，使油路均畅通无阻。

3）用手操纵所有移动装置，使其在全程上移动，应无阻滞、轻便灵活。

4）在摇动手轮或手柄，特别是在起动电动机进给时，工作台各方向的夹紧手柄应松开。

5）检查电动机的旋转方向和限位装置。

（2）空运转试验的步骤

1）空运转试验从低速开始，逐级加速，各级转速的运转时间不少于 2min，最高转速的运转时间不少于30min，主轴承可达到的稳定温度应低于60℃。

2）起动进给电动机，逐级进行进给运动及快速移动试验，各级进给量的运转时间应大于2min，当以最大进给量运转达到稳定温度时，轴承温度应低于50℃。

3）在所有转速的运转中，各工作机构应平稳，无冲击、振动和周期性噪声。

4）在机床运转时，各润滑点应有连续和足够的油液。各轴承盖、油管接头均不得漏油。

5）检查电气设备的工作情况，包括电动机的起动、停止、反向、制动和调速的平稳性等。

2. 负载试验

机床负载试验的目的是考核机床主运动系统能否承受标准所规定的最大允许切削规范，也可根据机床的实际使用要求取最大切削规范的2/3。一般选下述项目中的一项进行切削试验。

（1）切削钢的试验　切削材料为经过正火处理，硬度为210～220HBW的45钢。

1）圆柱铣刀：$D=100$mm，$z=4$。切削用量：$B=50$mm，$a_p=3$mm，$n=750$r/min，$f=750$mm/min。

2）面铣刀：$D=100$mm，$z=14$。切削用量：$B=100$mm，$a_p=5$mm，$n=37.5$r/min，$f=190$mm/min。

（2）切削铸铁的试验　切削材料为硬度为180～220HBW的HT200。

1）圆柱铣刀：$D=90$mm，$z=18$。切削用量：$B=100$mm，$a_p=11$mm，$n=47.5$r/min，$f=118$mm/min。

2）面铣刀：$D=200$mm，$z=16$。切削用量：$B=100$mm，$a_p=9$mm，$n=60$r/min，$f=300$mm/min。

3. 工作精度检查

机床的精度检验应在机床空运转试验和负载试验之后，在确认机床所有机构均处于正常状态的前提下，按照GB/T 3933.2—2002卧式升降台铣床精度标准、检验方法进行。

假设所切削试件的材料为铸铁，其形状、尺寸如图10-18所示，现用圆柱铣刀进行铣削加工，铣刀直径小于60mm。在铣削加工前，应先对试件底面进行精加工，在同一次安装中，用工作台纵向机动、升降台机动和床鞍横向手动的方式铣削A、B、C三个表面。用工作台纵向机动和升降台手动的方式铣削D面，接刀处重叠5～10mm。试件应安装于工作台的纵向中心线上，使试件长度均等地分布在工作台中心线的两边。铣削后应达到的精度如下：

1）表面B的等高度公差为0.03mm。

2）表面A和B、表面C和B的垂直度为0.02mm；表面A、B、C和D的垂直度为0.03mm。

3）表面D的平面度为0.02mm。

4）各加工面表面粗糙度Ra的值为1.6μm

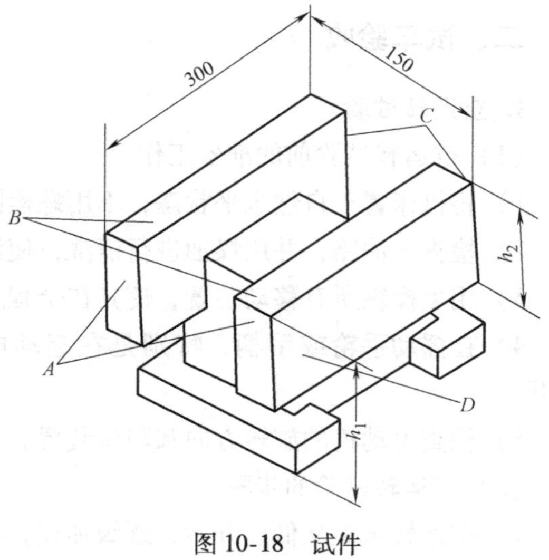

图10-18　试件

4. 几何精度检验

机床几何精度的检验，可按照 GB/T 3933.2—2002 卧式升降台铣床精度标准、检验方法进行。如果机床已修过多次，有些项目达不到精度标准，则可根据加工工艺的要求选择项目进行检验、验收。

第三节　机械设备修理质量的检验

凡是修理过的机械设备，都必须按规定的项目及内容进行检验，以保证修理质量。检验工作是根据有关资料、质量检验标准和图样等进行的。由于机械设备的种类繁多，质量检验的技术标准也不尽相同，现只对机床大修质量检验的技术要求作一介绍，其他机械设备的技术标准就不一一赘述了。

1. 工件的加工质量

1）更换或修复工件的加工质量应符合图样要求，除特殊规定外，不得有锐棱和尖角。工件的已加工表面不得有磕、碰、划伤，锈蚀等缺陷。

2）滑移齿轮的齿端应倒角。丝杠、蜗杆等第一圈螺纹端部的厚度小于 1mm 的部分应去掉。

3）刮研面不应有切削加工的痕迹和明显的刀痕，刮研点应均匀。在用涂色法检查时，每 25mm×25mm 面积内的接触点，不得少于表 10-1 的规定数。

表 10-1　刮研面的接触点数　〔点/（25mm×25mm）〕

刮研面性质 / 机床类别	静压导轨		移置导轨		主轴滑动轴承		镶条压板滑动面	特别重要的固定接合面
	导轨宽度/mm		导轨宽度/mm		直径/mm			
	<250	>250	<100	>100	<120	>120		
高精度机床	20	16	16	12	20	16	12	12
精密机床	16	12	12	10	16	12	10	8
普通机床	10	8	8	6	12	10	6	6

4）各类机械刮研接触点的计算面积，按高精度机床、精密机床和不大于 10t 的通用机床为 $100cm^2$；大于 10t 的机床为 $300cm^2$ 来计算。

5）对于两配合件的接合面，若一件采用切削加工，另一件是刮研面，则在用涂色法检验刮研面的接触点时，其数量不应少于表 10-2 规定的 75%。

6）当两配合件的接合面均采用切削加工时，用涂色法检查，接触应均匀，接触面积不得小于表 10-2 的规定。

7）零件刻度部分的刻线、数字和标记应准确、均匀、清晰。

表 10-2　接合面接触程度的标准

接合面性质 / 机床类别	滑动、滚动导轨		移置导轨		特别重要的固定结合面	
	接触标准		接触标准		接触标准	
	全长上	全宽上	全长上	全宽上	全长上	全宽上
高精度机床(%)	80	70	70	50	70	45
精密机床(%)	75	60	65	45	65	40
普通机床(%)	70	50	60	40	60	35

2. 装配质量

1）装配到机床上的零部件，要符合质量要求。不允许装入总装图样上未规定的垫片和套等。

2）变位机构应保持准确定位。当啮合齿轮宽度小于20mm时，其轴向错位不得大于1mm；当齿轮宽度大于20mm时，其轴向错位不得超过齿轮宽度的5%，且不得大于5mm。

3）重要接合面应紧密贴合，在紧固后，用0.04mm的塞尺进行检测时，塞尺不得插入。对于特别重要的接合面，除用涂色法进行检验外，在紧固前、后，均应用0.04mm的塞尺进行检验，塞尺不得插入。

4）对于滑动接合面，除用涂色法进行检验外，还应用0.04mm的塞尺进行检验，插入深度按下列规定：

机床质量≤10t，插入深度小于20mm；

机床质量>10t，插入深度小于25mm。

5）使用静压装置的机床，其"节流比"应符合设计要求。在静压建立后，其运动应轻便、灵活，当静压导轨空载时，运动部件四周浮升量的差值不得超过设计要求。

6）在装配可调整的轴承和镶条时，应留有调修的余量。

7）带有刻度装置的手轮、手柄，其反向空程量不得超过下列规定：

高精度机床 $\frac{1}{40}$r

不大于10t的通用机床和精密机床 $\frac{1}{20}$r

大于10t的通用机床和精密机床 $\frac{1}{4}$r

8）手轮、手柄的操纵力在行程内应均匀，不得超过表10-3的规定。

9）对于机床主轴锥孔与心轴锥体的接触面积，除应用涂色法进行检验外，还要求锥孔的接触点靠近大端，并不得低于下列数值：

高精度机床，工作长度的85%；

精密机床，工作长度的80%；

普通机床，工作长度的75%。

表10-3 手轮、手柄的操纵力 (N)

机床类别 / 机床质量/t	高精度机床		精密和普通机床	
	常用	不常用	常用	不常用
≤2	40	60	60	100
2~5	60	100	80	120
5~10	80	120	100	160
>10	100	160	160	200

10）机床在运转时，不应有不正常的周期性噪声和不规则的冲击声。

11）机床上的滑动和滚动配合面、结合缝隙、润滑系统、滚动及滑动轴承，在被拆卸的过程中均应清洗干净。机床内部不应有切屑和污物。

3. 液压系统的质量

1）液压设备的拉杆、活塞、缸、阀等零件在修复或更换后，其工作表面不得有划伤。

2）在液压传动过程中，机床在所有速度下都不得发生振动，不应有噪声以及显著的冲击、停滞和爬行。

3）压力表必须灵敏可靠、字迹清晰。调节压力的安全装置应可靠，并符合说明书的规定。

4）液压系统工作时，其油箱内不应出现泡沫，油温一般不超过60℃。当环境温度高于35℃，且连续工作4h时，油箱温度不得超过70℃。

5）液压油路应排列整齐，管路尽量缩短，油管内壁应清洗干净，油管不得有压扁、明显坑点和敲击的斑痕等缺陷。

6）储油箱及进油口应有过滤装置和油位指示器，油箱内外清洁，指示器清晰明显。

7）所有回油管的出口必须伸入油面以下足够的深度，以防止产生泡沫和吸入空气。

4. 润滑系统的质量

1）润滑系统必须完整无缺，所有润滑软件（如油管、油孔）必须清洁干净，以保证润滑系统的畅通。油管应排列整齐，转变处不得弯出直角，接头处不得有漏油现象。

2）所有润滑部位都应有相应的注油装置，如油杯、油嘴、油壶或注油孔，油杯、油嘴、油孔必须有盖或堵，以防止切屑、灰尘落入。

3）油位的标志要清晰，能观察油面或润滑油的滴入情况。

4）毛细管在用作润滑滴油时，均必须装置清洁的毛线绳，油管必须高出储油部位的油面。

5. 电气部分的质量

1）对不同的电路，如电力电路、控制电路、信号电路、照明电路等，应使用不同颜色的电线；如用同一颜色线，则必须在端部装上不同颜色的绝缘管。

2）在机床的控制线路中，电线两端应带有与接线板上所表示的接线位置相同的数字标志。数字标志应不易脱落和被污损。

3）对于机床的电气部件，应保证其安全，不受切削液、润滑油及切屑等物的影响。

4）机床电气部分全部接地处的绝缘电阻，在用500V绝缘电阻表测量时，不得低于1MΩ；电动机绕组（不包括电线）的绝缘电阻不得小于0.5MΩ。

5）用磁力接触器操纵的电动机，应有零压保护装置。在突然断电或供电电路电压降低时，能保证电路切断，在电压复原后能防止其自行接通。

6）为了保证机床的电动机和电气装置不发生短路，必须安装可熔熔断器或类似的保险装置，并要符合电气装置的安全要求。

7）机床的照明电路应采用不大于36V电压的电源。

8）机床的底座、电气箱及柜上，应装有专用的接地螺钉和地线。

9）电气箱、柜的门盖上，应装有扣闩。

6. 机床的外观质量

1）对机床不加工的外表面，应喷浅灰色油漆，或按规定涂其他颜色的漆。

2）电气箱、储油箱、主轴箱、变速箱和其他箱体的内壁，均应漆成白色或其他浅色。

3）涂装要符合标准，不得出现起皮、脱落、皱纹及表面不光泽的现象。

4）机床的各种标牌应齐全、清晰、安装位置正确且安装牢固。

5）操纵手轮、手柄的表面应光亮、不得有锈蚀。

6）机床所有防护罩及孔盖等，均应保持完整。

7）机床的附属电气设备及附件的未加工表面，均应与机床表面涂装颜色相同。

7. 机床运转试验

1）机床的主传动机构应从最低速度开始，逐级加速进行运转，每级速度的运转时间不得少于2min，最高速度运转时间不得少于30min，并使主轴轴承达到稳定温度。用交换齿轮、带传动进行变速的机床和无级变速的机床，可作低、中、高速度运转。

2）在主轴轴承达到稳定温度时，检验主轴轴承的温度和温升，不得超过下列规定：

滑动轴承，温度60℃，温升30℃；

滑动轴承，温度70℃，温升40℃。

温度上升幅度为每小时不超过5℃。

3）对机床的进给机构，应作低、中、高进给速度空运转试验；对快速移动机构，应作快速空运转试验。

4）机床在运转试验中，其各机构的起动、停止、制动、自动动作变速转换、快速移动等，均应灵活可靠。

5）所有液压、润滑、冷却系统，均不得有渗漏现象。

6）气动系统及管道不得有漏气现象。

7）机床的安全防护、保险装置应齐全、牢固、灵敏、可靠。

8）在作载荷试验前，均应对机床的精度进行检验。对不作载荷试验的机床，应在空运转试验后，对其进行精度检验。

习题与思考题

10-1　简述机械设备大修各阶段的主要工作内容。

10-2　简述 X62W 主轴部件的修复过程和主变速机构的调整过程。

10-3　简述机械设备试车验收各阶段的工作内容。

10-4　简述金属切削机床大修后的质量检验项目。

参考文献

[1] 汪恺，唐保宁. 形位公差原理和应用 [M]. 北京：机械工业出版社，1991.

[2] 丁加军. 设备故障诊断与维修 [M]. 北京：机械工业出版社，2007.

[3] 李新和. 机械设备维修工程学 [M]. 北京：机械工业出版社，1999.

[4] 沈永刚. 现代设备管理 [M]. 北京：机械工业出版社，2003.

[5] 王侃夫. 数控机床故障诊断及维修 [M]. 北京：机械工业出版社，2000.

[6] 李雪梅. 数控机床 [M]. 北京：电子工业出版社，2005.